URBAN MODELING AND POLICY ANALYSIS

城乡规划需求分析
与政策评价方法

马晓甦 · 著

东南大学出版社
· 南京 ·

内容提要

本书立足城乡规划与管理研究实践，在对采用科学的仿真建模方法提供决策支持的需求不断增长的时代背景下，借鉴经济学与经典规划理论，提出了典型的城市仿真建模流程与框架。书中重点基于随机效用理论和级差地租理论两大当今世界主流建模理论，建立了一个一体化的土地利用与交通平衡CBLUT模型。该模型可应用于面向长期规划的发展策略和政策的评价与优化，例如交通需求与管理策略、房地产开发，以及公共交通引导的土地利用一体化开发决策等。

本书的编写面向城乡规划、交通规划等专业本专科学生，亦可作为相关专业教师、领域从业者（实践者、管理者/决策者）的参考书，或者作为感兴趣人群的科普读物。由于书中既包含建模思想论述、数学模型构建和推导过程，又包括典型案例分析，因此读懂本书中包括数据建模与分析的全部内容，读者应具有一定的数学分析与计算机操作基础，例如基本的微积分、线性代数与统计分析能力，以及常见数据分析软件的操作能力。

图书在版编目(CIP)数据

城乡规划需求分析与政策评价方法 / 马晓甦著. —南京：东南大学出版社，2022.11

ISBN 978-7-5766-0360-6

Ⅰ. ①城… Ⅱ. ①马… Ⅲ. ①城乡规划-需求-中国②城乡规划-政策-评价-方法-中国 Ⅳ. ①TU982.29

中国版本图书馆 CIP 数据核字(2022)第 222509 号

城乡规划需求分析与政策评价方法

Chengxiang Guihua Xuqiu Fenxi Yu Zhengce Pingjia Fangfa

著　　者 马晓甦
出版发行 东南大学出版社
社　　址 南京市四牌楼 2 号　邮编：210096　电话：025-83793330
责任编辑 丁　丁　（d.d.00@163.com）
网　　址 http://www.seupress.com
电子邮箱 press@seupress.com
经　　销 全国各地新华书店
印　　刷 江苏凤凰数码印务有限公司
版　　次 2022 年 11 月第 1 版
印　　次 2022 年 11 月第 1 次印刷
开　　本 787 mm×1092 mm　1/16
印　　张 12.5
字　　数 281 千
书　　号 ISBN 978-7-5766-0360-6
定　　价 68.00 元

本社图书若有印装质量问题，请直接与营销部联系。电话(传真)：025-83791830

前　言

新形势下，城乡规划问题愈发复杂，城市仿真建模等先进的定量分析技术可以为规划方案与政策的优化提供更科学的依据，而这也对城乡规划专业人才培养提出新的挑战。东南大学城乡规划专业最新的本科培养方案中，提出建立规划技术类纵向课程群体系，对国土空间规划、控制性详细规划与城市设计等核心设计课程形成有力支撑。本书作为规划技术类核心课程的教材或者教学参考书，集合经典规划理论，融合近年来地理、经济、计算机等多个学科领域在城乡规划实践中总结的技术与方法，系统地阐述城市系统运行规律，并结合大量当代国内外城市发展政策案例，教授学生通过直观易上手的建模方法与软件应用，进行政策评价与分析。本书的编写面向城乡规划、交通规划等专业本专科学生，亦可作为相关专业教师、领域从业者（实践者、管理者/决策者）的参考书，或者作为感兴趣人群的科普读物。

本书笔者具有城市规划与设计、交通规划与管理，以及大数据与智慧城市应用等多个学科领域背景。笔者曾先后留学并工作于中国香港和瑞典、新加坡、美国等国家及地区，主持或参与香港、新加坡等大城市的城市规划建模与仿真、城市土地利用与交通政策研究等重要科研项目。现任教于东南大学建筑学院城市规划系。此外，笔者具有十余年的中国大城市城市规划、交通规划实践项目经验，并负责或参与过若干城市级智慧城市大数据平台与分析模块开发项目。对城市规划与管理实践中，决策者关注的问题，以及城市仿真建模作为决策支撑手段有待提升的地方，有一定的心得体会。

笔者希望可以通过本书的写作，结合多年的城市与交通规划的建模与仿真实践经验，以及相关理论与设计课程教学总结，帮助读者从入门开始逐渐理解城市规划建模与仿真的发展过程与关注点。通过相关理论与方法的学习、算例的训练，可以独立进行一些典型的城市问题现象背后的机制分析，并通过多目标导向下的方案比选与优化，在城乡规划与管理的策略与政策制定等决策场景中，起到一定的决策支撑作用。

需要指出的是，本书介绍的城市规划建模与分析方法主要应用于城乡规划领域的研究与实践，内容上既涵盖经典的源自20世纪70年代并不断演进的基于微观经济学的土地利用模型、交通需求预测模型，也包括近年来城市建模研究领域的最新成果。同时结合近年来智慧城市规划应用与大数据分析热潮，本书也尝试对大小数据相结合的城市建模方法提出一些探索性的想法和建议。

本书参考和引用的文献材料包含：微观经济学、行为学经典论著；城市规划与交通领域的城市建模与分析方法研究论文；城市规划领域应对各种城市发展问题的相关政策典型案例；城市规划领域世界顶尖高校与研究机构的最新研究成果与教学资料。

最后，要能够比较顺利地读懂本书中包括数据建模与分析的全部内容，读者应具有一定的数学分析与计算机操作基础，例如基本的微积分、线性代数与统计分析能力，以及常见数据分析软件（如 Excel）的操作能力。如果能掌握运筹学相关知识、常见优化方法，以及具有一定的计算机编程基础，将对本书的学习更有帮助。当然，对于数学与计算机能力较弱的读者来说，也不影响其对城市规划建模与仿真思想，以及相关规划发展与政策优化理念的理解。笔者一直认为，随着人类科技发展水平的不断进步，作为技术手段的城市建模与仿真的方法也会不断迭代更新，分析流程不断简化，操作复杂度不断降低，对相关从业者的门槛也会逐步降低。但是指导城市规划可持续发展的先进理念才是核心与根本。在此基础之上，如果能同时掌握城市规划建模相关的分析方法，从小了说，对个人职业生涯发展大有裨益，从大了说，未来的城市规划与管理决策将更加高质高效。

目 录

1 背景

1.1 社会背景

随着经济的快速发展，城市化进程的不断推进，大量农村以及小城镇人口为了更高的教育医疗水平、更丰富的娱乐休闲生活以及更有发展潜力的工作机会，向区域中心城市集中。全世界城镇人口比例由 20 世纪初的 13%，一路提升到 20 世纪 50 年代的 29%，21 世纪初的 46%，2010 年超过 50%。截至 2019 年，全世界城镇人口比例达到 56%。近 15 年来，全世界发展中国家的城镇化水平提升的平均速度又高于发达国家。根据第五、第六以及最新的第七次全国人口普查统计，中国城镇化率从 2000 年的 36.09%迅速提升到 2020 年的 63.89%。国家统计局发布的《经济社会发展统计图表》显示，截至 2020 年 11 月，除港澳台地区，中国城区常住人口超过 1 000 万的超大城市达 7 座，500 万到 1 000 万的特大城市 14 座，与 2019 年相比数量均有所增加①。事实上，长三角、珠三角、环渤海等城市集中、外来人口涌入最多的城市群，也是当前中国经济文化发展水平最高的地区。

然而，虽然短期内大城市人口红利有效助推了城市社会经济的高速发展，但是高密度的人口分布、城市用地范围的扩张，也带来了一系列难以避免的城市病，如道路交通拥堵、房价高企、环境污染，甚至一系列社会公平问题（如物价水平上涨等给老年人、低收入家庭等弱势群体带来的生活困境）。由于机动化与城市化进程的同步快速发展，在当代中国，这些问题可能变得更加复杂且难以应对。如不能弄清这些问题产生的根本原因，以及可能的内在关联和互动机制，就可能因一些“头痛医头、脚痛医脚”的政策实施，导致更激化的社会矛盾或者其他城市系统问题，甚至影响到下一代的生存质量。相关的大大小小的教训启示，其实在西方发达国家城市发展进程中，以及中国近 20 年来的发展中，并不鲜见。直到今天，类似如何解决城市交通拥堵等问题，仍然是世界各国面临的巨大挑战，是研究学者持续探索的科学难题。

从城乡规划视角，城市土地利用与交通系统这一对象领域来看，当前广大发展中国家城市面临的主要挑战概括起来，包括：保持短期的经济发展竞争力与实现长期的可持续发展目标之间的矛盾；大规模的城市基础设施建设的资金不足（如城市轨道交通建设），对绿

---

① 城区人口指的是城区常住人口。城区是指在市辖区和不设区的市，区、市政府驻地的实际建设连接到的居民委员会和其他区域，不包括镇区和乡村。（国家统计局）

色交通出行方式推广的制约;世界经济大环境与城市人口规模增长的不确定性,对城市长期发展政策优化的影响;以及如何找到最符合国情或者地方特色的可持续的城市土地利用发展模式等。

如今的城市系统运行机制复杂,供给需求关系动态变化,参与方利益分配互相制约。上述问题与挑战已经无法单纯依赖传统基于历史经验积累和理论借鉴的定性研究方法去应对了。

1.2 城市模拟仿真

现实世界与通过数学模型模拟出的世界之间的差异似乎一直都那么明显。无数研究者或创造或借鉴并融合各种理论方法,搭建越来越复杂的模型,尝试缩小它们之间的差异。如果主角倍加努力,如果视角清奇,如果政策环境、社会背景、技术条件等各种天时地利,也许城市系统运行的法则就能被发现,也许"模拟城市"就不再是电子游戏。城市道路不再拥堵,需要通过竞拍获得的车牌也将成为记忆中的粮票。

早在"大数据"这个词发明之前,已经有非常多的学者开展相关的研究。这些研究一般借鉴微观经济学、社会学、行为学等理论,建立复杂的抽象化的数学模型,采用现实观测数据标定,以提升模型准确性,并借此试图模拟城市系统运行,探索不同子系统之间的互动机制,甚至进一步基于对未来城市发展的愿景,进行各种目标场景下的预测仿真。相关的研究探索已然持续火热了几十年,大量专家学者涌现,更有人因此获得了诺贝尔奖。如今,这个跨越世纪的研究领域,吸引了更多学科背景的人投身其中,试图挖出更多的学术研究方向的"大坑",发明比"智慧城市""数字孪生"更高大上的概念。

是的,就像上面一段令笔者都头痛不已的复杂长句子一样,城市建模仿真(姑且给它起一个相对中性没有那么长的名字,英语世界叫 Urban Simulation)学者及其探索如今又跳进了一个新的密室,更多的条件、线索和工具摆在面前,更复杂的谜题等待被解答。

例如,一个常常被城市决策者提出的质疑就是"你们这模型到底准不准?"。当然,迄今为止再复杂的算法模型、再多维度的大数据,都无法 100%准确地模拟现实世界的运行。在数学模型模拟出来的城市和现实世界之间,似乎总有一条无法逾越的鸿沟。这里说的模拟,更多指的不是超高精度的城市自然地理地貌、建筑、道路桥梁的 3D 模型,而是类似人群的活动、车辆的流动,这些城市系统中活动的个体(Individual)或者说行为主体(有一些研究学者定义为智能体,英语世界叫 Agent)的活动特征,它们之间的相互作用,以及这些活动与城市基础设施、物质空间之间的互动关系。

然而,能够完美通过模型拟合历史数据,重现历史并不是判断模型优劣的最终目标。20 世纪 90 年代初,就有一阵关于是否有必要建立高度复杂的数据模型进行城市系统仿真分析的大范围的学术辩论。可以公认的是,现实世界中的城市系统其实是一个巨复杂的系统,存在太多的变量和太多的不确定性,需要我们在无数"合理"假设的基础上,建立数学模型去模拟并优化。城市系统的复杂度诱惑我们去建立非常复杂的模型,然而过分复杂的模型又会导致各种过拟合问题。看似最真实的模型,很可能在现实应用中并不需要。

所以，进行城市模拟仿真的重点，并不在于重现，而在于有能力预测未来。并且更重要的是，最有价值的研究成果，不管是新创立的理论还是优化的数学模型，应该表现为能够真正在现实中得以应用，能够改变我们的城市生活。

城市模拟仿真(Urban Simulation)是什么？

有人说，城市模拟仿真就是利用虚拟现实(Virtual reality，VR)技术，将城市里的地形地貌、建筑设施，以及人、车的活动在时间-空间维度上，通过计算机图像视频动态模拟出来。在当前的科技发展水平下，容易脑补的场景，就是使用者或头戴笨重的头盔，或佩戴时尚的VR眼镜，身穿各种动作传感器设备，以一种充满沉浸感的方式，在计算机模拟出来的虚拟世界环境中，进行各种人机(Player vs. Environment，PVE)、人人(Player vs. Player，PVP)交互。比如建筑师利用仿真程序模拟出在虚拟纽约曼哈顿岛上搭建了一栋后现代的超级摩天大楼，并站在帝国大厦楼顶远眺"实际"效果。比如规划师在模拟出来的老城历史街区中漫步，评价节事期间熙熙攘攘的商业街的步行舒适性体验。某种意义上，这是城市模拟仿真技术在城市规划与建筑设计应用场景中的理想化的输出形式之一。

其实对于更广大的非专业背景的人士，也就是社会大众来说，提到城市模拟仿真，人们一般会同时联想到计算机发展、人工智能技术和相关的多媒体产品。比如，近年来引发热议的科幻电影《阿凡达》(*Avatar*)、《头号玩家》(*Ready Player One*)和《失控玩家》(*Free Guy*)。其实早在20世纪90年代，就已经有电子游戏开发者开发出了若干风靡一时的城市模拟类(SLG)游戏，例如最早由Maxis工作室设计，之后由美国艺电公司(EA)出品并延续若干代的模拟城市(SimCity)。这类游戏，从最早的接近像素化风格的2D画面和简单的城市系统构成，逐渐进化到越来越精致细腻的地形地貌、建筑、街道桥梁、车辆、行人的3D建模，以及更加复杂全面的城市土地利用、交通、水、电能源系统运行模拟(如图1-1)。此外，各种现实生活中可能遇到的典型城市问题，例如交通拥堵、住房短缺、环境污染、自然与人为灾害事件等，都通过动态的画面描绘得栩栩如生。不仅吸引了一部分传统的游戏玩家，更有很多城市规划与建筑相关从业者，尝试借助游戏去构建自己理想中的城市，并通过多种假设下的场景模拟，寻找解决或者缓解城市发展问题的方法手段。在这些游戏体验中，玩家可以通过动态运行并且可以通过放大或缩小画面直观感受其搭建的虚拟城市运行中的状态，例如不同的建筑街道高宽比主观感受如何，哪些道路车辆拥堵，哪些交叉口车辆排队严重，哪些地块人群聚集，等等。

其实，2021年起加速发酵并被互联网相关行业持续炒作的元宇宙(Metaverse)概念，可能和城市模拟仿真也有着脱不开的联系。一时之间，从改名为META的Facebook，发布国产元宇宙产品"希壤"的百度等行业巨头，到英伟达(Nvidia)、索尼(Sony)、高通(Qualcomm)等虚拟现实设备开发企业，再到各种知名高校教授学者参加的IT论坛和国际会议，乃至普罗大众茶余饭后的话题，元宇宙都常常以关键词的身份出现。现阶段，话题相对集中在到底什么是元宇宙，对于未来人们生活在虚拟世界场景里到底会有怎样的体验，以及和现实世界有什么区别上。少数元宇宙开发者的话题已经涉及如何在虚拟世界中构建复杂的城市系统，哪些城市系统是必不可少的，哪些现实世界的物理限制条件是

图 1-1　游戏玩家借助模拟城市 4 搭建的纽约曼哈顿城市模型

（图片来自互联网【SC4】【纽约】参考现实中的纽约建造了座二次元 NEW YORK CITY_看图_模拟城市吧_百度贴吧(baidu. com) tieba. baidu. com/p/6066678844）

可以克服的，哪些社会规则、经济规律是可以复制的。一方面，元宇宙开发者想尽可能构建真实的虚拟世界以吸引更多的玩家加入。比如，在元宇宙中创建纽约、香港、上海等众人向往的国际大都市，拥有那里的虚拟土地与资产。另一方面，开发者也在想尽可能让元宇宙中生活的人能获得区别于现实世界更美好的体验。比如不用考虑交通拥堵甚至不用考虑出行时间，可以瞬间与目标的对象在理想的环境中交流。

但是，从一个现实也好、虚拟也好的复杂城市系统运行，或者人类社会发展的可持续性角度来说，不论在元宇宙中有多少现实世界的城市问题可以克服，总有各种人与城市系统、人与人之间互动并且相互影响制约、传导的机制存在。换句话说就是虚拟世界中的城市也是运行在一个动态的平衡当中的。不恰当的世界规则，很容易造成系统运行的失衡，导致虚拟世界社会系统的不可持续的甚至是崩坏事件。现实世界中的极端事件在虚拟世界中可能更容易发生。事实上，目前很多元宇宙开发者已经在招募除了软件工程师、3D 建模工程师、美术师以外的经济学、社会学以及城市规划领域专家加入团队了。

因此，模拟城市类的游戏也好，关于元宇宙、虚拟现实、第二人生的美好想象也罢，某种意义上都是源自生活在现实世界的人们，由于现实世界的各种限制条件、不完美体验，以及巨大且充满不确定性的改造难度，希望能够通过虚拟世界中的场景模拟，获得主观上的满足感，甚至于探索系统解决城市问题的策略方法。例如我向往但是从没去过纽约，如果我在虚拟纽约有一块属于自己的土地也许也挺好？例如什么样的交通路网结构与什么样的土地利用开发强度、设施布局，可以形成最有效的协同，避免各种副作用的产生？

在这里，让我们回到城市规划从业者的身份与视角，不妨再深入思考一下，这些模拟仿真游戏是怎么来的？开发这些游戏的目标是什么？除了以假乱真的三维空间体验，为什么在游戏世界中活动的人、车，模拟出来的节事活动、道路拥堵，会让玩家产生代入感？首先，因为尽可能地模拟现实世界是游戏开发者吸引玩家的方式。但是遗憾的是，至今为止尚未有哪一款城市仿真游戏能够真实模拟现实中城市的运行。对各种问题的产生、表现形式，影响程度和范围的仿真，都与现实有不小的差异。例如 NPC 之间互动产生的影响，构成故事推进条件的触发，都是事先安排好的。其次，可能是更关键的一点，现实城市中的居民家庭/个人、公司企业、政府部门以及其他团体的行为，背后都是智能体的决策。对他们做出行为决策需考虑的因素多样性、复杂度以及不确定性，是计算机人工智能的重大命题。在还没有完美的人工智能机器人出现的今天，绝大多数游戏都依然基于开发者自己对现实世界的认知进行的人为假设，通过条件判定、概率事件发生等机制去展现游戏世界。而这些人为假设的依据是否足够符合现实，并不是游戏开发者首要考虑的因素。因此玩家也比较容易通过游玩体验甚至分析源代码来识别这些机制，从而找到高效通关的方法。

而对于应用于研究和生产实践的城市仿真模型，其目标是能够更准确地模拟现实世界运行，特别是通过对于决策主体的行为决策机制的模拟，准确量化识别各种城市现象与问题，分析相关参与方的利益分配，基于不同的规划目标，从各个维度评价系统的服务水平。此外，建立好的城市仿真还可以进一步对未来城市可能发生的现象和问题做出预测和预警，特别是对决策者可能提出或者实施的规划方案、城市管理政策的实施效果进行评估，并提供优化的建议。

因此，总结城市模拟仿真的基本特征为：

(1) 学习历史，展望未来。这是一项如何基于历史和现状观测得到的数据和其他信息，借鉴经济学、社会学等学科相关理论，搭建更准确的数学模型和分析工具的研究工作。

(2) 通过模型与假设将现实抽象化，而不是具象化。不在于模型有多复杂，结果表现形式有多形象化，而在于能否抓住待分析对象问题的主要矛盾。

(3) 角色定位于决策支持工具或者手段，以服务于各类决策支持场景的监测评价、改进优化等为主要产出。

图 1-2 归纳总结了本书介绍的以城市土地利用和交通系统为背景的，城市建模仿真的主要研究对象与问题之间的关联图谱。包含了模拟的行为主体对象(如政府、居民、房地产开发商、TOD 开发商等)、决策场景(如交通方式选择、居住地选择、设施开发与运营决策等)、决策影响因素(如群体利益分配、设施服务水平、道路交通拥堵、房地产价值等)，以及决策输出(如土地利用与交通规划、管理策略等)

图 1-3 归纳总结了本书主要借鉴的基础理论，建立的仿真模型、求解方法以及尝试评价土地利用供需与优化城市发展政策之间的关联图谱。灰框内容是本书重点阐述的建立的城市仿真模型以及基于这些模型进行的典型城市发展战略与政策的评价。方便读者在阅读过程中查阅。

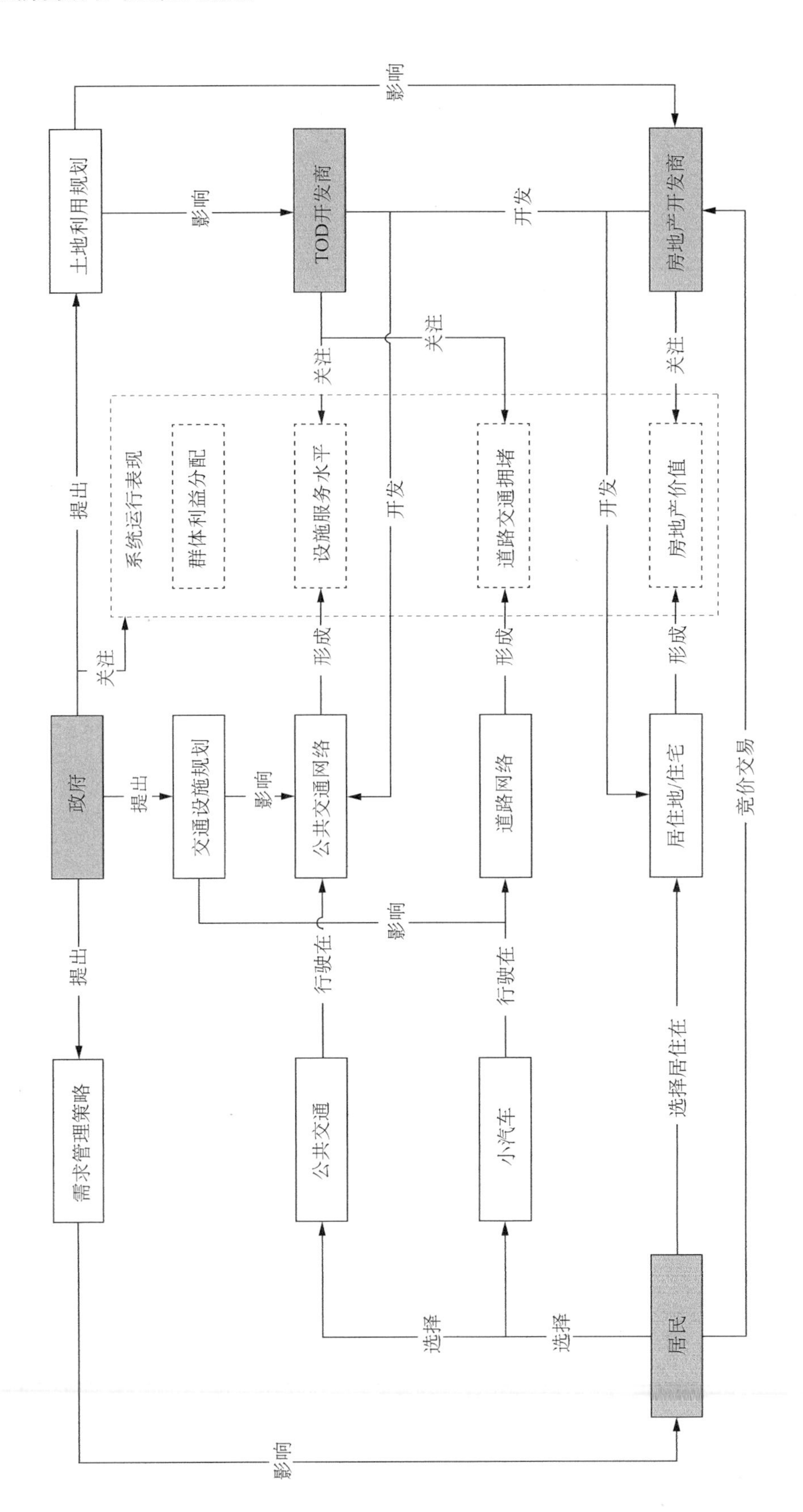

图 1-2　本书主要研究对象与问题的关联图谱

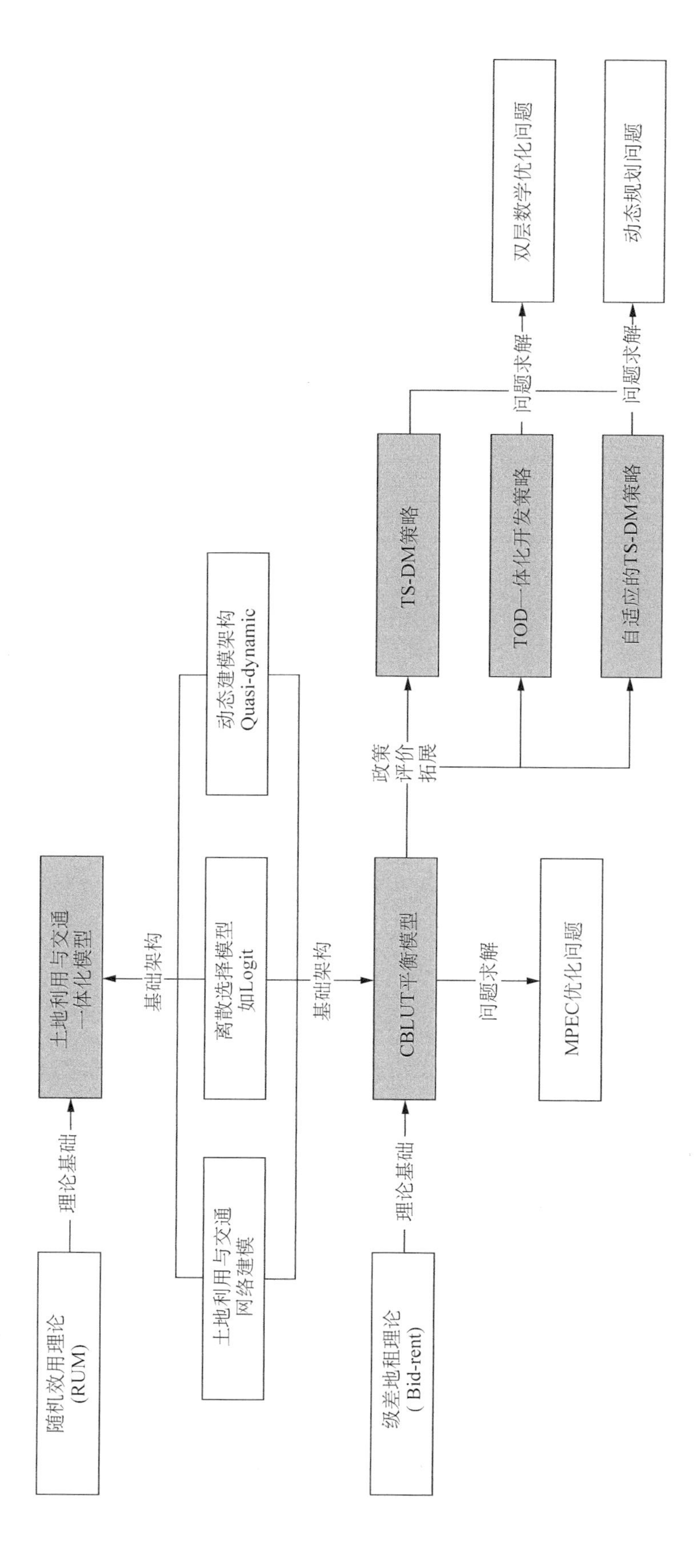

图 1-3　本书主要研究理论与建模方法的关联图谱

2 城市建模对象

城市建成环境要素丰富多样，系统运行错综复杂。本书仅针对城市土地利用与交通这两大子系统的运行进行仿真建模相关理论和方法的阐述。

2.1 城市土地利用与交通系统

从模拟仿真的视角看，城市是一个巨复杂系统，要准确模拟其运行机制是非常难的事情。单纯从物质空间构成要素上说，系统中起码包含了土地利用、交通、能源、生态环境等多个子系统。每个子系统内部运行机制错综复杂，系统与系统间往往又存在相互关联与影响，很多时候牵一发而动全身。解决一个城市问题的同时，很可能又引发其他系统的问题。例如，为了缓解城市中心区道路交通拥堵或者停车难的问题，如果只是简单地引入价格杠杆，提升中心区停车场收费标准或者类似伦敦、新加坡等城市引入中心区道路拥挤收费，有可能降低中心区商业商务设施吸引力，降低中心区活力。

土地利用，简单来说，就是“Human use of land”，即人类有目的地开发利用土地资源的活动。SPESP(1999)将其广义地定义为“human use of space in ecosystems, not only the use of natural resources, but also of constructions once built by human”(人类对生态系统中空间的利用，不仅是对自然资源的利用，而且是对人类曾经建造的建筑的利用)，此外土地利用还包括“emissions into soil, water, and air, influencing both local and distant resources to be saved for future use”(向土壤、水和空气中的排放，进而影响供未来使用的本地与周边资源)。而城市土地利用，即人类对城市不同区域土地功能性质的划分，“determines how the various locations urban dwellers go to or would like to go to are organized and connected with each other”(确定城市居民前往的或想要前往的各个地点是如何组织和相互连接的)(Duranton et al., 2015)。不同国家对城市土地利用都有一系列明确的分类标准[①]。

土地利用既是古老的经济学分析对象(Ricardo, 1817; Thünen, 1826)，又是发展了几十年的现代城市模型中最基本的建模构成要素(Alonso, 1964)。在各类研究中，城市土地利用的程度一般会用土地利用面积、构成比例、开发强度、各类设施功能分布，以及在土地利用设施之上的人类活动等指标进行量化评价。

---

① 如我国的标准《城市用地分类与规划建设用地标准》(GB 50137—2011)。

在本书接下来的章节，主要讲述城市建模方法在城市土地利用与交通系统中的应用。一来，在当前城乡规划与设计实践中，城市土地利用(如城市空间布局模式、不同片区组团的用地性质与规模)是最为核心的内容。二来，城市交通与土地利用息息相关，对于城市居民来说，包括居住与就业选择、日常活动与出行决策往往需要在这两个系统的供给条件下做出综合判断。因此，掌握城市土地利用与交通系统的建模与分析方法，既可以为很多当前城市发展热点问题与相关政策研究提供有效助力，又可以锻炼通过建模分析挖掘复杂城市系统运行机制，并进行城市规划多目标优化的技能，将来还可以将类似的方法运用到其他城市系统建模分析中去。

下面，以土地利用与交通这两个城市子系统为例，通过一个经典的框图来阐述它们之间的潜在关联(如图 2-1)。我们用上标数字指代典型的行为主体(如 1 指代居民，2 指代政府城市规划决策部门，3 指代开发商)，用实线文本框指代行为主体的决策，用虚线文本框指代系统相关运行指标。假设规划基年(Base year)居民拥有自己的居住地和工作地，那么他/她需要做出日常活动模式选择(如朝九晚五上班等)，并且根据自己收入水平和出行距离的判断，选择是否需要买车。在此基础上，进一步做出次日活动与相关出行的决策(如是否需要购物，采用什么交通方式，选择哪一条路径)。当城市内的所有居民都做出了相应的决策后，就可以得到次日城市路网上的路段车流量与道路拥堵情况，以及每个人的出行时耗和花费等指标。经过一段时间(例如几个月后)，每一个居民的日常活动与出行选择就会根据道路交通情况进行调整直到逐渐稳定下来，形成对于居住地和工作地的交通可达性①的判断。此时，居民、开发商、政府部门都会结合交通可达性调整对于用地吸引力、土地价值的评估，从而影响各自的决策。政府部门进行用地规划以及土地出让计划的调整，开发商进行土地拍卖以及项目开发的调整，从而使下一个规划年(Planning year)整个城市的用地设施布局发生改变。而居民也会再次考虑是否需要搬家或者更换工作地。如此，形成了一个包含多种类型行为主体决策在内的城市土地利用与交通系统互动关系的循环演进结构。

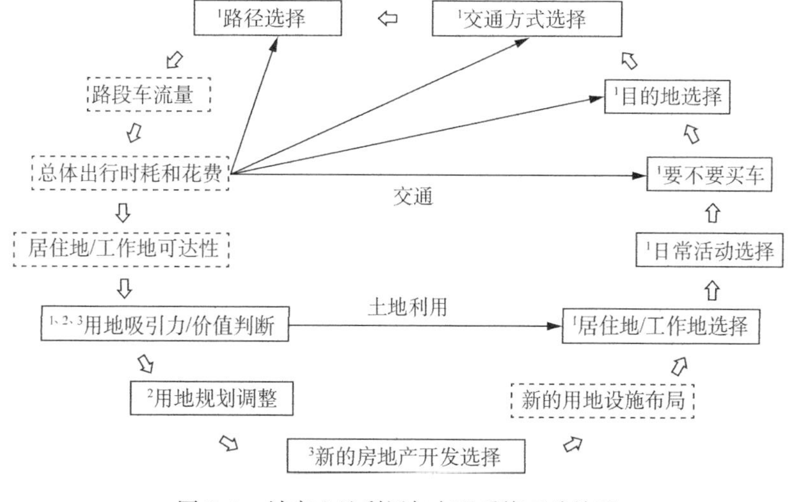

图 2-1　城市土地利用与交通系统互动关系

① 交通可达性是城市土地利用和交通建模仿真的重要指标，在后面章节会做具体定义。

因此，基于土地利用和交通系统之间密不可分的关系，各自系统内的相关政策，也会对另一个系统的运行产生直接或间接的影响，如表 2-1 所示的例子。对于城市土地利用与交通的互动关系研究源自 20 世纪 50 年代，相关的理论与方法发展概况参见第 5 章。

表 2-1　城市土地利用与交通系统政策影响

方向	政策类型	例子	可能产生的影响
土地利用→交通	土地利用设施开发与服务	导致不同类型居住片区的差异	不同类型居民（如收入水平的差异）居住分布的差异，产生对不同类型交通系统服务（如公共交通、快速路）需求的差异
	多中心的城市发展模式	职住平衡，公共服务设施更加分散的布局	平均交通出行距离缩短，非机动化出行方式增加，降低了长距离机动化出行交通需求，降低了区域道路拥堵
交通→土地利用	道路交通设施投资	城市快速路、主干路骨架路网加密	城市边界扩张，人口分布更加分散。不同区域交通可达性的改变影响区域的土地利用价值
	公共交通设施投资	城市轨道交通开发，或者公共交通引导的土地利用开发（TOD）	城市发展带状、指状、星形模式，地铁站点周边房地产价值攀升
	利用价格杠杆的交通需求管理政策	中心区高额停车费，中心区道路交通拥堵收费	城市中心区商业消费规模受负面影响，商业业种、业态向城市周边卫星城或片区集中

既然城市系统运行机制复杂，各种城市问题迭出又互相关联，城市规划建模与仿真方法是如何准确地识别这些问题，量化这些问题的严重程度，以及如何帮助找到解决这些问题的措施手段的呢？

首先，我们不妨先简单地把城市系统运行分成供给和需求两端。因为大多数情况下，各类城市问题的本质就是城市运行中相关系统的供给和需求之间发生了失衡（如住房需求与供给失衡导致房价高企，道路承载力与机动车出行需求失衡导致道路交通拥堵等）。不难发现，供给可以通过城市建成环境要素来刻画，如住宅、医院、学校、酒店、商业设施、道路、公共交通等。而需求指的其实就是城市里工作与生活的人或者公司企业，日常产生的各种活动与出行需求，例如居住、就业、购物休闲、探亲访友等。进一步观察，在一个不长的时间周期内（例如一个月甚至一年），城市的建成环境或者说系统运行的供给水平，是相对稳定保持不变的，可以通过数据指标比较明确地量化与评价（如住宅区面积、绿地率、道路网密度、公交站点可达性等），并且可以被人为约束或者改变（如各类规范标准，各种规划）。但是需求端或者说人的需求却是难以把握或者准确识别的。比如我们可以通过现场观察或者大数据看到某个周日下午，某个商圈 1 km^2 范围内聚集了 1 万多人，但是我们很难准确知道每个人为什么要到这里来，以及到这里来做什么。可能下一个周日就没有这么多人来，来的人也不同了。作为这个商圈的运营管理方，为了保持甚至提升商圈的活力，除了要了解客流量的变化趋势，更想知道来这里消费的人群特征与偏好，以便推出更有效果的促销手段。因此，某种意义上，城市建模与仿真的最大挑战，就是如何准确地模拟人或者其他具有主观能动性的个体（如房地产开发商、公司企业、政府以及非政府组织等）需求。在本书中，我们将这些需求个体（Individual）统称为行为主体（Agent）。图 2-2 所示为城市土地利用与交通系统供给和需求概念关系。

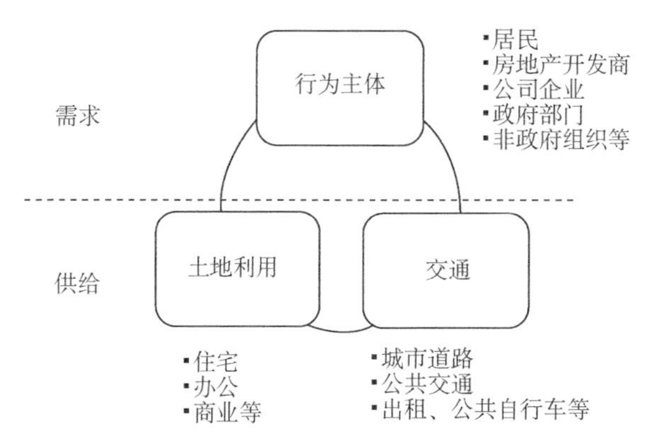

图 2-2　城市土地利用与交通系统供给和需求概念关系

2.2　行为主体特征

行为主体是影响城市系统供需关系以及运行水平的决定性因素。从广义上来说，行为主体的影响，不仅仅直接来自需求侧的家庭/个人的日常活动与出行需求、公司企业的选址与运营，还来自开发商、政府相关对城市供给侧各种类型基础设施的规划设计与运营管理。因此要做好某个目标场景下的城市仿真，最基本的工作是对参与其中的行为主体的行为特征有清晰的认知。在此，我们将城市土地利用与交通系统建模中，需要重点考虑的行为主体特征归纳为：多目标性（Multi-objective）、时间适应性（Time adaptability）、随机性（Stochasticity）、需求弹性（Demand elasticity）和外部性（Externality）。

2.2.1　多目标性（Multi-objective）

城市系统中的行为主体类型多样，不仅包括城市中活动的人（如本地居民、外地游客），还包括家庭、公司企业、房地产开发商、政府部门，以及各类非政府团体。之所以把他们都定义为行为主体，最主要的原因是他们都是城市系统运行的参与方，并且都具有主观能动性。各类行为主体拥有自己的目标，并且在城市中基于一定的自然地理、社会经济、道德法律约束条件，考虑到各种不同的影响因素，可以自由地做出有关生产、生活、城市治理等决策。如表 2-2 所示，这些目标和影响因素看似独立，其实互相之间具有复杂的关联。某种意义上，每一个行为主体的决策都会直接或者间接地受到同类主体或者其他主体决策影响。例如，居民家庭买房，热门房源因为需求旺盛，价格不断上升。而开发商又会进一步根据市场需求变化，调整自己的开发决策，一段时期后，市场上出现更多同类型的楼盘。同时政府部门又需要基于经济可持续发展、社会稳定健康发展的需求，出台宏观政策调节房地产市场。

表 2-2　城市系统行为主体多目标性的体现

行为主体	典型目标/决策	关注点/影响决策的要素
居民个人	在哪里就业？如何安排日常活动？如何前往目的地？	出行距离、时间、费用，活动体验等
居民家庭	在哪里买房或租房？家庭收入支出预算？是否买车？	房价、居住环境、家庭成员特殊需要
房地产开发商	选择哪一块土地竞标？开发什么样的楼盘？如何设定开盘价？	土地拍卖价格、出让条件、开发成本、周期、市场价格等
公司企业	公司规模多大？在哪里办公？需要多大的面积？公司发展目标如何实现？	商品原材料成本、人力成本、物流成本、市场价格等
政府部门	如何实现城市经济发展目标？如何降低城市交通拥堵？如何治理空气污染？如何稳定房价？	国家宏观政策、限制条件、系统运行效率指标、不同人群利益的均衡分配等
非政府团体	弱势群体利益如何得到关注？	不同人群收入、服务设施可达性、出行成本等

行为主体的多目标性以及因为决策产生的相互作用，使得城市规划与管理决策需要慎重考虑，策略措施需要精准优化，否则可能产生意想不到的影响甚至是副作用。事实上，现实中，没有哪一个规划目标或者策略手段能够使所有系统参与方的利益都获得最大化。例如城市可持续发展理念中三个表征可持续发展的维度，即经济可持续、环境可持续和社会公平①。很明显在城市发展中，单纯以三个维度中某一个为目标导向，都有可能产生对另两个维度一些具体指标优化或者相关利益群体的副作用。回到与土地利用相关的房地产市场，政府制定的政策既不能只照顾所有城市居民的可支付的居住环境的诉求，而出台各种限价政策，也不能单纯从土地财政，或者房地产相关产业发展角度出发，更多考虑开发商的收益。城市系统中类似其他涉及多参与方利益均衡的例子还有很多。

与多目标性直接相关的一个概念，也是城市建模与政策优化研究中常常涉及的概念，就是帕累托效率(Pareto efficiency)或者帕累托最优(Pareto optimality)。它是一个经济学概念，最早由意大利经济学家和社会学家维尔弗雷多·帕累托(Vilfredo Pareto, 1848—1923)提出。它最早的意思是一种资源分配的理想状态。假如有一群人会因为某种资源的分配方案获得各自的效用，如果有一种分配方案可以使得某个人效用更高时，并不降低剩下所有人的效用，那么就是一种好的分配分案。当不断优化分配方案，最终没法再实现让某个人效用更高时其他人的效用不变低，那就达到了帕累托最优的状态。

类比到多目标导向的城市规划与管理政策方案优化场景。如图 2-3 所示，假设某规划方案存在两个目标导向 A 和 B，以及若干规划政策方案集合 $P(P=\{p_1, p_2, \cdots, p_n\})$待选择(可选择的政策集合用空间中的圆点表征)。用 Obj. A(p)表示如果实施政策方案 p，那么 A 目标导向可能产生的成效指标，B 目标导向同理。进一步假设两个目标导

① 也有社会(Society)、环境(Environment)、文化(Culture)和经济(Economy)四个维度的提法。

向都是希望成效指标 Obj 越小越好。那么通过城市建模与进一步的多方案比选，会发现可能没有某一种特定政策p 的实施，会同时让目标 A 和 B 都能获得最优。我们只能试图找到一组满足帕累托最优条件假设的政策方案集合，构成图中的帕累托边界(Pareto frontier)。选择这条边界上的任意一种政策方案，都将获得同样的目标效果，这条边界下方的区域表征的是由于现实因素制约，不可被选择的政策集合，而边界上方的区域里的点是可被选择的政策方案，但是都没有边界上的政策方案效果好，都有可能基于帕累托最优的思想继续改进，以提升多目标导向下的实施效果。

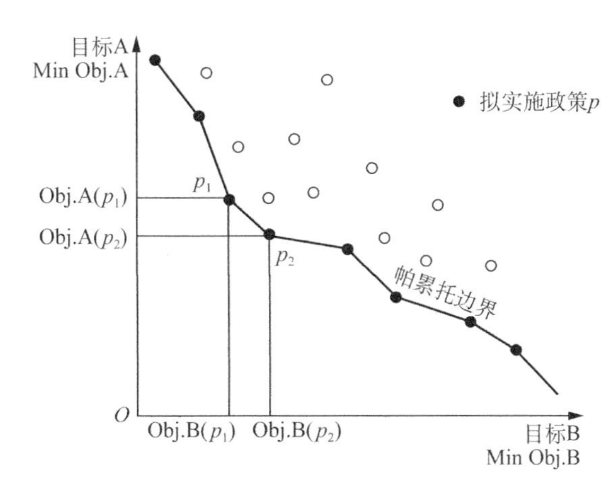

图 2-3 双目标下的城市规划管理政策优化帕累托边界(Pareto frontier)

如何在仿真模型中考虑多目标性?

本书第 8 章到第 10 章的案例分析中，均涉及不同的规划目标导向下或者不同的城市发展策略影响下，多参与方利益分配的比较以及系统整体表现的评价。这也是在大多数基于城市仿真模型的城市政策评价与优化框架中必然涵盖的组成部分。读者可参见第 3 章的基本框架构建和典型案例介绍。

2.2.2 时间适应性(Time adaptability)

城市系统的运行不是一成不变的。城市是一个动态的系统。从时间维度上看，城市系统中不同级别、不同类型的供给要素，例如城市土地利用构成、公共服务设施布局、车站码头，乃至公园中的一处景观构筑物，都会因为环境气候、社会发展、宏观政策等人为或非人为的影响而改变。同样，系统中的需求要素(或行为主体)，如家庭/个人、企业等，他们的决策也会根据各自的目标进行不断调整。供给与需求之间的互动在现实世界中通过各类城市现象、问题体现。

供给与需求之间，到底是谁影响了谁，谁决定了谁，某种意义上，也可以类比成“鸡生蛋”还是“蛋生鸡”的问题。对现状存在的城市问题的起因或者对规划年(目标年)城市发展状况的预测，往往需要把视角放到相对更长的时间维度中。

而在城市建模与仿真中，首先需要明确不同城市系统构成要素的时间适应性。我们可以简单地把某个要素的时间适应性理解成在城市中其状态发生改变的一般周期。

对于供给侧要素，状态改变一般意味着新的设施规划建设或者旧的设施功能调整甚至拆除的整个过程。供给侧要素一般时间适应性均比较长。例如：火车站、机场、过江隧道、轨道交通等大型交通基础设施，其从规划选址、投融资、设计施工到交付使用，可能长达十余年，而且一旦建成，几十年内基本不会发生改变；而城市住宅小区、某栋商业综合体，其状态发生改变（如从无到有，或进行功能置换）的一个周期往往包括土地获得、规划与设计、施工、交付的若干阶段，可能长达 2 年或者更长的时间；而同样是交通设施供给，地面公交线路和发车间隔则可以根据城市用地发展、客流量变化，以年为单位进行优化调整；此外，商场、办公楼内的业种业态，如餐饮、专卖店等，则会依据品牌、业态经营者的经营状况，进行相对更加灵活的调整，可能以月为单位。

对于需求侧要素，状态改变一般意味着行为主体从准备到实施某项活动的整个决策过程。需求侧要素一般时间适应性均相对较快。例如：居民可能每季度或者每年会结合收入水平的变化、工作的调整，考虑是否需要变换居住地；而对通勤交通工具的选择，可能会结合居住地和工作地，以月度或者季度为单位考虑是否购买新的交通工具；对于每一天采用什么出行方式，则随时会结合天气和路况信息进行调整。表 2-3 大致归纳了在城市建模与仿真中，对常见的系统构成要素的时间适应性的定义。

表 2-3　系统构成要素的典型决策场景与时间适应性举例

典型系统构成要素	相关行为主体	决策过程	决策周期（时间单位）	时间适应性
火车站、机场	政府、开发运营主体	规划—设计—建设—运行	数十年	很慢
长江隧道、大桥	政府、开发运营主体	规划—设计—建设—运行	数十年	很慢
轨道交通线路站点	政府、开发运营主体	规划—设计—建设—运行	数十年	很慢
大型公共服务设施	政府、开发运营主体	规划—设计—建设—运行	若干年	慢
道路网络	政府、开发运营主体	规划—设计—建设—运行—优化	若干年	慢
住宅小区	政府、地产开发商	规划—设计—建设—运行	若干年	慢
地面公交	政府、运营企业	规划—设计—建设—运行—优化	年	比较慢
商业业种业态	企业、业态经营者	选址—运行—汰换	月/季度/年	比较慢
居住地选择	居民	选址—安家—搬家	季度/年	比较慢
就业选择	居民	选择—应聘—跳槽	季度/年	比较慢
交通工具选择	居民	选择—购买—替换	月/季度	比较快
日常活动目的地选择	居民	选择—实施	小时	快
活动出发时间、路线	居民	选择—实施—调整	分钟	快
车辆驾驶行为	居民	随机应变	秒	特别快

为什么要识别或者说在城市仿真建模中考虑时间适应性？

因为任何一个供给侧要素或者需求侧要素在城市中都不是独立存在的，在城市运行中，互相之间大多存在着关联，产生直接或者间接的影响。对互动机制以及潜在影响的量化评价也需要动态地进行。这就涉及对于不同类型的仿真场景如何选择恰当的仿真更新周期，既可以有效捕捉不同时间节点系统服务水平、问题成因，以及判断发展趋势，又可以协同现实中的城市规划、管理政策决策支持周期（可以大致类比的是，城市国土空间规划一般 5 年进行一次修编，全国范围的人口普查 10 年一次）。

此外，理论上，计算机软硬件支持的模型仿真求解能力越强大，可以采集到的相关城市系统运行数据时间精度越高，那么可以进行的动态模拟频率也就越高。例如每个月都进行一次人口增长模型的预测，每月都进行一次路网交通拥堵水平的预测等。但是一方面现在的计算机发展水平和有效数据输入还远远达不到每天运行一次城市级个体微观仿真的要求，另一方面，很多仿真实践中，并不需要模型仿真结果有太高的更新频率，而是只要能有效支持相关的决策场景即可。场景举例一：城市路网结构优化场景。一方面，城市路网优化（比如新建或者拓宽某条道路）的决策不需要每天都做，而且道路设施的规划和实施周期起码以年为单位；另一方面，道路交通的拥堵水平在一段时间内（例如几个月或者一年）基本保持稳定，所以哪怕每天都能获取来自车辆 GPS 或者交通卡口识别的路况数据，但是对于城市道路交通需求的预测模型大致只需要一年更新一次。只要通过模型能够准确识别典型工作日和休息日的机动车出行高峰时段和瓶颈路段，并结合相关区域的土地利用规划，以及人口增长、机动车保有量增长预测，就可以进行接下来五年甚至更长周期内城市道路交通服务水平的预测，正好匹配道路近期建设规划、十四五城市交通发展纲要等规划、政策文件的编制需求。场景举例二：城市道路交叉口信号配时优化场景。同样是以缓解城市道路交通拥堵为目标，对于城市道路交叉口信号配时的优化调整，时间上就可以更加灵活。除了可以结合每天不同时段、工作日和节假日进行差异化设置外，还可以通过持续对道路交通需求的监测与仿真，每个季度甚至每个月都进行动态调整。因为不同于基础设施建设，信号配时优化的实施可以几天时间内完成，并且出行者对于信号周期变化也有较强的适应能力。场景举例三：滴滴等共享出行平台运营商的优惠政策。某种意义上，出于互联网公司企业逐利的目的，在充分的行为数据感知（获取）和数据建模与运算能力支持下，他们甚至可以做到每天都对下一日针对某个城市打车人推出的促销内容进行调整。而现实中，在考虑出行者以及司机交通出行习惯惯性、政策的理解力和适应力的基础上，可能会将新促销活动的更新频率设置为以月为单位，或者结合节假日同步推出。

因此，不管是对于政府部门的城市规划、管理，还是不同设施、功能运营者提供城市仿真的决策支持，都需要在对仿真模型涵盖要素时间适应性以及决策支持场景需求有明确认知的基础上，选择一个恰当的动态仿真的频率。

如何在仿真模型中考虑时间适应性？

在后面的章节中，笔者结合城市土地利用与交通系统中不同系统要素的时间适应性特征，提出了一个面向中长期城市级规划尺度的半动态（Quasi-dynamic）的建模与仿真结构，以描述系统运行中供给与需求之间的互动关系，提升城市仿真模型的运行效率。

2.2.3 随机性(Stochasticity)

“世界是随机的”,这是很多哲学著作、科学研究的普遍观点。在我们日常生活中,更是随处可见。从掷色子到买彩票,从天气预报到股市涨跌,当我们尝试从足够多的事件中进行总结,仿佛整个世界都不存在百分百必定发生的事情,不存在百分之百确定的因果关系。城市系统的运行也同样如此,随处可见各种似乎很有可能存在的联系,很有可能发生的事件,但又没人能轻易断言并加以准确预测。因此,概率论的相关知识在中学阶段就被纳入教学大纲,并且成为绝大多数大学理工科专业基础教育的必修课。笔者认知水平极为有限,无法从哲学视角讨论城市运行、城市现象的随机性和因果关系,但依然尝试与读者一起讨论如何在城市仿真建模中尽可能“准确地”模拟甚至预测各种所谓“随机”发生的事件。

随机性(Stochasticity)的存在,意味着无法通过某个确定性的“1+1=2”的模型公式,建立起某些行为主体的选择(如是否选择小汽车出行)会因为某些城市现象的发生(如天降大雨或者突发拥堵)而必然实施,反之亦然。在城市系统运行中,随机性表现在方方面面,并且可以有不同的体现方式,分成若干种类型。有的直接来自行为主体的决策行为生理、心理特征,有的来自城市发展外部环境的影响。可以说对随机性的模拟是城市仿真建模的最大挑战之一。

本书中,将随机性进一步分为两个来源:

1) 来自行为主体自身的决策行为特征的不确定性

对这一现象的总结,来自科学研究对于大量的决策主体行为选择行为的观测和总结。举例来说,哪怕在个体交通出行的选择场景中,几乎所有人的共识都是偏向于选择花费金钱与时间较少的方式①,但是在实际观测中,总会有一部分人的选择与之相反,并且具体的原因难以通过量化的数据进行感知。产生这一现象的原因往往源自每一个行为个体的独特性,除了时间、金钱等,还有无法通过有限的并且可量化感知的影响因素。

此外,需要指出的是,基于上述对于不确定性的感性认知,我们可以说,对于不确定性的模拟,其主要目标是探寻城市中行为主体决策、供需关系变化、系统运行的共性规律与特征,而非对某一个个体行为选择的必然性或者对预测结果的准确性进行评价。

2) 来自外部环境因素的不确定性

这里提到的外部环境因素一般包括宏观经济环境、气候变化、地震火灾等自然/人为灾害,甚至是瘟疫、战争等。显然,除了在科幻电影中,当前甚至今后很长的一段时间,人类文明的发展水平,还没法对上述事件或者环境变化提前进行准确预测。而这些事件的发生又会对城市系统运行,特别是行为主体的选择造成巨大的影响,所以这也成为随机性的主要来源之一。在城市规划中,比较典型的例子是人口规模预测。

人口规模预测是城市规划中必不可缺的内容,各种研究中也提出了许多进行不同期限(从近期到中远期)人口预测的方法。但是不可否认的是,没有哪个模型能保证百分之

---

① 这里的阐述,假设对于少数以逛街散步为目的,并且不计成本的行为另做模拟。事实上也可以参照从另一个角度进行模拟。

百准确。其原因之一就是影响人口规模变化的因素，不仅包括城市发展规模、土地利用的调整，也和宏观经济环境等存在密切关联。因此，实践中，对于未来人口特别是中远期人口的预测，往往会提出高中低几个目标场景，各场景具有不同的可能实现的概率。如果对不同的场景，分别有不同的城市发展政策与之对应，那么就需要在具体规划研究中，综合考虑各种可能实现的场景，引入动态优化的思想，进行全局优化，提出自适应的动态优化策略组合。

如何在仿真模型中考虑随机性?

对来自行为主体自身的决策行为特征的随机性，本书将在第 4 章引入随机效用理论与离散选择模型进行分析。对来自外部环境因素的随机性，本书将在第 8 章城市交通需求与供给管理策略中，引入案例进行讨论。

2.2.4 需求弹性(Demand elasticity)

需求弹性(Demand elasticity)是一个经济学概念，原意指的是在一定时期内，对某个商品的需求变化相对于该商品价格变化的反映程度大小。如果需求的变化受价格波动的影响很小，那么需求缺乏弹性(Inelastic)；如果需求受价格波动影响大，那么需求具有比较大的弹性(Elastic)。

在城市仿真中，一般反映了站在需求侧的行为主体群体，因为有限的城市基础设施供给，其行为决策会受到供需关系的影响而发生变化。在城市土地利用与交通系统中，常常通过城市空间中的人群活动数量，或者道路空间中的车流量反映需求；通过城市空间设施面积、数量，或者道路路段和交叉口的通行能力反映供给。由于城市空间资源的有限性，随着需求的不断增长，往往产生一系列承载力不足的问题，例如节假日公园或者商场里人群密度过高，或者城市道路交通拥堵等。当行为主体在进行活动或者做出出行决策时，会根据预期的供需水平调整自己的选择。有的行为主体可能因为必须要在某个时段从事某项活动(比如上班)，所以只能冒着拥堵的风险出行。那么我们说这种需求弹性很小，或者说刚性很强。而有的行为主体可能会结合判断灵活调整(比如上街购物)，更换活动时间或者目的地，甚至直接放弃活动。这就是存在需求弹性的现象。

因此，总体来说，在实践中，首先需要明确需求是什么? 与之相对的供给是什么? 并且当供给能力有限时，其和需求之间的互动会因为某个因素导致需求总体规模发生变化。

如何在仿真模型中考虑需求弹性?

在城市仿真中，对于需求弹性的模拟场景，一般会结合大量数据观测，识别需求的影响因素，选择恰当的模型(一般会定义一个需求弹性方程)，对反映需求弹性大小的参数进行标定，以便进一步进行不同政策影响下供需水平变化和城市系统运行效率的敏感性分析与优化。本书的后续部分会对城市土地利用与交通建模中可能存在需要进行弹性需求考虑的场景，且通过举例的形式加以解释。

2.2.5 外部性(Externality)

外部性(Externality)同样是一个经济学的概念，体现了一个人或者一群人的经济活动对市场中其他人造成的影响。当造成收益的影响时，称之为正外部性（Positive externality）；当造成受损的影响时，称之为负外部性（Negative externality）。

在城市仿真中，一般反映多个行为主体存在时，某个行为主体的决策会对其他行为主体产生影响，从而改变整个系统运行的供需关系和效率。严格意义上说，外部性是反映城市系统运行规律的特征，并不是行为主体自身具有的特征。但是很大程度上，之所以城市运行中会产生各种外部性现象（例如交通拥堵），是基于对参与其中的行为主体理性或者说自私（Selfish）特性的假设。换句话说，行为主体在做决策时，大多数情况下只会考虑某个决策可能给自己带来的好处/坏处（在后面的章节介绍的随机效用理论中，用“效用”来评价），而不会因为自己的选择有可能对别人产生不好的影响（例如负外部性），而做出利他的调整①。因此，笔者也将外部性作为对行为主体决策行为进行模拟仿真时需要考虑的特征，一并归纳在本节。

在城市系统运行中，体现负外部性最常见的例子就是道路交通拥堵。如图 2-4 所示，假设有一条路段，当路段上只有一辆车的时候，该车最快可以按照道路最高限速行驶，所需时间是 t_0。路段上行驶的车越多，因为车辆之间的互相影响，车辆的平均车速越低，所需要花费的时间越多。因此可以认为，实际行驶时间 t 是路段流量 q 的函数，即 $t(q)$②。若路段原有车流量为 q_2，平均行驶时间为 t_2，当又有一辆车驶入该路段后，即新的流量为 q_2+1，原来的每一辆车将因此平均多行驶 Δt 的时间，总共多行驶 $q_2 \cdot \Delta t$ 的时间。

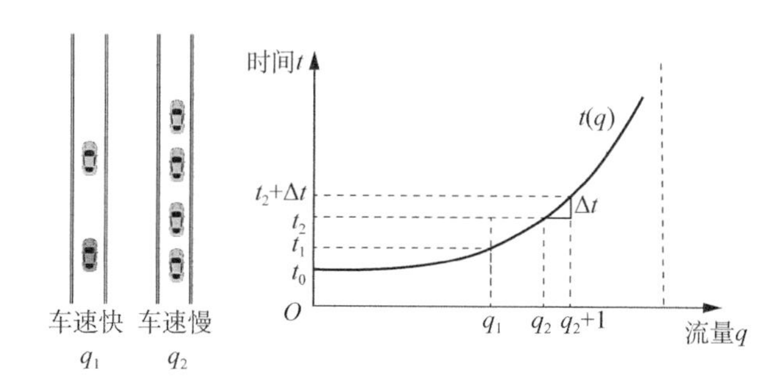

图 2-4 路段交通流量(q)和行驶时间(t)之间的关系

需要注意的是，需求弹性（Demand elasticity）和外部性（Externality）都和供需关系有关，都体现了有限的城市系统供给对不断增长的城市需求产生的影响，但是两者之间有着明确的区别，反映了站在需求侧的行为主体对待产生的影响的态度差异和做出的不同的反馈，如表 2-4 所示的例子。

假设某休息日有 1 000 人打算去公园。当发现公园人已经太多时，一部分人可能因为只有当天休假，所以还是决定要去，并且同时造成公园更加拥挤，贡献了负外部性。另一

① 当然，现实世界中也会存在各种各样毫不利己、专门利人的人或者集体，因此也可能产生正向外部性的城市现象。事实上，这种行为其实也可以基于相同的建模理论，从另一个角度进行行为特征的假设，转化成为另一种“利己”的行为决策。本书中不做考虑，留给读者自己进行拓展研究。

② 这就是交通需求预测中常用的路阻函数的概念，其具体公式表达多种多样，将在后面的章节介绍。

部分人，最后决定不去或者换一个目的地，最终不到 1 000 人去公园，体现了需求的弹性。同样，当道路上已经车太多时，一部分人因为必须要准点上班，并且只能开车，所以还是要出发，造成了道路更加拥堵，贡献了负外部性。另一部分人可能只是为了出门购物，可以换一个时间再出门，体现了需求的弹性。在道路交通拥堵的例子中，如果只存在拥堵外部性，那么路阻函数为 $t(q)$，其中 q 是一个变量。当同时存在需求弹性，又同时存在需求函数 $q(t)$，此时 q 和 t 分别是互相影响的变量。

表 2-4　供需关系影响的行为主体需求特征举例(需求弹性与外部性)

城市问题	决策影响因素	行为主体决策的不同可能
· 休闲活动人太多 · 拥挤的公园和商场	· 公园风景、商场商品品种 · 公厕等服务设施数量	· 默默忍受，还是要去　① · 不去了，或者换个目的地　②
· 交通出行车太多 · 拥挤的道路、空气污染、噪音	· 花费的时间、金钱	· 默默忍受，还是要出发　① · 不走了，或换个时间走　②

① 总体需求是不变的
② 总体需求会随着供需水平发生改变

如何在仿真模型中考虑外部性？

本书第 5 章提到了典型的包含交通拥堵以及土地承载力在内的外部性建模方法，并且融入了后续章节建立的土地利用与交通仿真模型。外部性产生的影响在相关案例分析中得以体现。

3 城市建模基本流程与框架

本章介绍一个相对通用的城市建模基本流程与典型框架。

3.1 基本框架

图 3-1 展示了基于城市仿真模型方法，进行典型城市发展问题以及相关规划与管理政策的评估与优化框架。实线框部分代表重要的评估阶段，虚线框部分与箭头表示模型仿真过程中，各个阶段输入与输出的量化指标与数据。

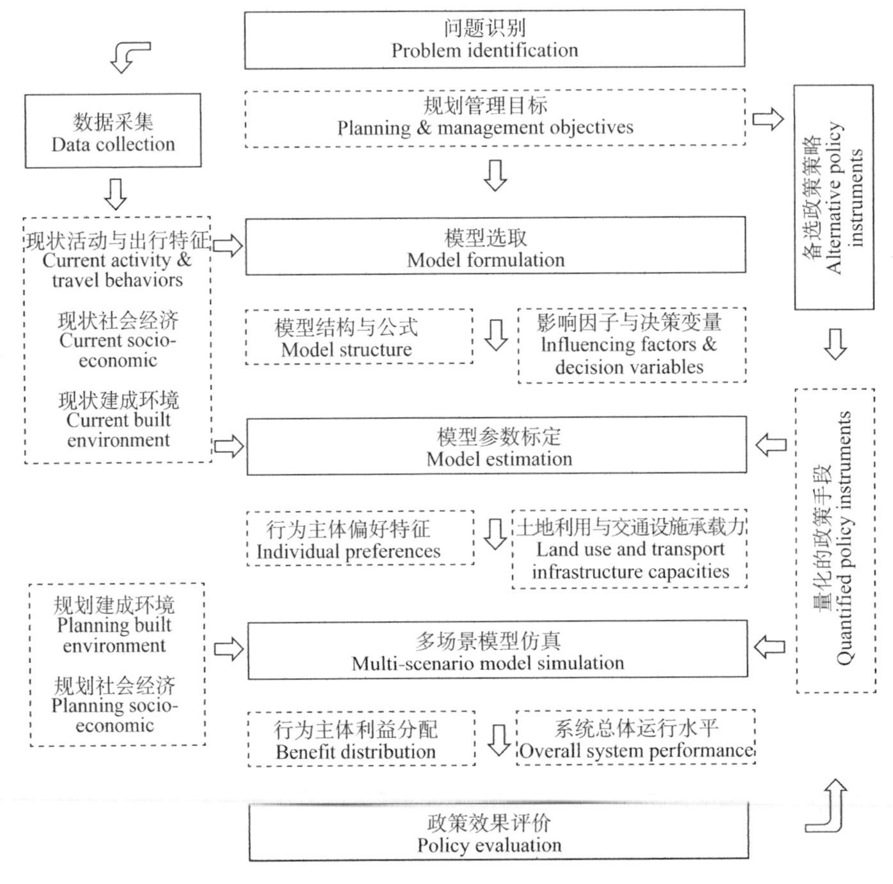

图 3-1　基于建模仿真的城市规划政策评估与优化框架

主要评估阶段包括：

1）问题识别

任何一个待决策或者正在实施的城市规划与管理政策或者策略，都是有目的性的。往往都是为了解决城市发展过程中碰到的问题，例如房价高企、道路交通拥堵或者城市空气污染等。当然，如果城市处于健康可持续的发展阶段，决策者也会结合城市总体发展目标提出一系列发展愿景，并期待找到最适合、最有效率的，甚至最经济的政策手段来促使目标早日实现。因此，这里提出的问题识别，是需要聚焦的，有针对性的。

而在此基础之上提出的规划管理目标，是有导向性的，并且最好可以转译成仿真模型能够"读得懂"的量化的目标函数。目标可以是具体的指标范围，比如将高峰时段道路交通拥堵水平控制在 0.8 以内，将住宅房地产均价控制在 2 万元/m^2 以内。当然更常见的方法是将目标设定为最小化居民交通出行时间，或者社会不同收入阶层居民日常出行服务水平更加均衡，或者早日实现城市交通碳达峰等方向性的目标。

在明确完需要解决的问题或者规划管理目标后，有三件事可以同步开展，即相关数据采集、备选政策策略方案，以及仿真模型的选取和准备。

2）数据采集

这里提到的数据采集，包括：直接从数据源/数据拥有方获取数据；通过线下、线上的调查问卷或访谈获取数据信息；通过在研究区域安置传感器（例如路侧停车传感器、摄像头计数器）或者使用其他数据采集设备（例如无人机航拍倾斜摄影、激光雷达）主动采集数据。

采集的数据或者资料类型，包括但不限于可直接量化的结构化的数据，例如房地产价格、居民日常活动，还包括文本、图像、声音、视频等非结构化数据。在当前科技发展水平下，图像识别、声音识别、语义分析等机器学习算法已经有充分的能力将传统的非结构化数据，针对分析需求进行结构化转译。例如图像识别算法可以识别道路路段上的摄像头持续拍摄的视频流，获取车牌信息，并转译成包括车牌 ID、经过时间、地点等的结构化数据。

此外，用于城市仿真模型的数据，有一个明显特点，即大多包含时间与空间双重维度。不同数据源数据感知系统存在差异，一方面，往往基于不同的坐标系统（例如国内常见的 WGS84①、GCJ02② 和 BD09③ 坐标系），使用时应注意坐标系之间的转换与统一；另一方面，数据的时间与空间精度直接影响仿真模型的分析能力。因此数据的采集前提，是对研究分析的对象问题有充分的认知。

大多数情况下，数据采集的目标是，获取能够反映城市现状发展问题的，能够表征现状与未来城市建成环境与社会经济发展水平的，能够表征城市居民生活方式特征的多源

① 国际通用的基于 GPS 卫星定位系统的坐标系。各类 GPS 数据，以及很多地图服务，如天地图、Open Street Map（OSM）均使用该坐标系。

② 即火星坐标系，GCJ 即国测局的拼音首字母，代表中国国家测绘局。该坐标系在 WGS84 的基础上，做了加密。基于高德地图服务的各类数据源均采用该坐标系。

③ BD09 是在 GCJ02 坐标系上再次加密形成的坐标系。基于百度地图服务的各类数据源均采用该坐标系。

时空数据。如图3-1所示，在城市规划建模仿真实践中，常见的必要数据主要包括现状与规划两部分。其中，现状数据包括：研究区域现状的建成环境数据（例如土地利用、路网、设施分布等）、社会经济数据（例如GDP与人均收入水平、人口与就业岗位分布等）、相关行为主体的活动与出行特征数据（例如活动行为轨迹、出行次数、出行方式、车辆GPS、打卡签到与评论，以及活动事件等）。现状数据主要用于：① 量化评估现状问题严重程度，从时间和空间维度，定位问题痛点区域和时段；② 作为模型参数标定的输入数据，通过标定后的模型参数，描述建成环境现状服务水平（例如土地与交通承载力）和行为主体偏好特征（例如购房时更看重楼龄还是房型大小）。规划数据包括研究区域规划的建成环境、社会经济发展等数据。主要用于预测不同政策背景下，未来城市发展问题是否被解决，或者发展目标是否能实现。

3）备选政策策略

城市发展问题往往既具有典型性又具有独特性。一方面，典型性反映在很多问题都是处于同一个发展阶段的同等规模城市会碰到的问题，例如城市化与机动化双重背景下小汽车保有量与出行量的飞速增长，导致的城市动静态交通供需失衡。此类问题是很多发达国家现代城市已经经历过或者正在经历的，相关的政策策略方案已经很多，有的有效，有的带来副作用。这些都可以通过相关研究总结和案例分析，加以提炼，作为可能解决对象城市类似问题的备选政策策略。例如车辆限行、道路拥挤收费等。另一方面，独特性表现在每一个城市具有自身独特的自然条件、社会文化特征，以至于一些常见的政策策略可行性较低或者需要进行额外的手段创新。例如历史文化名城在街区、建筑等遗产保护限制条件下，难以通过拓宽道路或者用地功能调整等方式优化出行结构。

同样地，政策策略也需要转译成可以作为模型仿真中决策变量的可量化的因子。因为模型仿真相对于定性的政策分析方法，除了方向性的把握，主要目的之一在于更精确地计算出城市发展目标对政策的敏感性大小。在城市精准管理语境下，往往5%的政策手段差异，带来的却是数以亿计的经济发展指标差异。

4）模型选取

城市系统复杂，而一个城市问题一般涉及一到两个城市子系统。一个有针对性的、有效果的仿真模型没有必要花费大量的工作去建立涵盖所有城市子系统的城市基础架构。例如解决城市交通拥堵问题，最核心的是模拟土地利用与交通系统中的供需关系，其他可能涉及的生态、能源系统，只需要提取有关联的若干因子到模型中。

另外，对于同一个城市问题，可能可用的仿真模型（软件）和具体方法也很多。并且这些模型或者方法，可能有不同的理论来源，如经济学、社会学等。对于同一类型问题，不同学科背景的关注点和可能做出的简单假设均不尽相同。本书后续章节主要介绍的两个城市土地利用与交通分析模型体系，在分析范围和适用性上就具有比较明显的差异。因此，研究者需要结合备选模型特点、有效性边界，以及研究对象问题的在地特征和核心目标，进行筛选。例如同样是进行城市碳达峰场景模拟，宏观尺度的碳达峰模拟方法可以综合考虑能源结构、科技发展水平、城市发展模式和规模等维度特征，以整个研究区域为对象预测不同场景组合下碳达峰的可能性和时间点，以支持政府宏观发展战略的制定。而微观尺度的碳达峰分析，旨在通过具有更高空间精度的基于路段动态交通流特征，甚至个体车辆的运行工况的数据，准确推算不同区域不同时段的碳排放水平，找到城市交通实现碳达峰的痛点或者主要着力点，并通过多因子影响因素分析，找到排放水平高的原因，有针对性地提出具体策略手段。

此外，模型选取除了基本的模型架构和公式外，还包括参与模型仿真的影响因子和决策变量。很多时候，制约模型仿真准确性的主要原因是输入数据的质量“缺陷”。这里的缺陷不是指数据样本存在明显的错误或者缺失，而是指样本量不足，或者属性不够丰富。例如单一维度的经过脱敏的手机信令数据不能充分反映个体行为轨迹背后的社会经济属性和出行活动的目的。

5）模型参数标定

如图 3-2 所示，模型仿真的本质，是一个通过对现状（历史）的认知，推演未来发展趋势的过程。绝大多数的城市仿真模型系统都是基于某些理论基础（如微观经济学等），经过大量对现状（历史）数据的研究，总结出来的若干数学公式的集合。这些公式中往往包含若干未知参数。一个城市仿真模型在进行对于现状或者未来的模拟之前，首先要经过模型的选取以及待定参数的标定。

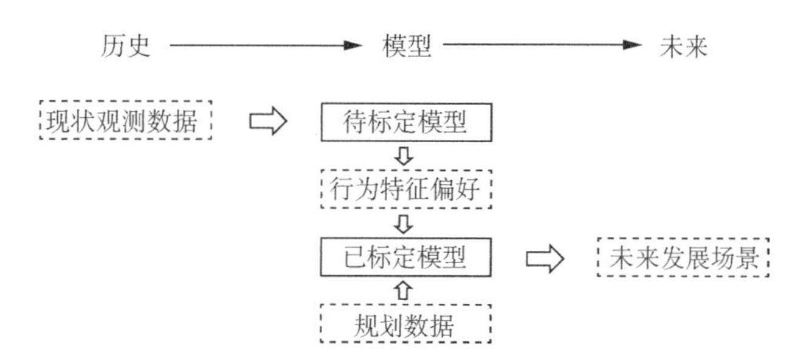

图 3-2　模型选取、参数标定、模型仿真的关系

举一个最简单的例子，假如 y 是反映城市发展现象或者问题的某个指标（例如某区域地铁出行比例），而 x 是对指标产生影响的某个因素或者政策变量（例如道路拥挤水平 x_1，地铁站点密度 x_2）。经过模型选取阶段的分析，y 和 x 之间很可能存在一个线性关系，即 $y^{(n)}=a+b_1x_1^{(n)}+b_2x_2^{(n)}$。上标中的 n 代表观测的样本。道路越堵，地铁站点密度越大，使用地铁的人可能就越多。通过数据采集能够获取的现状观测数据，是城市中 n 个区域的地铁出行比例、道路拥挤水平和地铁站点密度。模型参数标定的目标，就是利用现状观测数据样本，根据模型结构，选择适当的模型标定方法，反推出待标定参数 a，b_1，b_2 的取值（如图 3-3 所示）。而它们的取值就反映了该城市居民对于道路交通拥堵的容忍程度，以及对于使用地铁的偏好。在接下来的模型仿真中，如果假设该城市居民未来对出行方式选择的偏好特征保持不变，那么就可以直接使用已经标定好的仿真模型，代入反映未来规划的相关数据（例如新的地铁站点密度），预测未来地铁出行比例。

一个仿真模型结构的建立（例如本书接下来章节要介绍的若干模型），目标是通过模拟某个典型的城市系统运行(例如土地利用与交通)进行相关问题与政策优化研究。因此具有一定的普适性,即能够通过很少量的公式定义调整,应用于众多的城市研究。但是每一个对象城市都有其独特性,比如城市中居民行为习惯偏好的差异。而模型参数标定的意义就在于基于获取的观测数据,利用参数标定方法,量化这种独特性。

观测区域 ID	现状地铁比例 $y^{(n)}$	现状道路拥堵水平 $x_1^{(n)}$	现状地铁站点密度 $x_2^{(n)}$
1	33%	0.6	1.2
2	45%	0.8	1.3
3	12%	0.4	0.9
…	…	…	…
n	30%	1.0	0.8

➡ $\{a, b_1, b_2\}$

图 3-3　进行模型参数标定的输入数据范例

6）多场景模型仿真与政策效果评价

对于中长期的城市规划与战略制定,一般来说,决策者关心的是,在各种不确定因素可能的条件下,未来城市会发生什么? 以及哪些城市政策能够更有效地提升系统服务水平? 多场景(Multi-scenario)模型仿真就是结合已标定的模型和输入的规划数据,模拟未来某个时间节点的城市系统运行水平,并输出与研究对象问题相关的指标,从而支撑规划决策。

Kahn 和 Anthony(1967)将场景定义为"hypothetical sequences of events constructed for the purpose of focusing attention on causal processes and decision points"。通常场景分析可分为三种类型,即预测场景(Predictive scenario)、探索性场景(Explorative scenario)和目标性场景(Normative scenario)(Börjeson et al., 2005)。简单来说,预测场景就是通过模型仿真回答"what will happen"。即在一切发展背景条件都能够被准确预知的情况下(例如人口增长速率保持稳定等),未来会怎么样。通常,用于中短期的因果关系比较明确的预测分析。而探索性场景是通过模型仿真与敏感性分析回答"what can happen to external factors that are beyond the control of instruments",以及"what can happen if we act in a certain way"。即因为某些规划外部因素不可控(例如宏观经济或者科技发展水平),所以需要通过模型仿真去查看在各种可能的外部因素实现条件下,未来会怎么样。更常见的情况,还会模拟各种可能的城市政策手段,在各种城市发展背景条件下,会带来什么改变。如果有 n 种可能的外部因素条件,m 种可能的城市政策手段,那么理论上就会要求进行 $n \times m$ 种场景模拟。这也是敏感性分析要做的事情。最后,目标性场景是通过模型仿真回答"how a specific target can be reached"。也就是说,问题研究有一个明确的前置目标(例如 2035 年前实现碳达峰)。模型仿真的作用就是探索一条或者多条能够实现目标的优化路径,找到最合适的政策手段与分阶段实施方案。

因此,对于中长期规划与城市发展战略决策,比较常用的是基于探索性场景和目标性场景的模型仿真。回到模型框架中来，此时，图 3-1 所示的多场景模型仿真的输入数据就既包括了给定的规划背景条件（例如用地和交通规划），又包括了不确定的外部因素的若干种可能性（例如人口增长，见第 9 章），还包括了可能的城市政策手段组合（例如各种土地开发与交通管理策略，见第 8 章、第 10 章）。而多场景模型仿真的输出就是在各种可能的外部因素和政策影响下，反映城市系统运行的各项指标。当涉及多个行为主体（例如居民和开发商）的参与和互动时，还会输出不同政策影响下他们的利益分配情况。这也是多目标下（例如经济发展导向，或者社会公平导向）政策优化比选不可缺少的内容。

最终，会根据是否达成某个确定目标，或者服务水平是否满足要求等，将结果反馈给决策者，以进一步提出政策手段的优化方向，再次进行模型仿真，直到找到“最优”的政策手段与实施方案。

3.2 典型案例

本节列举两组典型的城市建模仿真的案例：一个是以欧洲为例的可持续发展与城市土地利用交通出行仿真模型与政策评估框架；一个是麻省理工学院（MIT）以新加坡为对象进行的城市土地利用与交通综合仿真项目。

3.2.1 可持续发展与城市土地利用交通出行仿真模型——以欧洲为例

城市可持续发展的概念最早由欧洲提出。Brundtland Commission 将可持续发展定义为“development that meets the needs of the present without compromising the ability of future generations to meet their own needs” (Brundtland, 1987)，即当前的发展不以牺牲下一代的利益为代价。在城市土地利用和交通系统中，可持续发展主要面向缓解或者避免各种可能的城市问题，例如交通拥堵、失衡的职住地分布、对能源与土地的滥用，以及对自然资源与历史文化遗产的破坏等（Chichilnisky, 1996; Heal, 1998; Minken et al., 2003）。

近二十年产生了若干研究框架体系。其中 PROSPECTS（Procedures for Recommending Optimal Sustainable Planning of European City Transport Systems）是具有代表性的欧洲视角下的城市可持续发展规划理念和框架之一（如图 3-4 所示）。框架首先以可持续发展目标（Objectives）为导向，通过可量化的指标因子（Indicators），进行不同场景（Scenarios）下的问题评估（Assess problems）。接着识别实现目标可能碰到的障碍（Barriers），提出可能的策略（Strategies）和政策手段（Instruments），通过模型仿真，预测可能产生的影响（Impacts），并进行方案比选（Compare solutions）与优化（Optimization）。最终可行的方案在现实中实施（Implement），并持续监测（Monitor）与评价其效能（Evaluate performance），对可能新产生的问题进行重新评估，实现闭环。

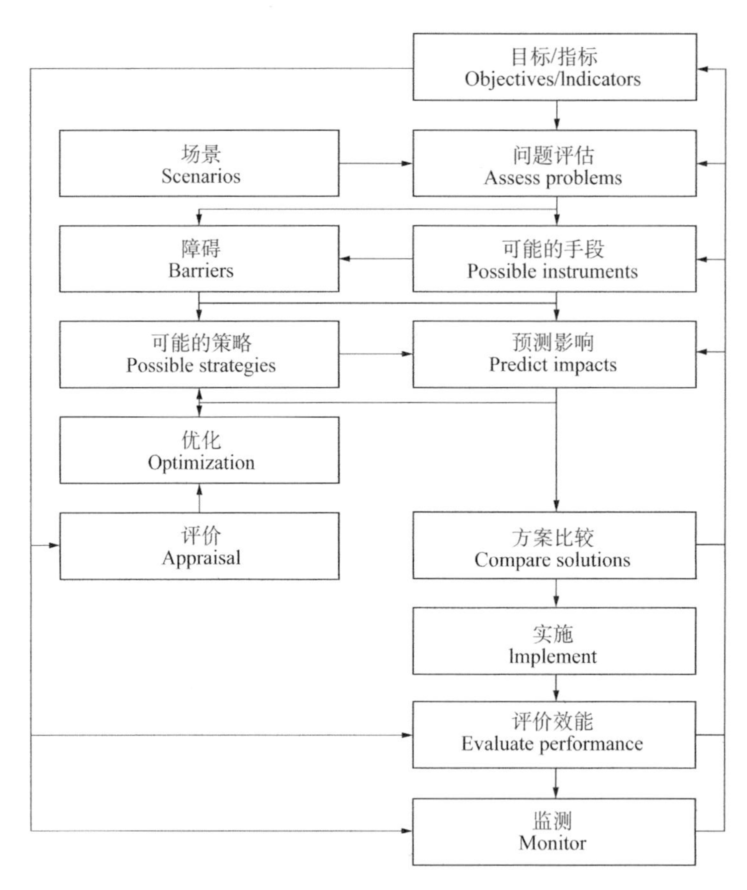

图 3-4　PROSPECTS 规划架构的概念结构(May et al.，2003)

其他类似的研究框架还有 LUTR①、ASTRAL②、PROPOLIS③(如图 3-5 所示)等(Matthews et al.，2002；Lautso et al.，2004)。需要指出的是，上述可持续发展的规划研究框架，均包含通过城市模型仿真进行的场景分析和政策优化，应用于不同的欧洲城市，但是使用的具体模型方法和工具可能不同。其中不乏包括近二十年来城市土地利用与交通模型研究的代表性仿真软件成果，例如 MEPLAN、TRANUS、IRPUD、ILUTE、UrbanSIM 等。

以应用于瑞典斯德哥尔摩等城市的仿真模型架构为例。该架构包含了土地利用仿真模块、交通仿真模块、数据库，以及系统服务水平评价模块等，既包含学者自主研发的软件工具又包含商用分析软件工具(如图 3-6 所示)。其中：SAMS 是包含瑞典人口与社会经济信息的数据库；IMREL④ 是土地利用仿真模型；而交通仿真模型由 SAMPERS⑤ 和

① LUTR 是研究框架 Land Use and Transportation Research 的缩写。

② ASTRAL 是研究框架 Achieving Sustainability in Transport and Land Use 的缩写。

③ PROPOLIS 是研究框架 Planning and Research of Policies for Land Use and Transport for Increasing Urban Sustainability 的缩写。

④ IMREL 是 Integrated Model of Residential and Employment Location 的缩写。

⑤ SAMPERS 是瑞典国家交通需求预测模型工具包。

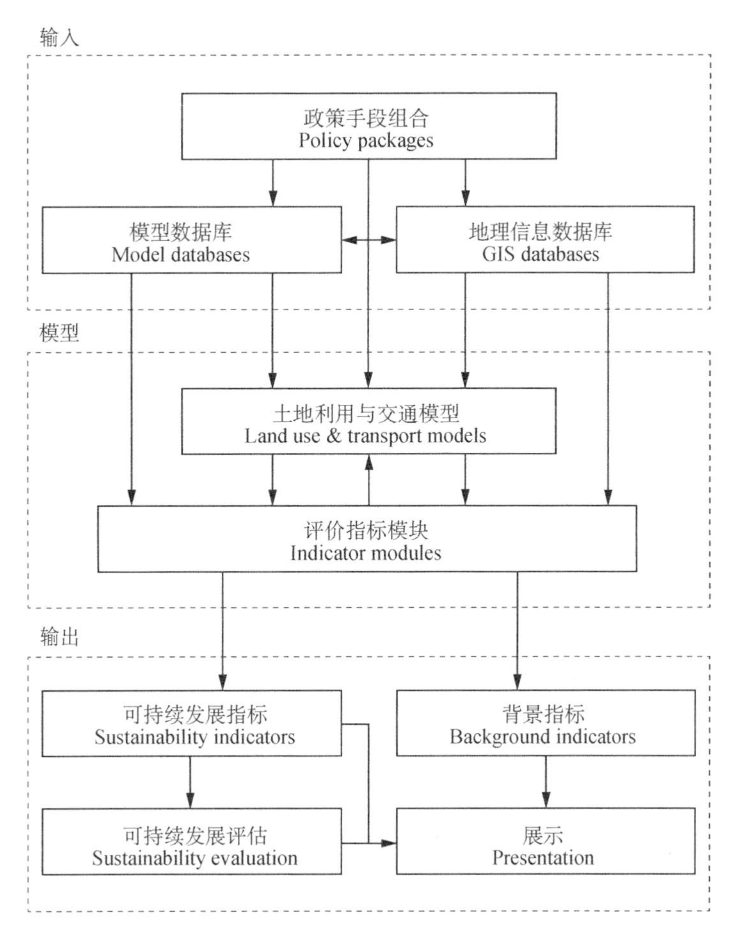

图 3-5 PROPOLIS 的技术路线(Lautso et al., 2004)

EMME/2① 两个部分构成。早期的斯德哥尔摩模型将整个对象城市划分成 99 个分析区和若干种居民类型。模型输入的指标包括目标规划场景下的人口与社会经济发展、土地与交通系统结构、现状居民职住地分布以及交通出行行为，还有待评估的城市政策手段(Policy instruments)等。输出的指标与规划目标之间具有明确的关联。例如反映经济发展效率的指标，包括规划年城市基础设施投资相关指标、居民家庭各种活动与出行收益、交通设施运营管理收益，以及空气污染、二氧化碳排放等外部费用等(Jonsson, 2003)。在此基础上，模型进一步通过成本效益分析(Cost Benefit Analysis, CBA)、多标准分析(Multi-Criteria Analysis)以及政策优化方法，找到各种城市发展场景下，获得目标最大化的最优政策手段(例如道路收费和公交票价等)。

以土地利用模型 IMREL 为例(Anderstig et al., 1991)。如图 3-7 所示，该模型用于研究大尺度的城市基础设施投资对城市居民职住地分布的影响。模型理论基础基于本书后续章节提到的随机效用理论和离散选择模型，并通过影子价格(Shadow price)反映

① EMME/2 以及最新版的 EMME/3 是由 INRO 公司继承开发的专业交通仿真软件。

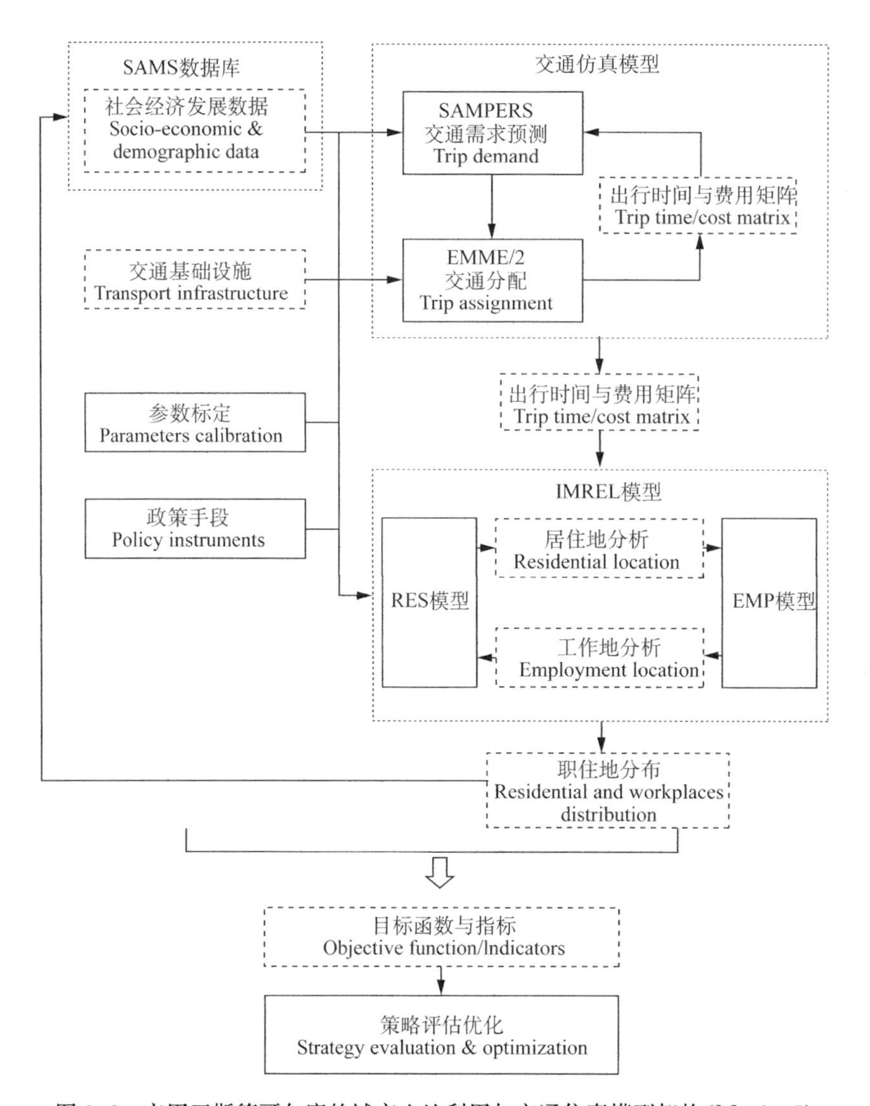

图 3-6　应用于斯德哥尔摩的城市土地利用与交通仿真模型架构(Ma, 2007)

土地利用与交通互动关系影响的土地价值的变化。早期的 IMREL 模型包含居住地选择模块(RES)和就业选择模块(EMP)，分别求解居住房地产和就业市场的平衡，并通过两者之间的互动实现总体的职住地均衡。IMREL 模型的输入数据包括现状交通出行特征数据(例如区域之间的出行时间、费用等是交通仿真软件 EMME/2 基于 1997 年交通调查数据的计算得到的)、房地产数据、人口分布数据、反映社会经济发展的收入水平数据，以及待评估的城市政策手段等。模型在进行待定参数标定后，对 2015 和 2030 两个规划年进行场景仿真。由于早期模型数据条件等方面的限制，IMREL 等模型一般均会在建模中做出一些简单假设，例如一户居民家庭只有一名工作者，只有通勤出行会影响居住地选择，总体住宅供给等于住宅需求等。IMREL 模型此后经过改进又形成了新的土地利用与交通模型 LandScapes，并应用于斯德哥尔摩的规划实践(Jonsson, 2007)。

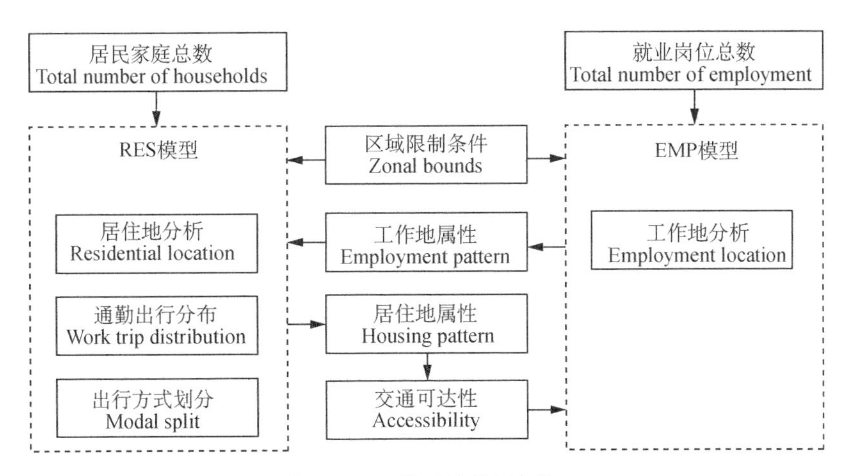

图 3-7 早期 IMREL 模型的分析框架(Ma，2007)

3.2.2 面向未来的城市土地利用与交通综合仿真模型——以 SimMobility 为例

2007 年，麻省理工学院(MIT)在新加坡成立了该学院迄今为止第一家也是唯一一家在美国境外的研究中心，即麻省理工学院新加坡研究中心(Singapore-MIT Alliance for Research and Technology，SMART)[①]。该中心由新加坡国立研究基金(National Research Foundation of Singapore，NRF)资助，旨在针对当前以及未来城市生活可能面临的各种严峻问题，组成医疗、农业、能源以及城市机动性等领域的若干个跨学科研究项目组(Interdisciplinary Research Groups，IRGs)，开展合作研究并形成世界级的成果。中心建立了多个由 MIT 教授组成的实验室，研究人员不仅包括 MIT 的博士后与在读研究生，还包括新加坡国立大学等世界知名高校和研究机构的教授学者。因此，SMART 也成为 MIT 目前最大的国际研究中心。

未来城市机动性(Future Urban Mobility，FUM)是 SMART 若干个 IRGs 研究项目组之一[②]，自从 2010 年起已经开展了十余年的研究。FUM 以面向未来的城市居民生活出行机动性改善，城市系统运行提升等为目标，主要通过研发多层级大尺度的城市建模方法与仿真模型，借助新兴的大数据网络计算能力，以新加坡为实证对象，预测不同城市发展场景下系统运行状态，为各种城市规划与交通管理决策场景提供分析支持。

FUM 开展的城市建模与仿真研究是当前世界最前沿的尝试之一，主要表现在以下几点：

(1) 相较于上一节提到的二十一世纪第一个十年欧洲国家的城市仿真模型和政策评估框架(例如斯德哥尔摩模型)，一般都会整合当时常见的工具和方法。新加坡模型的核心部分几乎完全重新开发。其模拟对象涵盖城市宏观、中观、微观多尺度，并建立起不同尺度之间的逻辑关联，全面模拟城市土地利用与交通系统运行(如图 3-8)。这是近年来面

① SMART 主页介绍 https://smart.mit.edu/about-smart/about-smart
② SMART 中的 FUM 主页介绍 https://smart.mit.edu/research/fm/about-fm

向实践应用的城市仿真模型最全面和最大胆的尝试之一。

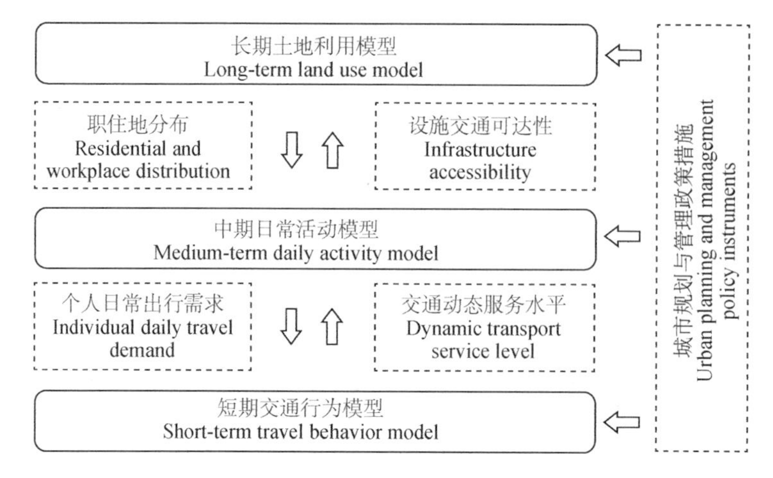

图 3-8　长、中、短三期的城市仿真模型概念架构

(2) 对相关学科理论与分析技术方法同时进行创新。城市土地利用模型发展近五十年,诞生了许多不同的理论,虽然大都基于微观经济学理论,但是在模型假设和基本架构上还是有明显差异。模型各有利弊,也没有哪一个模型能够在同一时代中脱颖而出。项目组集合了近二十年最重要的被广泛研究与应用的两大模型体系的代表学者,尝试互相借鉴优势(例如基于个体的微观仿真方法与包含内生市场的土地利用平衡模型),开发出全新的模型架构。

(3) 理论与实践相结合,既有理论与方法的创新[如基于个体的行为学模型(Agent-based Behavioral Model)、响应式机动性(Mobility-on-Demand)、自动驾驶交通控制(Autonomous Traffic Control)等],开发面向政府部门规划与管理决策场景的模型仿真与可视化工具(如 SimMobility、DynaMIT、LIVE Singapore! 等),又在新型社会调查、自动驾驶等细分领域进行面向应用的产品研发(如 Future Mobility Sensing、Flocktracker、Autonomy for Mobility-on-Demand)。

以 FUM 的核心研究组 SimMobility 为例。SimMobility 尝试构建的城市规划与管理仿真决策支持模型体系,包含长期土地利用模型、中期日常活动模型以及短期交通行为模型三个部分(如图 3-8)。

(1) 长期土地利用模型主要面向城市系统中时间适应性相对较慢的土地利用和交通基础设施,以及活动于其中的居民、开发商、设施运营管理者以及政府决策者等行为主体。以月或者年为时间单位,模拟居民家庭的结构变化、生活方式特征,以及工作和住宅地点选择;模拟开发商的住宅开发决策;模拟住宅房地产交易过程。长期模型从宏观视角量化了土地利用与交通供需关系的演变,以及职住地分布、土地与房地产价值等规划决策支持的重要指标。

(2) 中期日常活动模型主要面向居民每日的活动与出行决策。以日为时间单位,模拟对象包括活动类型、行程安排与时间分配,以及出行方式等。中期模型同样从宏观视角量化了对象城市特征日居民活动分布,以及可能产生的人流聚集、交通拥堵的典型现象,是城市运行管理与相关政策方案决策支持的重要指标。

(3) 短期交通行为模型主要面向作为出行者的居民每一次交通出行过程中的行为决策。以分甚至秒为时间单位,模拟每一次出行中线路的临时调整,乃至驾驶车辆的超车、变道等即时行为。短期模型从中微观视角量化了居民交通行为与城市道路交通供给之间的动态关联,是城市路段与交叉口的渠化与信号控制优化的决策支持手段,也是面向未来的人车路协同的自动驾驶技术研究的重要基础。

(4) 三组模型视角不同,看似独立却又有明确的关联。土地利用模型输出的居民的职住地分布,构成居民日常活动出行的基础。而日常活动模型的输出,例如道路交通的拥堵水平,可以转化为居民评价某个地点或者设施交通可达性的指标,影响他们最终的居住地选择。类似地,日常活动模型输出的个人活动出行需求,构成每一次交通出行行为的基础。而交通行为模型输出的微观的路段交叉口动态服务水平,可以整合成对城市交通总体服务水平的评价。

(5) 三组模型都能进行相关的城市规划与管理政策措施的优化以及实施效果的仿真。例如可以利用长期土地利用模型,模拟不同的土地出让以及房地产供给政策,对地价、房价的影响。利用中期日常活动模型,模拟不同的道路拥挤收费(例如 ERP[①])或者拥车证(例如 COE[②])政策对城市道路交通运行水平的影响。

① ERP,即 Electronic Road Pricing,电子道路收费。新加坡是世界上最早引入道路收费缓解城市中心区道路拥堵的城市。从最早人工收费的区域通行券 ALS 到现在的电子收费,已经有近 50 年的历史。现已成为调整小汽车出行需求的最重要手段。

② COE,即 Certificate of Entitlement,拥车证。新加坡的拥车证相对于普通的牌照费,最大的区别是有使用年限,需要定期更换。某种意义上,成为避免小汽车低效使用,占用宝贵的停车资源的有效手段。

4 随机效用理论与离散选择模型

4.1 背景

随机效用理论(Random utility theory)是如今各种城市与交通规划学科领域研究,以及应用于实践的仿真模型与工具中,最常见的建模基础理论。它的最主要奠基人丹尼尔·麦克法登(Daniel L. McFadden),是美国著名经济学家,2000年诺贝尔经济学奖得主。20世纪70年代早期,他基于对加州高速公路委员会决策过程的实证分析,提出了一系列方法论思想,融入现代计量经济学中的离散选择(Discrete choice)分析方法。此后在MIT研究期间,他将研究对象转向城市居民的交通出行与居住地选择,发表了经典的论文*Urban Travel Demand: A Behavioral Analysis*(Domencich et al., 1975)和*Modelling the Choice of Residential Location*(McFadden, 1977, 1978)。McFadden(1978)提出"the classical, economically rational consumer will choose a residential location by weighing the attributes of each available alternative and by selecting the alternative that maximizes utility",也就是说对于一个(微观经济学假设中的)理性的消费者来说,他/她对于居住地的选择结果,是结合了对每一个备选对象属性的评价,并基于效用最大化的原则得到的。此外,随机效用理论"predicts choices between alternatives as a function of attributes of the alternatives, subject to stochastic dispersion constraints that take account of unobserved attributes of the alternatives, differences in taste between the decision makers, or uncertainty or lack of information"(Domencich et al., 1975; Wegener, 1998)。也就是说随机效用理论除了包含选择者对备选对象可量化的属性进行评价,同时通过融入随机性的模型假设,还包含对对象不可观测的属性、不确定的甚至可能缺失的信息,以及选择者自身偏好的考虑,综合估计选择行为的预期结果。

基于随机效用理论,研究者得以从基于群体行为的行为仿真(例如Lowry模型、各种重力模型),转向基于个体的微观行为仿真。20世纪八九十年代后蓬勃发展的城市土地利用与交通模型,大多是基于随机效用理论、离散选择模型的拓展与创新(这部分内容参见第5章)。

4.2 效用与效用方程

随机效用理论通过定义效用以及效用方程来量化决策者的离散选择行为偏好和预期

选择结果。

首先,选择对象是一个有限的离散的集合。例如居民作为决策者,选择要不要买车?买或者不买,也就是一个 0 或者 1 的选择。选择什么出行方式?小汽车,公交车还是步行,也只有若干有限的方式。买哪里的房?在城市中同一时间可以购买的住宅小区也是有限的。其次,选择对象之间应该是相互独立的,或者可以将选择问题转化成相对独立对象的选择。例如买车或者不买车相互独立,开小汽车的时候也不会去坐公交。

如果具备以上特征,那么在该理论假设下,当一个决策者在进行某项选择(例如交通出行方式)时,他/她会根据被选择对象的属性(例如花费的时间和金钱),和自身对各项属性的偏好(例如更看重时间的节省)来衡量哪一个对象(例如小汽车还是公交车)更适合自己。而这个衡量的"尺子"就被定义为效用(Utility)。所以效用中既包含每一个被选择对象的属性又包含个体偏好。

这些被选择对象的属性,有的是可以被进行模型仿真的人通过观测数据感知和量化的。例如一般认为对于某次出行,选择开小汽车还是坐公交车,会受到两种方式各自可能花费的时间、金钱等因素的影响。而站在观测者的角度,每次出行每种方式的时间和金钱是可以被计算出来的。而有的属性可能是不能被感知或者量化的。例如交通工具的舒适度,虽然大部分人普遍认可交通工具舒适度对出行方式选择有影响,但是这个因素有很强的主观性并且难以被量化[①]。还有可能存在一些观测者自己都没法发觉的影响因素,客观上影响了某个决策者的选择行为。特别是,城市建模仿真模拟的是一个区域范围内成千上万甚至几百万个个体的选择行为。严格意义上说,现实中每一个人都是独特的(Unique),选择行为可能都带有自己的特殊考虑。因此模型中的效用不可能全部都尝试去通过观测数据量化。所以随机效用理论倾向于通过大量历史数据,发现影响个体选择行为的共性、主导因素(例如进行方式选择时的时间和金钱)。而将那部分具有个体独特性的,无法被观测和量化的,从总体上来看影响程度相对较小的因素,归结为选择行为随机性的来源。

那么在模型中,效用(Utility)就可以通过效用方程(Utility function)来进行量化。假设用 i 表示某个选择对象,那么定义选择对象的效用方程为:

$$U_i = V_i + \varepsilon_i \tag{4.1}$$

其中 U_i 是对象 i 的效用;V_i 是效用方程的确定项(Deterministic part,或者称为 Systematic utility),由可观测、可量化的对象属性和决策者个体偏好构成;ε_i 是效用方程的随机项(Random part,或者称为 Random component),由那些不可被观测的效用因子构成。

假如用一个线性方程来定义确定项 V_i,则 V_i 可以写为:

$$V_i = a_i + b_1 x_{i1} + b_2 x_{i2} + b_3 x_{i3} + \cdots = a_i + \sum_{j=1}^{n} b_j x_{ij} \tag{4.2}$$

其中 x_{ij} 代表选择对象 i 的第 j 个可以被量化的属性(效用因子)。而 a_i 和 b_i 就是反映个体

① 目前也有一些研究尝试结合调查问卷,通过构建特殊的效用因子来量化舒适度指数。

偏好的参数，一般通过大量观测数据进行参数标定确定其取值。

式(4.1)和式(4.2)没有反映决策者个体差异。如果将决策者区分为k种类型，那么对每一种类型的人来说，选择对象i带给他/她的效用方程就可以写成：

$$V_i^k = a_i^k + b_1^k x_{i1} + b_2^k x_{i2} + b_3^k x_{i3} + \cdots = a_i^k + \sum_{j=1}^{n} b_j^k x_{ij} \tag{4.3}$$

这样效用方程可以反映每一种类型的决策者对选择对象属性的不同偏好。

接下来，因为是基于随机效用理论，所以假设用户选择行为具有随机性。构建模型的人，站在观测者的角度，对决策者做出的可能的选择通过概率来表示。那么当有两个选择对象i和j时，决策者选择对象i的概率，也就等价于对象i的效用大于对象j的效用的概率，即：

$$Pr_i = Pr[U_i > U_j,\ \forall j,\ i \neq j] \tag{4.4}$$

将式(4.1)代入式(4.4)可以得到：

$$\begin{aligned} Pr_i &= Pr[V_i + \varepsilon_i > V_j + \varepsilon_j,\ \forall j,\ i \neq j] \\ &= Pr[V_i - V_j > \varepsilon_j - \varepsilon_i,\ \forall j,\ i \neq j] \end{aligned} \tag{4.5}$$

基于选择的随机性，选择对象i的概率Pr_i是一个介于(0,1)区间的数。当Pr_i无限趋近于1的时候，即$Pr_i \to 1$，说明对象i的效用U_i远大于j的效用U_j，决策者有非常大的可能性选择i。而如果存在$Pr_i=0$或者$Pr_i=1$的情况，这种选择行为就不再带有随机性，称之为确定性的选择行为(Deterministic choice)。它与随机性的选择行为(Stochastic choice)是一组相对的概念。基于随机效用理论的城市仿真模型都是基于随机性的选择行为假设。

此外，需要注意的是，基于随机效用理论和公式(4.4)，如果对象i带给决策者的效用U_i越大，那么就越有可能被选中。而式(4.2)和式(4.3)中定义的效用因子x_{ij}前均是正号，意味着它们都是有利于被决策者选择的因子。现实中有很多因子其实是具有相反作用的，比如花费时间越长的交通方式，越不可能被选择。因此可以定义效用(Utility)因子负效用(Disutility)因子。效用因子反映了被满足的程度，例如房屋面积大小、周边的公共服务设施数量等，在效用方程中因子前是“+”号。负效用因子反映了选择某个对象的代价(花费)，或者不满足程度，例如等车时间、公交票价等，在效用方程中因子前是“−”号。

4.3 Logit 模型

4.3.1 模型定义

离散选择模型常和随机效用理论伴随出现在城市仿真模型研究中。某种意义上来说，它是实现基于随机效用理论的仿真模型。离散选择模型不是某一个特定模型，而是一组模拟离散选择行为的模型的集合。包括GEV(Generalized extreme-value)模型、Probit模型、Logit模型，还包括各种Logit模型的变种(例如混合Logit模型)等(Train，2003)。

在这些模型中，Logit 模型结构简单，并且易于进行模型参数标定，因此在城市土地利用和交通研究中被广泛使用。

基于随机效用理论假设的公式(4.5)不是一个可以直接应用于模型计算的具象化的公式表达。当假设公式中的随机项 ε 的取值服从甘布尔分布(Gumbel distribution)[①]，并且选择对象之间(例如 i 和 j)相互独立时，那么经过数学推导，可以得到公式(4.5)的 Logit 模型表达：

$$Pr_i = \frac{\exp(V_i)}{\exp(V_i) + \exp(V_j)} \tag{4.6}$$

可见，公式(4.6)中不再出现不可被观测与量化的随机项 ε。研究者可以很方便地通过类似公式(4.3)，计算出每一个选择对象效用的确定性部分 V_i，以及最终被选择的概率。

当选择对象集合包含若干个时，例如在若干种交通出行方式 m 中做出选择时，公式(4.6)可以被改写为：

$$Pr_m = \frac{\exp(\beta \cdot V_m)}{\sum_{m' \in M} \exp(\beta \cdot V_{m'})} \tag{4.7}$$

如果出行方式选择集合 M 包含小汽车、公交车、出租车等，即 $M = \{\text{car}, \text{bus}, \text{taxi}, \cdots\}$ 时，可得：

$$0 < Pr_m < 1 \tag{4.8}$$

$$Pr_{\text{car}} + Pr_{\text{bus}} + Pr_{\text{taxi}} + \cdots = \sum_{m \in M} Pr_m = 1 \tag{4.9}$$

可以注意到，相比较公式(4.6)，公式(4.7)中多了一个参数 β，称之为尺度参数(Scale parameter)。这是在现实研究中经常出现的一个需要通过观测数据进行标定的参数，用于拟合决策者实际选择行为和备选对象效用差异之间的关系。它的取值大小反映了决策者进行对象选择时行为随机性的大小。简单来说，β 越小，随机性越大；β 越大，随机性越小。$\beta \to 0$ 时，选择行为趋近于纯随机的选择，即不管被选择对象的效用差异如何，每一个对象都有相同的概率被选择到。当 $\beta \to \infty$ 时，选择行为趋近于确定性的选择。即只要某个对象 m 的效用大于选择集合中其余任何一个对象的效用，那么 m 被选中的概率为 1。而如果对象 m 的效用小于剩下的任何一个对象的效用，那么 m 被选中的概率为 0。这一结论可以通过求极限的方式证明。基于公式(4.7)，可以得到：

$$\begin{aligned}\lim_{\beta \to 0} Pr_m &= \lim_{\beta \to 0} \frac{1}{1 + \sum\limits_{\substack{r \in \Omega_n \\ r \neq m}} \exp[\beta(V_r - V_m)]} = \frac{1}{1+1+\cdots+1} \\ &= \frac{1}{n}, \ \forall r \in \Omega_n\end{aligned} \tag{4.10}$$

① 甘布尔分布属于Ⅰ型极值分布(Type-Ⅰ Generalized Extreme Value)，可参见相关参考书。

$$\lim_{\beta \to \infty} Pr_m = \lim_{\beta \to \infty} \frac{1}{1 + \sum\limits_{\substack{r \in \Omega_n \\ r \neq m}} \exp[\beta(V_r - V_m)]} = \begin{cases} 1, V_m > \max\limits_{\substack{r \in \Omega_n \\ r \neq m}} V_r; \\ 0, V_m < \max\limits_{\substack{r \in \Omega_n \\ r \neq m}} V_r \end{cases} \tag{4.11}$$

4.3.2 Logit 模型应用——以交通出行方式选择为例

Logit 模型作为一种离散选择模型，在各个领域研究中有广泛的应用。在本书中，Logit 模型被用于模拟城市居民的交通出行以及居住地选择行为，模拟开发商房地产开发决策。在城市土地利用和交通系统中，还可以被拓展应用于模拟各种选择行为。接下来，以交通出行方式选择为例，介绍 Logit 模型的应用。

假设某位居民 k，往返于居住地 r 和工作地 s，他要在公交车和小汽车之间做出交通出行方式的选择。那么定义选择公交车出行的效用方程为：

$$U_{\text{bus}}^{rsk} = V_{\text{bus}}^{rsk} + \varepsilon_{\text{bus}}^{rsk} \tag{4.12}$$

$$V_{\text{bus}}^{rsk} = -(t_{\text{walk|bus}}^{rsk} + t_{\text{wait|bus}}^{rsk} + t_{\text{in-veh|bus}}^{rsk}) \cdot vot^k - c_{\text{fare|bus}}^{rsk} \tag{4.13}$$

其中上标 k 代表居民类型，一般和收入水平或者其他社会经济属性相关；V_{bus}^{rsk} 代表选择公交车出行的效用的确定项，包含出行时间和公交票价两部分；$t_{\text{walk|bus}}^{rsk}$ 代表步行到达公交站点的时间；$t_{\text{wait|bus}}^{rsk}$ 代表在站点的等车时间；$t_{\text{in-veh|bus}}^{rsk}$ 代表公交车实际行驶的时间，这三项一般以分(min) 为单位；$c_{\text{fare|bus}}^{rsk}$ 代表需要支出的公交票价，一般以金钱(例如元)为单位。因为时间和金钱都代表交通出行成本或者花费，所以在方式选择中是负效用，对应因子前要加“—”号。

vot^k 代表 k 这种居民的时间价值(Value of Time, VOT)。所谓时间价值其实是一种机会成本。简单来说，在本例中 vot^k 代表了 k 这种居民愿意为了节省 1 min 的出行时间，多花费多少元金钱，因此它的单位是“元/min”。时间价值一般与收入水平直接相关，因为收入本身可以量化为平均每工作 1 h 能获得多少收入。因此效用方程中引入时间价值的概念，就将本来不同单位的时间和金钱，统一到一个以金钱为单位的效用因子上，以便于进行计算。

$\varepsilon_{\text{bus}}^{rsk}$ 是效用的随机项，当应用 Logit 模型计算选择概率时，该项将消失。

同理，可以定义选择小汽车出行的效用方程为：

$$U_{\text{car}}^{rsk} = V_{\text{car}}^{rsk} + \varepsilon_{\text{car}}^{rsk} \tag{4.14}$$

$$V_{\text{car}}^{rsk} = -(t_{\text{walk|car}}^{rsk} + t_{\text{in-veh|car}}^{rsk}) \cdot vot^k - (c_{\text{fuel|car}}^{rsk} + c_{\text{parking|car}}^{rsk}) \tag{4.15}$$

其中 $t_{\text{walk|car}}^{rsk}$ 代表步行到达停车场的时间；$t_{\text{in-veh|car}}^{rsk}$ 代表实际开车行驶的时间；$c_{\text{fuel|car}}^{rsk}$ 代表行驶花费的油费；$c_{\text{parking|car}}^{rsk}$ 代表可能的停车费用。

如果应用 Logit 模型，那么将式(4.13)和式(4.15)代入式(4.7)，可以得到选择小汽车出行的概率为：

$$Pr_{car}^{rsk}=\frac{\exp(\beta\cdot V_{car}^{rsk})}{\exp(\beta\cdot V_{car}^{rsk})+\exp(\beta\cdot V_{bus}^{rsk})} \tag{4.16}$$

其中β为尺度参数，需要通过现实观测数据标定，本节算例中均假设为给定的常数。因为只有两种出行方式，所以选择公交车出行的概率为：

$$Pr_{bus}^{rsk}=1-Pr_{car}^{rsk} \tag{4.17}$$

最终，如果有q^{rsk}个居民类型k往返于居住地r和工作地s，那么选择公交车和小汽车出行的人数分别为：

$$q_{bus}^{rsk}=q^{rsk}\cdot Pr_{bus}^{rsk} \tag{4.18}$$

$$q_{car}^{rsk}=q^{rsk}\cdot Pr_{car}^{rsk} \tag{4.19}$$

4.3.3 算例——交通出行方式选择

下面给出一个具体算例。

【算例】

假设总共有 1 000 个时间价值是 1.5 元/min 的居民，他们要在小汽车和公交车之间做出选择。尺度参数β为 0.1。每种方式花费的时间和金钱如表 4-1 所示。

表 4-1 算例 4.1 的初始条件

方式	时间花费/min			金钱花费/元	
	步行时间	等车时间	行驶时间	汽车油费	公交票价
小汽车	3	—	10	15	—
公交车	5	10	15	—	4

首先可以计算出选择小汽车和公交车出行的效用分别为：

$$\begin{cases}V_{bus}=-(5+10+15)\times 1.5-4=-49,\\ V_{car}=-(3+10)\times 1.5-15=-34.5\end{cases}$$

接着代入 Logit 模型，可以计算出这 1 000 个居民选择小汽车和公交车出行的概率分别为：

$$\begin{cases}Pr_{bus}=\dfrac{\exp(-0.1\times 49)}{\exp(-0.1\times 34.5)+\exp(-0.1\times 49)}\approx 0.19=19\%,\\ Pr_{car}=1-Pr_{bus}=1-0.19=0.81=81\%\end{cases}$$

则最终有 1 000×81%=810(人)选择小汽车出行，190 人选择公交车出行。所有人的出行总体花费为$q_{bus}\cdot V_{bus}+q_{car}\cdot V_{car}=190\times(-49)+810\times(-34.5)=-37\ 255$(元)。注意这里包含了时间和金钱的综合花费，并且因为V_{bus}和V_{car}是负效用，所以公式中有负号，也就是代表实际出行成本为 37 255 元。

综上所述，基于随机效用理论，通过离散选择模型模拟决策者的选择行为，一般需要满足几个基本条件：

（1）选择对象是一个有限的离散的集合；

（2）被选择的对象之间相互独立等；

（3）选择对象的影响因素一定程度上可以被感知、被量化；

（4）决策者的选择行为具有随机性特征。

5 土地利用与交通一体化仿真模型

本章基于前一章的随机效用理论和离散选择模型方法，建立一个面向长期的土地利用与交通一体化仿真模型，其核心是模拟居民的居住地选择和交通出行行为选择，并可以反映房产价值与交通系统运行之间的关联。

5.1 背景

对城市土地利用与交通的建模理论和方法的研究始于20世纪50年代，并且不断地更新与演变。其理论基础源自微观经济学。代表性的理论和模型主要包括级差地租理论(Bid-rent theory)(Alonso，1964)，重力模型(Gravity models)(Lowry，1964)，最大熵模型(Entropy-maximization model)(Wilson，1967)，随机效用理论(Random utility theory)(McFadden，1977，1978)等。

只看土地利用模型，它主要讨论城市居民与地点(例如居住与就业)相关的行为选择机制，以及与土地利用供给之间的关联。比如房地产供需，比如职住平衡，比如什么样的住房政策可以平衡社会各阶层的利益。其中，往往房地产价值是最受关注的指标。只看交通模型，它主要讨论城市居民出行相关的选择机制，以及与交通设施供给之间的关联。比如道路交通拥堵，比如公共交通发展，比如什么样的政策可以早日实现城市交通碳达峰。而对交通拥堵等外部性的模拟是交通模型研究关注的重点。而正如前述章节所述，土地利用与交通系统密切关联，不管是土地利用模型还是交通模型都要考虑对方系统的影响因素，甚至两者合二为一的需求。因此这使得模型结构的复杂度不断增加，并时常遇到各种障碍与瓶颈。

相关理论与模型的进展曾在20世纪90年代的一段时间因为受到批评而迟滞。主要原因是很多模型在大尺度的城市规划与管理实践项目中暴露出各种缺陷，应用效果不佳。例如，模型设定过于复杂以致没有充分的数据支撑，或者模型运算效率低下，再或者因为引入一些简单假设，而被指责对现实世界的模拟不够真实等。但是随着包括计算机科学在内的社会总体科技水平的发展，以及各种可利用的数据源的涌现，进入21世纪后，土地利用与交通模型又获得了新的发展机遇。特别是越来越多的人认识到城市交通产生的负面作用(例如交通拥堵和环境污染)无法单纯被交通政策缓解，而是要借助类似高密度、高混合度的土地利用模式以及高质量的公共交通服务，同时满足人们对日常活动高机动性和舒适性的要求(Wegener，1994)。近十几年来，有两个理论分支在全世界学者的努力下进行了更深入的研究与拓展，也就是随机效用理论和级差地租理论。

1) 基于随机效用理论的土地利用与交通模型

从20世纪80年代开始，很多学者基于随机效用理论开发了大尺度的土地利用模型(例如Anas，1981；Mattsson，1984；Anderstig et al.，1991，1998；Boyce et al.，1999；Jonsson，2003，2007)。该理论主要特征表现为：

(1) 基于城市土地利用与交通系统中行为主体的效用最大化(Utility maximization)行为假设，讨论供给与需求之间的互动关系。举例来说，将地点选择的影响因素，比如业种业态构成、周边环境和可达性，作为效用的组成部分。

(2) 通过定义影子价格(Shadow price)来反映不同规划年的土地或者房地产价值变化。因此模型中，没有直接对房地产供需关系或者买卖过程的模拟。

(3) 模型定义相对直观，因此可以在计算机性能得到一定提高后，比较方便地从基于居民群体特征的积集模型(Aggregated model)过渡到基于微观个体仿真的非积集模型(Disaggregated model)①架构。

在研究中，一些学者从土地利用视角出发，逐步融入交通的要素。Anas(1981)基于随机效用理论，构建了地点和交通方式选择的模型，并将对象地点的区域吸引力作为效用的主要构成因子。Anderstig和Mattsson(1991，1998)构建了一体化的居住地和就业地选择模型(是第3章提到的IMREL模型的核心)。其中交通出行选择与费用通过额外的需求仿真模块计算后，输入模型。并且居住地的选择和就业地的选择分别由两个子模块模拟，互相作为输入输出条件，因此属于启发式的建模方式(Heuristic approach)。Boyce和Mattsson(1999)进一步将居民的居住地选择行为构建为一个房地产供需均衡问题，并将房地产供给的决策，定义成以社会福利最大化为目标的双层优化问题。同时，基于交通出行均衡(例如基于用户均衡或者系统最优②的假设)的出行费用对于居住地选择的影响也被纳入其中。此后，在此模型架构上，Eliasson和Mattsson(2001)，以及Mattsson(2008)讨论了道路拥堵收费政策对于土地利用与交通系统的影响。

与此同时，也有一些学者从交通视角出发，通过定义和地点相关的效用融入土地利用的因子。Yang和Meng(1998)建立了一个基于随机用户均衡的多类型居民地点和交通选择行为模型，其中该模型中的住宅和就业地供给是给定的背景条件。Ho和Wong(2007)提出了一个连续介质模型(Continuum modeling)，通过引入住房相关的因子，进行土地利用与交通互动关系的研究。但是，21世纪初，较少有研究通过模型构建土地利用与交通互动机理，深入讨论在房地产市场中，土地和交通的关系。比如调整或者引入不同的

---

① 积集模型(Aggregated model)和非积集模型(Disaggreagated model)是一组相对的概念。两者最大的差异是前者将居民等行为主体分成了有限的几种类型的人，并假设每种人具有相同的社会经济属性和行为选择偏好。而后者把每一个居民当成是一个独立的个体，理论上具有他/她的独特性。如果采用积集模型架构和非积集数据，会极大程度上提升计算复杂度，对计算机硬件水平要求极高。因此一般会采用一些特殊的方法定义非积集模型和对应的求解算法。

② 用户均衡(User Equilibrium，UE)和系统最优(System Optimal，SO)源自Wardrop于1952年提出的交通网络平衡第一和第二原则下，交通流分配结果的两个状态。体现了出行者在出行起讫点之间进行路径选择的行为特征，以及受到相关交通政策(例如道路收费)影响后对选择做出的反馈。具体内容，读者可以参考交通规划学经典教材。

交通发展战略或者政策手段，对居民选择，对房地产价值，以及对系统运行效率会产生多大的影响。

2）基于级差地租理论的土地利用与交通模型

几乎始于同一时期，另一批学者展开了基于级差地租理论的土地利用模型研究（例如 Alonso，1964；Rosen，1974；Ellickson，1981；Martínez，1992，1995；Cheshire et al.，1995；Martínez et al.，2000），并在其中引入了一些与交通行为之间的互动讨论（Mackett，1991；Chang et al.，2006）。主要特征表现为：

（1）级差地租理论内存在一个内生的房地产交易市场，可以在模型内实现房地产交易过程的模拟，根据每一年的供求关系确定房地产价格。

（2）基于微观经济学以及级差地租理论，对居民、开发商等行为主体以及互动关系做了“严谨”假设，可以通过数学推导，不需要通过观测数据，就得到一些定性的结论。

（3）作为土地利用平衡模型，大部分模型都假设在一段时间内，研究区域内的总体住房供给等于总体需求。而这个简单假设在现实中并不一定成立。

（4）同样作为平衡模型，要求解平衡状态，求解难度较大，求解速度较慢。基础的积集模型架构难以直接过渡到基于个体微观仿真的非积集模型架构。因此某种意义上，相对于随机效用理论，级差地租理论在现实中的应用相对较少。前文提到的 MIT 新加坡研究中心 SimMobility 工作组开展的城市仿真研究，就尝试在这个方面展开科研攻关。因此工作组汇集了当前随机效用理论和级差地租理论代表性的学者。

级差地租理论由 Alonso(1964)首先提出。其基本假设是每一块土地（或者地产）的获取是通过居民家庭和土地拥有者（或者开发商）之间的竞价过程（Bid-rent process）实现的。土地拥有者基于利益最大化的原则，将土地卖给出价最高的居民家庭。当时的模型还存在一些简单化的假设，比如每一处土地单元都是同质化的，比如竞价过程是确定性（Deterministic）的。此后这些假设相继被改进，以与现实更加贴近。Rosen（1974）进一步将特征价格法（Hedonic pricing method）引入竞价过程，以体现每一处地产各自所具有的独特属性。更大的贡献在于，他提出个体居民其实是在综合考虑了各自的收入水平、个体对不同地产属性的偏好以及对总体生活品质（或者其他生活花费）要求的基础上，提出了愿意支付的最大价格（也就是竞标价格）。并且这与采用特征价格法回归得到的地产价格和地产属性的关系是兼容一致的。所以可以采用两阶段法，首先通过观测数据回归建立房屋价格和不同类型不同区位房屋属性之间的关联，在此基础上进一步进行竞价过程的模拟。而 Ellickson(1981)将随机性（Stochasticity）纳入竞价模型中。再往后，20 世纪 90 年代后，以 Martínez 和他的合作者为代表的学者，将级差地租理论进一步发扬光大，并探寻了级差地租理论和随机效用理论之间的内在关联（Martínez，1992，1995；Martínez et al.，2000；Martínez et al.，2007；Briceño et al.，2008；Bravo et al.，2010）。Martínez(1992)建立了一个一体化的基于个体离散选择行为的土地利用模型，其中不仅包含了级差地租理论对房地产竞价过程的模拟，而且通过推导证明两套理论对于房地产供需关系的模拟其实是相通的。Martínez(1995)进一步通过可达性的概念，将交通相关因子引入他的前期模型，为此后一体化的土地利用和交通模型发展做出了贡献。Martínez 和 Araya(2000)进一步引入地点的外部性（Location externalities）定义，也就是将交通系统中居民出行产生的影响拓展到土地利用系统中。Martínez 和 Henríquez(2007)基于不动点法(Fixed-point approach)提出了一个静态的平衡模型结构,包括对住宅供需关系以及住宅供给决策的模拟。Briceño 等人(2008)和 Bravo 等人(2010)进一步将交通拥挤效应整合到模型当中。而笔者在此基础上,提出了一个半动态的模型框架,讨论了在长期规划场景下,住宅开发商、交通管理策略决策者,以及 TOD 开发商是如何进行住宅与交通基础设施供给,还有相关政策优化的(Ma et al., 2012, 2013)。相关内容将在后续章节具体展开阐述。

需要注意的是,本章的后续小节构建的是基于随机效用理论的土地利用和交通一体化模型。而接下来的第 6 章,构建的是基于级差地租理论的土地利用和交通一体化模型。读者可以亲自进行两个模型特点的比较。

章节 5.2 介绍土地利用和交通一体化模型的建模对象与基本流程。章节 5.3 介绍如何构建土地利用和交通网络拓扑结构。章节 5.4 介绍建模中不可回避的对各种规划外部性的量化。章节 5.6 介绍如何建立面向长期规划的仿真模型。章节 5.7 介绍如何模拟居民家庭成员间对于居住地选择的群体决策机制。上述小节的内容不管是对基于随机效用理论的还是基于级差地租理论的模型架构,都适用。而章节 5.5 简单介绍了基于随机效用理论的居民居住地和交通出行选择行为模型的构建,方便读者与第 6 章着重介绍的基于级差地租理论的模型进行对比。

5.2 建模对象与基本流程

本节介绍以土地利用与交通系统为背景的城市仿真模型的常见建模对象以及基本流程。

5.2.1 建模对象

正如前述章节描述的,城市系统运行机制错综复杂。在城市仿真模型中,哪怕仅聚焦于土地利用与交通系统,也不可避免地需要模拟居民、开发商、政府等多行为主体的决策行为,以及他们之间、他们和系统供给之间的互动关系。

从土地利用相关的要素看,一个完整的城市仿真模型,起码需要模拟居民与开发商之间的住宅房地产市场(Housing market)互动,居民与公司企业之间的劳动力市场(Labor market)互动,开发商与公司企业之间的商业房地产市场(Commercial real estate market)互动,以及政府部门与开发商之间的土地交易市场(Land market)互动等(如图 5-1)。

(1) 所谓住宅房地产市场,主要包含对具有购房或者租房意愿的居民与开发并销售住宅的开发商之间的买卖交易行为的模拟。其最主要的模型输出就是对象区域每一个时间点的住宅房地产价值以及不同类型居民的居住地点分布(如图 5-2)。而其输入条件,是开发商基于对住宅房地产市场的观测,做出的在哪里竞标土地(土地交易市场)并开发什么类型楼盘的决策①。住宅房地产市场是本书基于两种理论两种技术路线重点介绍的建模对象场景。

① 本书第 6 章介绍的基于级差地租理论的土地利用和交通一体化模型,将开发商开发楼盘类型的决策融入其中,但是不包含前期的土地交易过程。

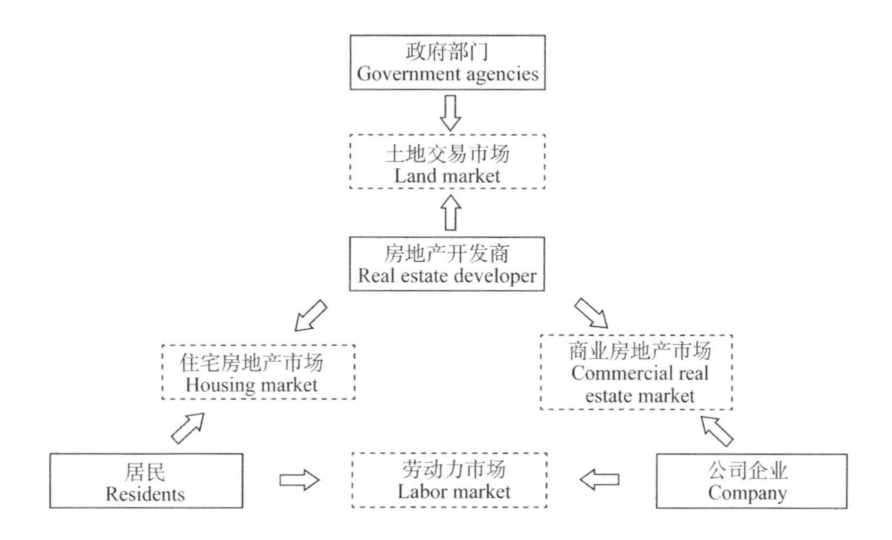

图 5-1　居民、开发商、公司企业与政府等多行为主体间的互动

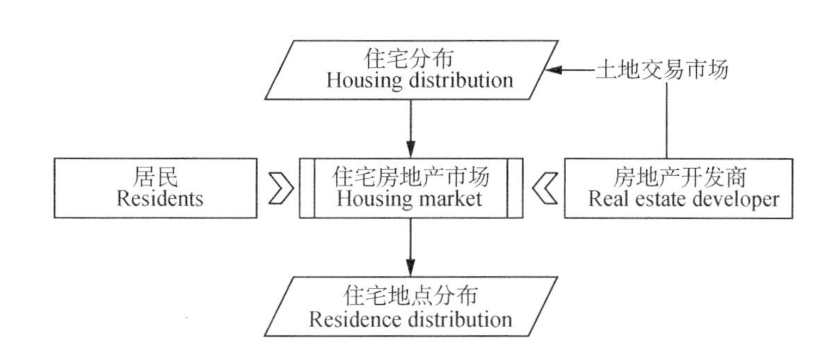

图 5-2　与居民居住地选择相关的住宅房地产市场

(2) 所谓商业房地产市场，可以类比住宅房地产市场，只不过商业地产(例如写字楼)的买卖交易行为发生于公司企业与开发商之间。模型的主要输出是每一个时间点就业岗位的分布。在本书中，不做具体的建模方法介绍，并在相关章节中假设就业岗位分布是一个给定的背景条件。

(3) 所谓劳动力市场，发生在居民和公司企业之间，亦即模拟招聘应聘的互动过程。模型的主要输出是不同类型居民最终的工作地点分布(如图 5-3)。而其输入条件，是经过商业房地产市场互动，最终确定的公司企业分布。在本书中，同样不做具体的建模方法介绍，并在相关章节中假设居民的工作地分布是一个给定的背景条件。

(4) 所谓土地交易市场，发生在政府(或者私人土地所有者)与开发商之间，模拟的是开发商竞标土地出让的过程。模型的主要输出是在研究区域土地利用规划条件下，不同类型与特点的开发商获得的土地分布以及可能开发的房地产类型。在本书中，不做具体的建模方法介绍，并假设在模拟住宅房地产市场互动前，开发商已经完成了土地的竞价过程，即每块土地的开发商已经确定。

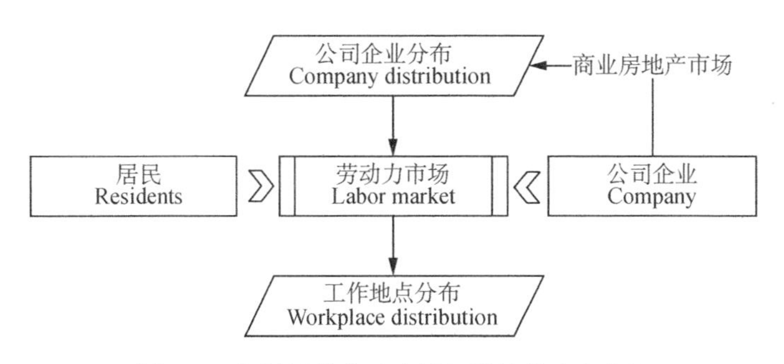

图 5-3　与居民就业地选择相关的劳动力市场

从交通系统相关的要素看(如图 5-4 所示),居民的日常交通出行需求与城市交通系统之间的供需关系,会影响交通系统运行效率,从而政府作为城市交通规划的决策者乃至一些基础设施的建设方会不断更新优化调整交通系统服务水平。此外有的时候地产开发商或是其他私营机构也会参与到城市交通基础设施的建设中来,并可能与政府之间存在一定的公私合营模式分工。更重要的是,众所周知的原因,城市交通拥堵、新建的地铁线路都会对周边地块利用效率乃至房地产价值产生影响。而这些影响某种意义上就是间接通过居民的选择行为加以传递的。

图 5-4　居民、政府、交通设施供给方等行为主体间的互动

可见,居民是同时存在于土地利用和交通系统中的最重要的需求侧要素,对他们行为的模拟是整个模型仿真工作的核心。因此,本章将从居民的视角构建一个基本的城市土地利用和交通一体化模型的架构。

5.2.2　建模基本流程

如图 5-5 所示,以每一户居民家庭/个人为对象,从规划基年开始,假设观测到一个确定的人口和就业分布,即知道所有居民的居住地和工作地点,若将其作为基本输入条件需先后经过下述分析模块:

(1) 家庭结构变化模块(Demographic change module)。该模块基于持续一段时间的历史数据,并结合外部宏观经济发展等要素,构建回归模型,预测下一年度研究区域居民家庭人口分布以及家庭结构特征(如户均人数、出生率、死亡率、工作人口等)。

(2) 车辆拥有变化模块(Car-ownership change module)。该模块同样基于历史数据,并结合外部发展环境等要素,构建回归模型,预测下一年度研究区域居民家庭小汽车拥有

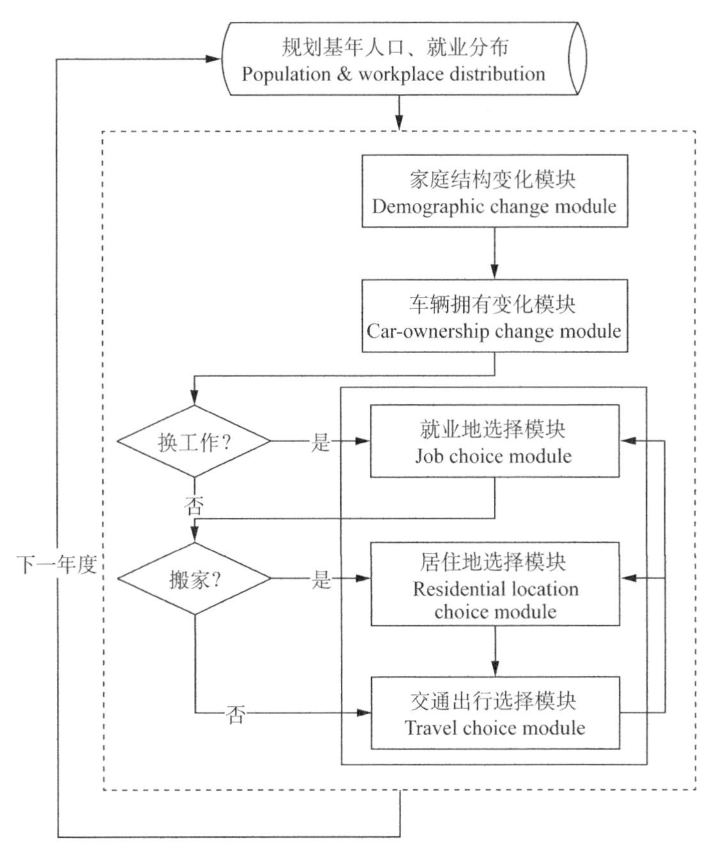

图 5-5　居民视角下长期的土地利用与交通一体化建模架构

情况。居民家庭是否拥有小汽车，同时影响居民居住地、工作地选择以及日常交通出行方式选择。

(3) 就业地选择模块(Job choice module)。该模块模拟居民个人就业地选择行为。当模型架构中引入劳动力市场时(如图 5-3)，模型将同时模拟居民与公司企业的互动，形成动态平衡的劳动力供求关系。当没有劳动力市场引入时，一般考虑：① 研究区域与就业岗位相关的用地性质(如办公、商业、工业等)与用地开发强度，并结合规划产业导向考虑不同类型产业就业岗位与建筑面积关系(如劳动力密集型等)；② 通勤距离或者预期的交通出行综合费用等因素，模拟就业地点选择行为。建模理论基础与假设可参考前述章节的随机效用理论与 Logit 离散选择模型。

(4) 居住地选择模块(Residential location choice module)。该模块模拟居民家庭居住地选择行为。建模理论基础与假设同样可参考前述章节的随机效用理论与 Logit 离散选择模型。当然，也可以通过模型拓展，进一步融入图 5-2 中描述的居民与开发商之间的住宅房地产市场互动，构建内生的房地产供需平衡模型(参见第 6 章基于级差地租理论的一体化的土地利用与交通平衡模型)。

(5) 交通出行选择模块(Travel choice module)。该模块，在居民确定了居住地和就业地后，模拟居民个人交通出行行为(如方式、路径等)。相对简单但是常见的模型假设是，假设通勤行为是居民日常出行的主体，并且成为他们对设施可达性的最重要的判断依据，那么依然可以基于前述章节的随机效用理论与Logit离散选择模型进行交通出行行为模拟。当然，在当前实践中，有关交通出行需求预测的模型与分析软件都很成熟。例如广泛应用于城市总体规划、综合交通规划，乃至地区交通组织与交通影响分析的经典的四阶段交通预测模型(Four-step transport forecast model)，以及一些基于活动的行为链仿真模型(Activity-based model)。由于大多数模型的理论基础与本模型框架基本一致，且输入输出条件明确(例如人口分布、交通可达性)，因此，这些模型也可以作为外置模块关联到本模型框架中。

此外，需要注意如下几点：

首先，这是一个典型的模块化的城市仿真模型架构。也就是说，整个模型包含相互关联的若干个分析模块，互相构成输入输出关系。可以根据模拟的需要和可接入数据的情况，增加或者减少模块。例如当没有足够细致的家庭结构特征变化历史数据时，可简化或忽略家庭结构变化模块，采用现状以及规划人口分布的数据作为接下来分析模块的输入。

其次，这是一个长期(Long-term)的土地利用和交通模型。因此以年为单位构建时间切片，主要模拟时间适应性相对较长的居民家庭结构、居住地、工作地选择等变化情况。其中包含的交通出行选择模块更多地输出居民日常交通出行习惯性的选择(例如通勤规律等)，从而影响他们对于所在居住地和工作地可达性的判断。而对于每一天的交通出行受不断变化的气候条件、交通事件等因素的影响而调整，可以纳入另一个中期(Medium-term)交通出行仿真模型。本书不包含这部分内容，读者可参考章节3.2中的案例和图3-8。

再次，当居民家庭构成成员包含不止一个人时，在居住地选择模块中，可以引入群体决策机制模拟算法(案例2以及本章5.7)，以体现不同类型家庭居住地选择的决策机制差异。

然后，为了使模型假设更加贴近现实，也可以在就业地选择模块和居住地选择模块之前，分别引入决策触发模块(即图5-5中的是否“换工作”和“搬家”)。由于现实中，每一年度只有部分居民会进入劳动力市场找工作，或进入住宅房地产市场搬家(落户)，因此除了城市新移民，可以设定一个既有居民的决策触发机制(如观察到了远好于现状的工作地或者住宅，并且考虑了搬家成本等因素)。具体数量的多少，可以参考就业与房地产交易的历史数据。

最后，如图5-5中实践框中包含的“就业地选择”“居住地选择”“交通出行选择”三个主要模块，在实际模型模拟中，求解过程不是单向的，而是一个涉及迭代的逐渐平衡过程。主要原因是受到群体选择外部性因素(参见2.2章节)的影响。本章以及第6章分别建立了两个一体化的土地利用和交通模型，反映居民居住地选择与交通出行之间互相影响的关系。

5.3 土地利用与交通网络建模

5.3.1 建成环境空间要素

城市仿真模型常将整个研究区域的空间要素抽象化、结构化到模型空间，利用地理信息的点、线、面要素表征，以便关联相关建成环境信息，以及需求行为的时空属性。其中：

(1) 面要素(Polygon feature)。一般表征与城市用地空间相关的对象。包括：行政区划边界(如区、街道、居委会)、用地/地块边界①、土地地籍范围、开发项目边界、建筑轮廓、人工划定的各类分析范围(如交通小区②)等(如图 5-6)。此外很多常见数据源的数据也会关联到面要素上，例如经过哈希(Hash)加密的移动运营商网络基站分布数据等(如图 5-7)。表 5-1 列出了一些常见面要素在建立土地利用与交通网络时需要关联的属性。

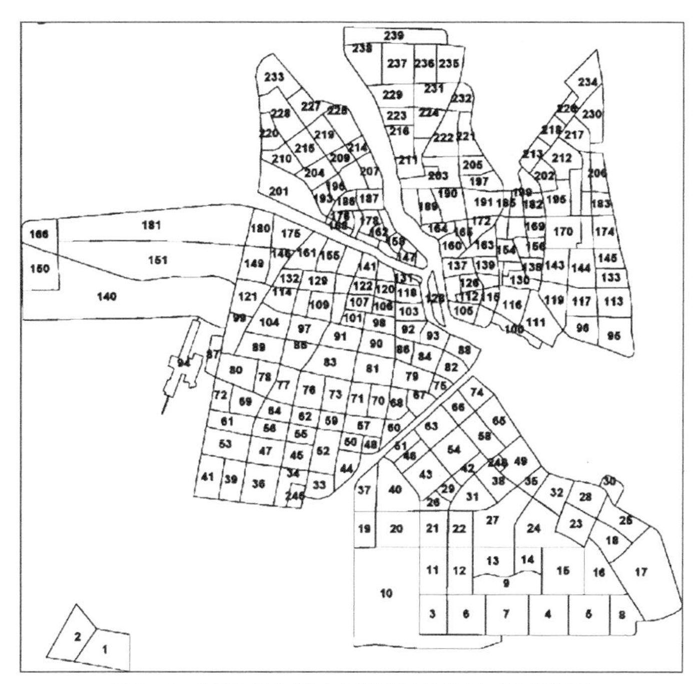

图 5-6　某城市交通小区边界(数字为小区编号)

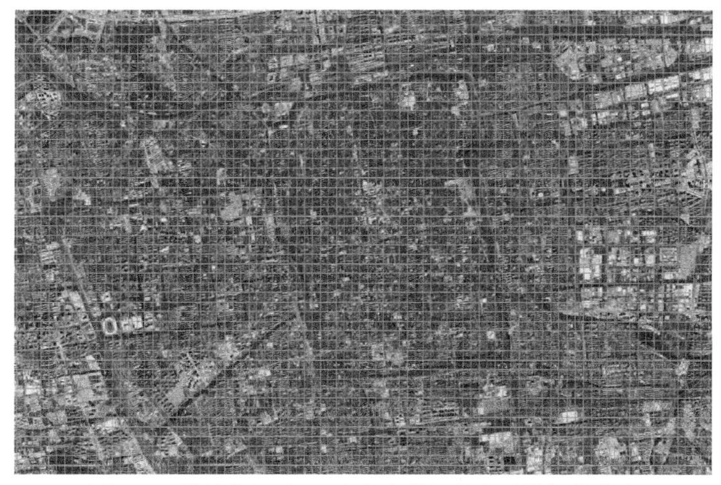

图 5-7　某城市经过 Hash 加密的运营商基站栅格分布

① 可参见《城市用地分类与规划建设用地标准》(GB 50137—2011)等标准。

② 交通小区(Traffic Analysis Zone，TAZ)是用于交通调查、需求预测分析的人工划定的基本空间分析单元。

表 5-1　常见面要素关联属性

面要素类型	自身/关联属性	数据格式	常用单位
行政区划	编号	Integer	—
	名称	String	—
	面积	Real	km^2
	人口	Integer	人
	GDP	Real	元
	三产比例	Real	%
地块	地块编号	String	—
	用地属性	String	—
	容积率	Real	—
	建筑密度	Real	%
交通小区	小区编号	Integer	—
	人口	Integer	人
	就业岗位	Integer	个
	出行率	Real	次
	高峰小时系数	Real	%

(2) 线要素(Polyline feature)。一般表征与城市交通网络设施相关的对象。包括道路路段(如图 5-8、图 5-9)、公交/地铁线路等。表 5-2 列出了一些常见线要素在建立土地利用与交通网络时需要关联的属性。

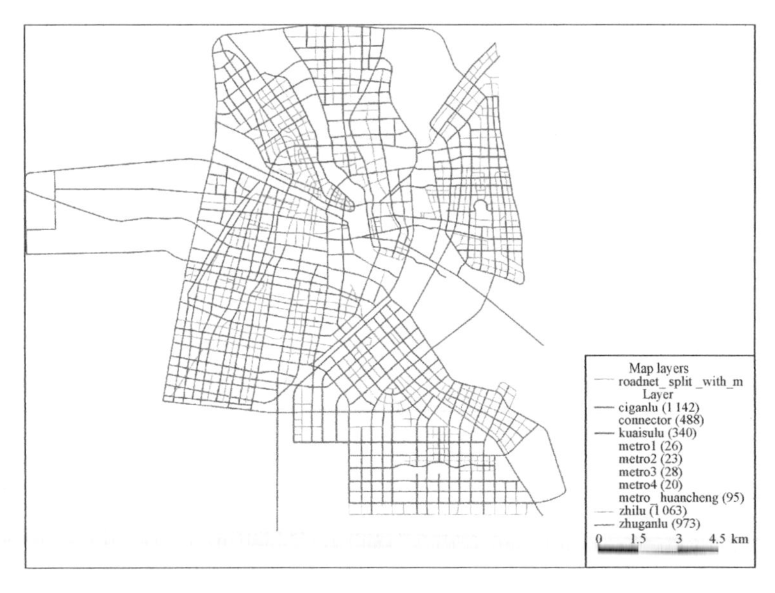

图 5-8　某城市道路网结构(用颜色区分不同道路等级)

ID	Length	Dir	Layer	car_speed	car_time	num_lane	Capa_per_lane	Capacity	real_length	road_type	walk_spd	walk_time
1	0.47	0	zhilu	30	0.934	1	800	800	0.4671	4	5	5.606
2	0.46	0	zhilu	30	0.916	1	800	800	0.4582	4	5	5.498
3	0.54	0	zhilu	30	1.081	1	800	800	0.5405	4	5	6.486
4	0.59	0	zhilu	30	1.186	1	800	800	0.5930	4	5	7.116
5	0.50	0	zhilu	30	0.996	1	800	800	0.4982	4	5	5.979
6	0.50	0	zhilu	30	0.996	1	800	800	0.4982	4	5	5.978
7	0.35	0	zhilu	30	0.697	1	800	800	0.3485	4	5	4.182
8	0.64	0	zhilu	30	1.282	1	800	800	0.6409	4	5	7.691
9	0.50	0	zhilu	30	1.005	1	800	800	0.5027	4	5	6.033
10	0.61	0	zhilu	30	1.224	1	800	800	0.6120	4	5	7.344
11	0.57	0	zhilu	30	1.142	1	800	800	0.5712	4	5	6.855
12	0.47	0	zhilu	30	0.932	1	800	800	0.4658	4	5	5.590
13	0.49	0	zhilu	30	0.983	1	800	800	0.4917	4	5	5.900
14	0.44	0	zhilu	30	0.879	1	800	800	0.4394	4	5	5.273
15	0.50	0	zhilu	30	1.006	1	800	800	0.5030	4	5	6.035
16	0.50	0	zhuganlu	60	0.501	3	1200	3600	0.5009	2	5	6.010
17	0.50	0	zhilu	30	0.993	1	800	800	0.4966	4	5	5.959
18	0.57	0	zhuganlu	60	0.573	3	1200	3600	0.5733	2	5	6.880

图 5-9　某城市道路网路段属性

表 5-2　常见线要素关联属性

线要素类型	自身/关联属性	数据格式	常用单位
城市道路	路段编号	Integer	—
	红线宽度	Real	m
	道路等级	String	—
	机动车道数	Integer	条
	机动车通行能力	Integer	pcu/h
	方向性	Integer	—
	机动车设计时速	Integer	km/h
	机非分隔	String	—
	非机动车道宽度	Real	m
公交线路	线路编号	Integer	—
	线路名称	String	—
	车辆额载	Integer	人/辆
	高峰发车间隔	Real	min
	上行站点	String	—
	下行站点	String	—

(3) 点要素(Point feature)。一般表征与城市建成环境设施相关的对象。包括:各种类型的用地 POI 兴趣点(如店铺、培训机构,如图 5-10)、公共交通站点、道路交叉口、停车场分布等。同样,很多常见数据源的数据也会关联到点要素上,例如 GPS 定位数据的空间坐标、网络签到打卡数据、活动事件数据的地理位置、交通卡口摄像头点位等(如表 5-3、表 5-4)。

图 5-10　某城市 POI 兴趣点分布(用颜色区分不同类型)

表 5-3　常见 POI 点要素关联属性

点要素类型	自身/关联属性	数据格式	常用单位
停车场	编号	Integer	—
	名称	String	—
	地址	String	—
	经度	Real	° ′ ″
	纬度	Real	° ′ ″
	类型	String	—
	车位数	Integer	个
	充电桩数	Integer	个
	营业时段	String	—
	收费标准	String	元/h
房地产	项目编号	Integer	—
	项目名称	String	—
	项目地址	String	—
	经度	Real	° ′ ″
	纬度	Real	° ′ ″
	住宅类型	String	—
	住宅数量	Integer	户
	楼栋数量	Integer	栋
	建筑年代	Integer	—
	建筑类型	String	—
	参考均价	Real	元/m^2

（续表）

点要素类型	自身/关联属性	数据格式	常用单位
活动赛事	编号	Integer	—
	名称	String	—
	举办日期	Date	年 月 日
	开始时间	Time	时 分 秒
	结束时间	Time	时 分 秒
	地址	String	—
	经度	Real	° ′ ″
	纬度	Real	° ′ ″
	类型	String	—
	费用	Real	元
	感兴趣的人	Integer	人次
	要参加的人	Integer	人次

表 5-4 典型时空行为定位数据属性

点要素类型	自身/关联属性	数据格式	常用单位
移动运营商信令	日期	Date	年 月 日
	网格编号	String	—
	经度	Real	° ′ ″
	纬度	Real	° ′ ″
	到达时间	Time	时 分 秒
	离开时间	Time	时 分 秒
	人数	Integer	人次
	性别	String	—
	年龄	Integer	—
交通卡口过车	车辆编号	Integer	—
	卡口编号	String	—
	经度	Real	° ′ ″
	纬度	Real	° ′ ″
	经过时间	Time	时 分 秒
	显示方向	Integer	—
	车辆号牌	String	—
	车辆速度	Real	km/h

（续表）

点要素类型	自身/关联属性	数据格式	常用单位
出租车 GPS	车辆编号	Integer	—
	日期	Date	年 月 日
	经过时间	Time	时 分 秒
	经度	Real	° ′ ″
	纬度	Real	° ′ ″
	显示方向	Integer	—
	车辆速度	Real	km/h
	车辆状态	String	—

这里需要注意的是：

(1) 在不同分析尺度、分析需求场景下，同一个空间要素可能属于面要素也可能属于点要素。例如在地块级的建设项目设计中，地块和建筑边界是面要素，可以进一步区分出入口的位置。而在区域或者城市尺度的规划分析中，建筑一般作为 POI 兴趣点的点要素进行分析。

(2) 具有时空属性的各种类型数据来源，可能因为原始数据采集设备和平台的不同，属于不同的地理坐标系，在进行交叉分析前，需要将坐标系统一转换到一个相同的坐标系下。

(3) 各种类型要素的数据互相之间存在各种关联(如空间的包含关系、所属的上下级关系，以及其他逻辑关联)，在城市建模分析中都会通过建立一个包含所有对象要素和分析数据指标在内的数据模型(Data model)[①]来定义要素属性与关联关系(例如××建筑属于××小区，××个人属于××家庭，××公司位于××地块等)，并基于此数据模型构建对应的数据库中。图 5-11 绘制了典型的城市土地利用与交通建模时建立的数据概念模型，关联了居民家庭/个人、公司企业等行为主体，不同尺度和类型的土地利用设施、交通设施，以及活动事件、交通出行等时空行为数据。

在实践中，常用的土地利用与交通网络编辑工具有 AutoCAD 等通用 CAD 软件、ArcGIS 等通用地理信息平台，以及 TransCAD、EMME/3 等专业仿真分析软件。一般来说，结合不同软件的优缺点和实际建模需求，上述软件会结合使用。

举例来说，城市规划土地利用方案、交通规划路网方案等大多在 AutoCAD 等 CAD 软件中绘制。它们的优点是在建筑、规划、交通等跨行业领域应用广泛，构建基本的点线面要素方便快捷，且不同尺度数据(例如从地块建筑到区域规划不同尺度)兼容性较好、交流方便。存在的缺陷是虽然可以通过图层区分不同类型要素，但是无法建立并关联更多的对象属性(如定义路段通行能力、行驶速度等)。而一旦要定义更多要素属性，关联结构化数据，并进行要素属性计算，以及要素间的各种空间

① 其详细定义和分类可参见各类数据库系统、SQL 教材和参考书。

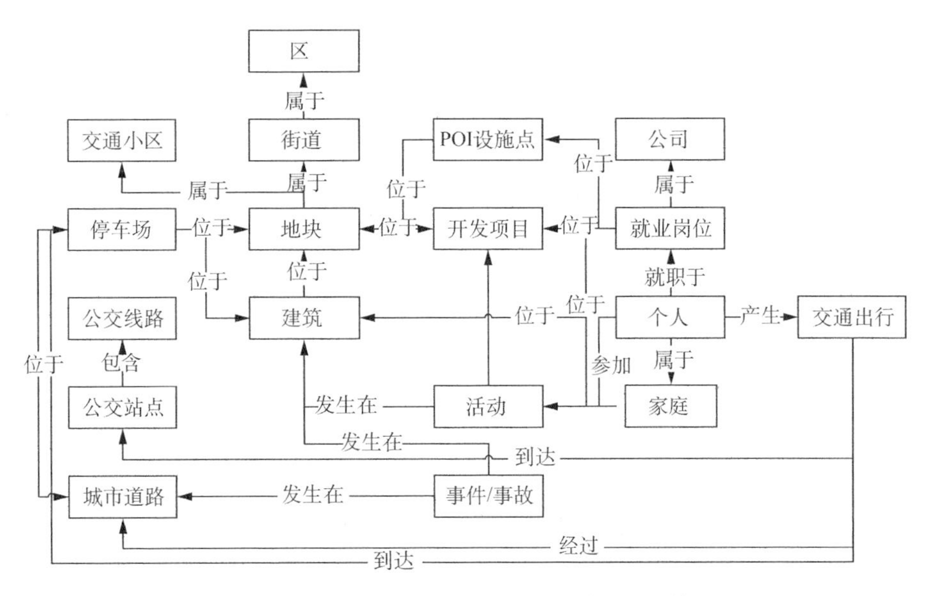

图 5-11　典型城市土地利用与交通数据概念模型

分析，则需要借助 ArcGIS 等地理信息分析软件。但是反过来，实践中也较少直接在 ArcGIS 中从零开始搭建基础的用地和交通网络，因为编辑操作相对不便。同样地，术业有专攻，当涉及轨道交通线网客流预测、道路拥堵水平预测、交叉口车辆延误仿真等特定需求场景时，还需要进一步借助 TransCAD 等更有针对性的专业分析软件。此外，根据研究内容的深度要求、分析数据的数据量大小，还有可能同时使用到 Excel 等数据分析软件，以及各类数据库平台（例如 MySQL、PostgreSQL），甚至直接使用编程语言（如 R、Python）进行各种结构化数据的清理、标准化、融合与分析工作。图 5-12 展示了典型的城市总体规划中交通需求预测相关工作的常用软件分析项目以及相互之间的关联。

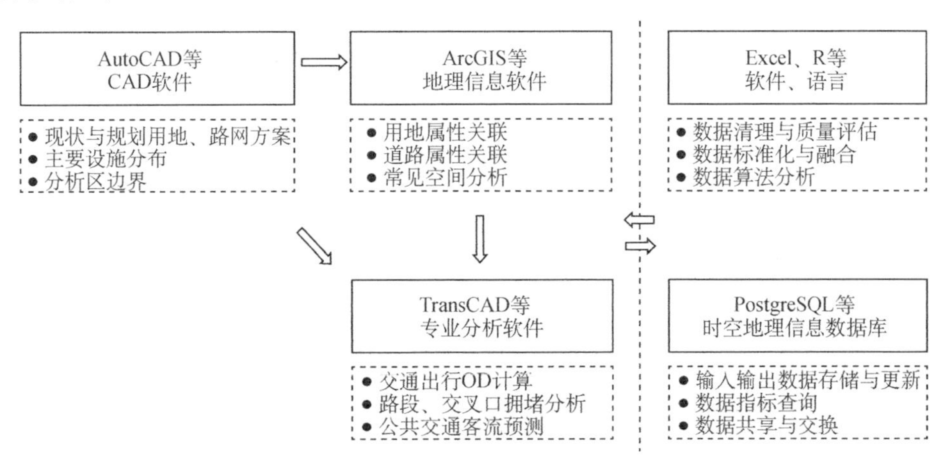

图 5-12　常见分析软件操作关联

需要注意的是，本书主要介绍城市仿真建模的基本理论和常见方法，侧重结合小尺度算例进行典型现象和问题的讨论，因此可以不用借助上述商业软件构建大尺度城市仿真模型。这里的大小尺度差异主要体现在用地、道路路段交叉口等空间分析单元的数量，以及待分析数据的数据量级上。例如几十个及其以下的分析单元可以通过编程语言或者Excel等常用软件构建网络拓扑关系并求解。超过这个数量级的真实数据就需要利用上述软件进行数据清理、标准化与各种分析工作，才能保证分析效率。有关城市建模方法在实践中的典型应用将在笔者后续出版的书中加以介绍。

5.3.2 交通网络建模

上一节介绍了实践中，城市建模基本空间要素的构成以及常见数据属性。本节重点介绍城市道路交通网络拓扑结构的构建方法，为后续章节土地利用与交通一体化模型的空间分析搭建分析空间基底。交通网络的抽象化其实就是基于图论构建路段(线要素)和出行起讫点、交叉口(点要素)的拓扑结构。

首先，结合图5-13绘制的简单的路网拓扑结构，定义基本构成要素与本书中对应的符号表达：

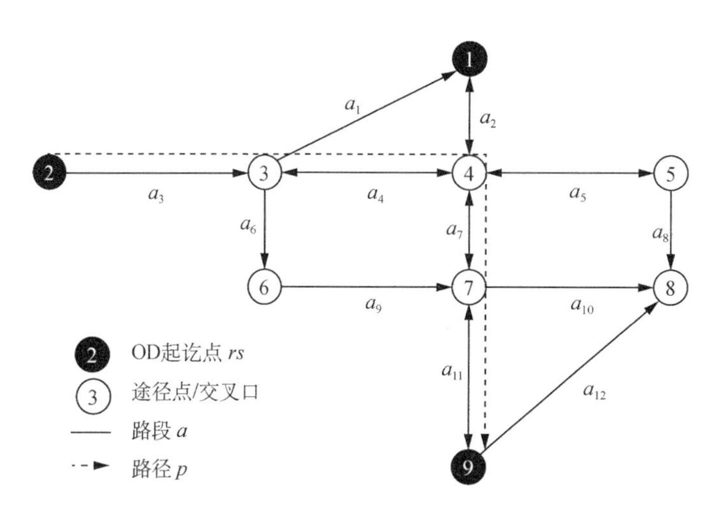

图5-13 一个简单的交通路网拓扑定义

(1) 节点(Node)，包含交通出行起讫点(即图中实心的节点)和途经点(道路交叉口，即图中空心的节点)。其中起点用 r 表示(用 R 表示所有起点的集合)，终点用 s 表示(用 S 表示所有终点的集合)①。

(2) 路段(Link)，也就是图中带有箭头的连接节点的实线(如 $a_1 \sim a_{12}$)，用 a 表示(用 A 表示研究范围内所有路段的集合)。箭头的方向代表允许的通行方向。双向箭头就是允许双向通行的道路。

(3) 路径(Path)，也就是图中带箭头的虚线，首尾连接了一对OD起讫点，中间经过若

① 在常见的四阶段交通出行需求预测模型中，一般对应了交通小区(TAZ)的形心点。

干途经点，用 p 表示（用 P^{rs} 表示 rs 之间所有路径的集合）。

通过上述节点（起讫点和途经点），以及有向路段的定义，一个现实中的道路网络拓扑结构就可以被描述出来了。

【举例 1】

路段 a_3 是一条单向道路，起始于节点 2，终止于节点 3；而路段 a_4 是一条双向道路，两端节点分别是节点 3 和节点 4。因此，我们还可以通过列表（也被称为邻接矩阵 Adjacency Matrix①）的形式来等价定义图 5-13 展示的路网，如表 5-5。“方向性”定义了该路段是双向（取值为 0）还是单向（取值为 1）。

表 5-5 通过邻接矩阵定义的路网结构

路段 ID	起点 ID	终点 ID	方向性
a_1	3	1	1
a_2	1	4	0
a_3	2	3	1
a_4	3	4	0
a_5	4	5	0
a_6	3	6	1
a_7	4	7	0
a_8	5	8	1
a_9	6	7	1
a_{10}	7	8	1
a_{11}	7	9	0
a_{12}	9	8	1

【举例 2】

假如有一对 OD 的起点是节点 2，终点是节点 9，那么我们可以观察出两点之间所有可能的路径 p^{29} 共有 3 条，每条路径分别按照先后经过点的节点用集合表示为 $p_1 \sim \{a_3, a_1, a_2, a_7, a_{11}\}$，$p_2 \sim \{a_3, a_4, a_7, a_{11}\}$，$p_3 \sim \{a_3, a_6, a_9, a_{11}\}$。同样可得起点 1 和终点 9 之间有可能的路径 p^{19} 有 2 条。需要注意的是，路网中常常出现环状结构，例如从节点 3 出发一路经过路段 a_1、a_2、a_4 后又回到节点 3。实践中，绝大多数情况下，这种类似散步（即起讫点是同一个点）的出行行为占比很少，不做考虑。同样地，起点 2 和终点 9 之间，先后经过 a_3、a_1、a_2、a_4 回到节点 3，再经过 a_6、a_9 和 a_{11} 到达终点 9 的行为（路径）也不做考虑。

---

① 可参见包含图论的参考书的相关定义。

其次，定义几个模型中的重要指标和对应的符号表达：

(1) OD出行需求(OD demand)，q^{rs}，即OD点对rs之间的交通出行需求量。单位可能是人次也可能是车次。

(2) 路段流量(Link flow)，x_a，即所有从路段a上经过的人或者车辆数。

(3) 路段行驶时间(Link time)，t_a，即经过路段a需要的时间。

(4) 路径流量(Path flow)，f_p^{rs}，即所有OD点对rs之间的出行需求中，选择沿着路径p走的人或者车辆数。

(5) 路径时间/费用(Path cost)，c_p^{rs}，即OD点对rs之间沿着路径p走需要花费的费用。实践中，费用一般用时间或者包含时间和花费的综合费用来量化。

(6) 路径-路段标志(Path-link incidence indicator)，$\delta_{a,p}^{rs}$，定义OD点对rs之间路径p和路段a关系的标识，取值为0或者1。当路段a包含在rs之间的路径p中时，$\delta_{a,p}^{rs}=1$，否则$\delta_{a,p}^{rs}=0$。

(7) 规划年，τ，一般加上括号作为某些变量的上标，表示模型模拟的规划年份。例如$q^{rs(\tau)}$表示τ年OD点对rs之间的交通出行需求量。τ的取值是自然数，反映规划或者建设项目决策的周期。如果某规划每隔5年调整更新一次，那么$\tau=5$。同理如果某个房产项目开发建设周期为3年，那么$\tau=3$。

接下来，我们尝试建立上述指标之间的关联：

(1) 流量守恒条件(Flow conservation condition)，即在规划年τ，OD点对rs之间的交通出行需求量q^{rs}是rs间所有路径上的交通量的总和，不多也不少，公式定义为：

$$q^{rs(\tau)}=\sum_{p\in P^{rs}} f_p^{rs(\tau)},\ \forall p\in P^{rs} \tag{5.1}$$

(2) 路径时间/费用和路段时间的关系，即在规划年τ，OD点对rs之间沿某条路径p花费的时间(费用)是所有包含在路径p中的路段a的时间(费用)的总和。当用时间来衡量时，公式定义为：

$$c_p^{rs(\tau)}=\sum_{a\in A}\delta_{a,p}^{rs(\tau)}\cdot t_a^{(\tau)},\ \forall a\in A \tag{5.2}$$

(3) 路段流量和路径流量的关系，即在规划年τ，某条路段a上的流量是所有经过这条路段的所有OD点对rs之间的所有路径p的路径流量的总和，公式定义为：

$$x_a^{(\tau)}=\sum_{rs}\sum_{p\in P^{rs}} f_p^{rs(\tau)}\delta_{a,p}^{rs(\tau)},\ \forall r\in R,\ s\in S,\ p\in P^{rs} \tag{5.3}$$

举例来说，对于图5-13的路网结构，起点2和终点9之间：

$$q^{29}=f_{p_1}^{29}+f_{p_2}^{29}+f_{p_3}^{29}$$

$$c_{p_1}^{29}=t_{a_3}+t_{a_1}+t_{a_2}+t_{a_7}+t_{a_{11}}$$

$$c_{p_2}^{29}=t_{a_3}+t_{a_4}+t_{a_7}+t_{a_{11}}$$

$$c_{p_3}^{29}=t_{a_3}+t_{a_6}+t_{a_9}+t_{a_{11}}$$

如果整个路网上有两个起点 1 和 2，一个终点 9，那么举例来说：

$$x_{a_9}=f_{p_3}^{29}+f_{p_2}^{19}$$

$$x_{a_{11}}=f_{p_1}^{29}+f_{p_2}^{29}+f_{p_3}^{29}+f_{p_1}^{19}+f_{p_2}^{19}$$

在构建基本的交通网络结构后，我们就可以引入随机效用等理论，模拟居民的交通出行行为，并且考虑交通拥堵等外部性因素的影响。

5.4　外部性建模

本节主要介绍 2.2.5 节中提到的外部性特征在建模实践中如何体现。包括两个部分，即发生在道路网中的交通拥堵效应，以及发生在地块上的用地承载力外部性。

5.4.1　交通拥堵效应

城市道路上的交通拥堵效应是最常见的居民可直接感知的外部性影响，并且是一个负外部性。简单来说就是在一条路段上行驶的车辆越多，道路越拥挤，车辆行驶速度受其他车辆影响越慢，所需要花费的时间也越长。要产生这样的效果，很明显是因为供需关系变化导致的：

（1）作为供给侧的道路路段通行能力有限，例如机动车车道数只有有限的一条或几条，且相邻车道行驶的车辆还可能互相影响。通行能力单位一般是车辆/时（veh/h），即每小时通过某一个道路断面的最大车辆数。

（2）作为需求侧的出行者是自私的，每一个人对于起讫点之间路径的选择总是倾向于花费时间或者费用最小的那一条。因此哪怕路径上有一条路段已经很拥堵了，也有可能依然前往。

那么在建模中对交通拥挤效应的量化就是要估计出受拥堵影响的实际通行时间（或者行驶车速）和路段上交通需求之间的关系，称之为路阻函数（Link impedance function 或者 Link cost function）。需要注意的是：

（1）路阻函数中变量（Variable）的选取可能不同，但是绝大部分都需要包括反映需求的路段交通量和反映供给的通行能力。

（2）路阻函数是经验公式，其具体公式的构成形式和参数（Parameter）的取值，来自对大量的历史数据观测的拟合。因此理论上来说，不同的国家和城市所适合使用的路阻函数都是不同的，甚至于不同类型不同等级道路的路阻函数也是不同的，没有现成的通用的公式。

在理论研究和实践中，被广泛应用的路阻函数叫做 BPR 函数，其函数形式和推荐的参数经验值来自美国联邦公路局对本国大量样本路段行驶数据的研究。图 5-14 展示了一个 BPR 函数在不同参数组合下路段实际行驶时间对于交通量的敏感性测试。

本书因侧重城市仿真建模理论与方法的介绍，因此对于交通拥堵效应的量化也借鉴 BPR 函数的形式，其公式定义为：

$$t_a^{(\tau)}=t_a^{0(\tau)}\left[1+\alpha_1^{(\tau)}\left(\frac{x_a^{(\tau)}}{C_a^{(\tau)}}\right)^{\alpha_2^{(\tau)}}\right] \tag{5.4}$$

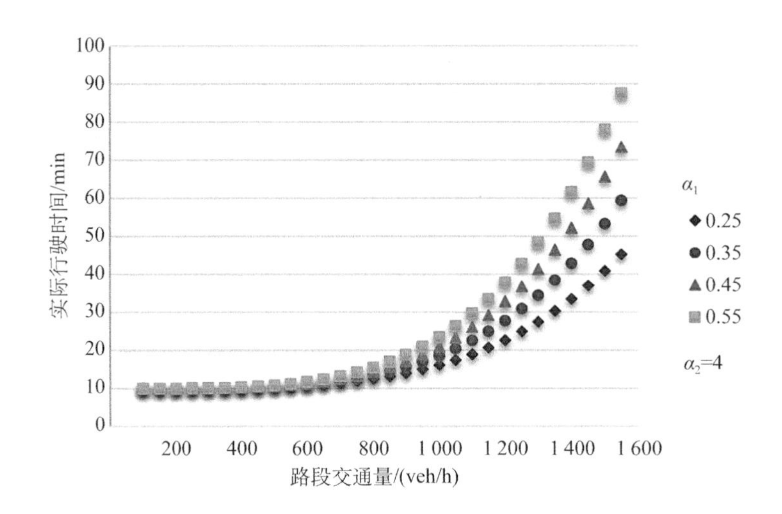

图 5-14 BPR 函数不同参数组合下拥堵敏感性测试

$$C_a^{(\tau)}=\begin{cases}C_a^{(0)}, & 0\leqslant\tau<n_1,\ n_1\geqslant 1;\\ C_a^{(\tau-1)}+y_a^{(\tau-n_1)}, & \tau\geqslant n_1\end{cases}\tag{5.5}$$

其中 $t_a^{0(\tau)}$ 是规划年 τ 车辆行驶通过路段 a 所需要花费的最短时间，也被称为自由流行驶时间。在实践中，可以直接假设 $t_a^{0(\tau)}$ 等于路段长度除以该路段设计时速上限，因此 $t_a^{0(\tau)}$ 可看作是常量。

$x_a^{(\tau)}$ 是规划年 τ 行驶在路段 a 上的车辆数。

$\alpha_1^{(\tau)}$，$\alpha_2^{(\tau)}$ 是 BPR 函数的参数，需要利用历史观测数据进行参数标定获得，反映不同类型道路路段的供给水平的差异，可以看作是常量。

$C_a^{(\tau)}$ 是规划年 τ 路段 a 的通行能力，其取值和路段等级与横断面形式有关。需要注意的是，当路段建成运行后，通行能力是常量。但是当模型架构中需要考虑将基础设施建设作为决策变量①时，那么每一个规划年 τ 的通行能力 $C_a^{(\tau)}$ 就和上一个道路通行能力提升的决策 $y_a^{(\tau-n_1)}$ 相关。如公式(5.5)所示，$C_a^{(0)}$ 是规划基年路段 a 的通行能力，n_1 表示道路拓宽改造需要的周期长度。

结合公式(5.1)～(5.5)，当我们以金钱为单位(如元)来量化综合出行费用时，在规划年 τ，居民类型 k 沿着路径 p 从起点 r 到终点 s 所要花费的综合费用公式定义为：

$$c_{p(\text{money})}^{rsk(\tau)}=\sum_a\delta_{a,p}^{rs(\tau)}(vot^{k(\tau)}\cdot t_a^{(\tau)}+\rho_a^{(\tau)}+cf_a^{(\tau)})\tag{5.6}$$

其中 $vot^{k(\tau)}$ 是居民类型 k 的时间价值(Value of time)，一般用元/min 作为单位，与居民的收入水平成正比。

$\rho_a^{(\tau)}$ 是路段 a 上收取的费用。在现实中，常见的例子就是收费公路(如高速公路)，还有

① 可参见后续交通需求与供给管理策略章节。

一些国家的城市为了缓解中心区道路拥堵而引入了道路拥挤收费。因此在模型中，$\rho_a^{(\tau)}$ 也可以是某些城市管理政策的决策变量①。

$cf_a^{(\tau)}$ 是通过路段 a 需要花费的车辆燃油费或者电费。

当然，我们也可以以时间为单位来量化综合出行费用，那么公式(5.6)可被改写为：

$$c_{p(\text{time})}^{rsk(\tau)} = \sum_a \delta_{a,p}^{rs(\tau)} \left(t_a^{(\tau)} + \frac{\rho_a^{(\tau)} + cf_a^{(\tau)}}{vot^{k(\tau)}} \right) \tag{5.7}$$

公式(5.6)和(5.7)是城市交通分配模型中，当考虑多用户群体时常见的定义方式。通过模型的数学推导，可以发现：

如果只有单一(Homogeneous)用户群体，即 $k=1$，那么不管采用哪种方式定义出行费用，都将得到相同的交通分配结果(例如某条路段上有多少车辆行驶)。

如果有多种(Heterogeneous)用户群体，即 $k=2, 3, 4, \cdots$，那么在不同的交通分配假设下，结果可能不一样。当假设不同用户组的时间价值是线性变化的常量，并且选择路径的行为是确定性(Deterministic)的，采用确定性的用户均衡分配模型(Deterministic user equilibrium)时，两种方式都将输出相同的交通分配结果(Yang et al., 2004)。但是当假设用户路径选择行为是具有随机性(Stochastic)的，采用随机用户均衡分配模型(Stochastic user equilibrium)，例如前述章节介绍的 Logit 模型时，两种定义方式会输出不同的分配结果(Daganzo, 1982, 1983; Cantarella et al., 1998; Rosa et al., 2002; Konishi, 2004)。在本书中，我们采用公式(5.7)定义的以时间为单位的出行费用。

最后，值得注意的是，上述内容定义了如何量化过多的行驶车辆产生的道路交通拥堵对居民日常出行时间或者费用产生的影响。事实上，车辆行驶还会产生其他的影响，比如交通行驶噪声、尾气排放产生的空气污染，这些同样是典型的负外部性现象。例如，临近城市快速路的住宅楼的单位房价会相对较低，行驶在快速路上的车辆车主也不会因为对周边居民产生了负面影响而买单。只不过这些影响不发生在城市交通系统中，而是进一步影响了土地利用，例如居住地选择和房产价值。

5.4.2　用地承载力

不同于发生在城市交通空间中的交通拥堵外部性，设施用地空间也有可能产生外部性的影响，称为区域外部性(Locational externality)。有的体现出正外部性，有的体现出负外部性。正外部性的典型例子是集聚经济效应(Agglomeration economies)②。简单来说就是城市里的人才或者其他生产资源在实体或者虚拟空间的集聚，使得生产更加高效，创造出更多的 GDP 和人均收入。住宅小区周边的生活服务设施越多，商店越多，各种娱乐休闲活动越多，小区对(某些)居民的吸引力就越高。甚至因为某些类型人群之间的互相吸引作用，也会产生类似的影响。而负外部性的例子，可以类比交通拥堵的原因，即通行能力有限，但是车太多。那么在用地空间，就是用地承载力有限，但是人太多。例如假期

---

① 可参见后续交通需求与供给管理策略章节。

② 可参考微观经济学、城市经济学著作。

中拥挤的公园、商场等，开放空间、就餐座位数、卫生间等设施数量有限，造成长时间排队或者不舒适等负面影响(如表 2-4)。

本节通过定义一个区域(地块)吸引力的指标，来量化这种因为用地空间“人太多”导致的对居民居住地选择的外部性影响(Yang et al.，1998；Siu et al.，2009)，公式定义为：

$$l^{rk(\tau)}=l_0^{rk(\tau)}-\theta_1^{rk(\tau)}\left(\frac{O^{r(\tau)}}{K^{r(\tau)}}\right)^{\theta_2^{rk(\tau)}} \tag{5.8}$$

其中 $l^{rk(\tau)}$ 是规划年 τ 居民类型 k 对住在居住地 r 的吸引力的判断。$l^{rk(\tau)}$ 越大，居住地 r 对居民类型 k 的吸引力就越大。

$l_0^{rk(\tau)}$ 是规划年 τ 居民类型 k 对住在居住地 r 的原始吸引力的判断，即如果不受其他住在这里的居民的影响，$l_0^{rk(\tau)}$ 是一个常量。

$K^{r(\tau)}$ 是规划年 τ 居住地 r 的用地承载力，和这个区域既有的用地空间面积、设施类型与数量等供给侧要素相关，是一个常量。当然，当规划决策者发现某年某处因为用地承载力不足产生了严重的负外部性影响，可以考虑通过新设施开发或者布局优化等手段提升承载力。因此在城市政策优化研究中，$K^{r(\tau)}$ 可以是一个决策变量。

$O^{r(\tau)}$ 是规划年 τ 在居住地 r 生活的居民数量。

$\theta_1^{rk(\tau)}$，$\theta_2^{rk(\tau)}$ 是反映因用地承载力 $K^{r(\tau)}$ 有限而产生的负外部性影响大小的参数，需要通过历史观测数据进行参数标定。假设 $\theta_1^{rk(\tau)}$，$\theta_2^{rk(\tau)}$ 均是大于 0 的实数，那么公式中 $\theta_1^{rk(\tau)}$ 前的负号，表示这是负外部性影响。当然也有可能，参数标定结果 $\theta_1^{rk(\tau)}<0$，此时意味着人多产生了正外部性影响。

5.4.3 算例——交通拥堵效应

本节以章节 4.3 的算例为基础，尝试量化交通拥堵效应以及其产生的影响，作为算例 5.1。

【算例 5.1】

假设 4.3.3 的算例给定的大部分条件不变，只改变：

(1) 通过引入公式(5.4)定义的 BPR 函数考虑拥挤效应。假设表 4-1 中小汽车的行驶时间是该方式的自由流行驶时间，也就是公式(5.4)中定义的 $t_a^{0(\tau)}$。$\alpha_1^{(\tau)}$，$\alpha_2^{(\tau)}$ 的取值分别为 0.15 和 4。路段通行能力 $C_a^{(\tau)}$ 为 400 veh/h，假设每个居民单独驾驶一辆车。

(2) 为方便举例，假设小汽车的油费是定值，保持 15 元不变。也就是油费只和行驶距离相关，不受拥堵变化而导致的行驶速度等工况变化的影响。

(3) 假设公交车拥有公交专用道，因此行驶时间不受拥挤效应影响。

(4) 注意在本算例中，因为每种方式均只有一条路径，所以公式(4.15)中的行驶时间 $t_{\text{in-veh}|\text{car}}^{rsk}$ 就是公式(5.4)中的 $t_a^{(\tau)}$。而公式(4.19)中的 q_{car}^{rsk} 就是公式(5.4)中的 $x_a^{(\tau)}$。

仔细观察公式(4.13)、(4.15)～(4.19)和公式(5.4)，可以发现小汽车实际行驶时间 $t_a^{(\tau)}$(或 $t_{\text{in-veh}|\text{car}}^{rsk}$)和使用小汽车的人数 $x_a^{(\tau)}$(或 q_{car}^{rsk})是相互关联的，存在互相引用的关系。

这是因为一方面,根据公式(4.13)、(4.15)~(4.19)可以看出,$q_{car}^{rsk} \sim Pr_{car}^{rsk} \sim V_{car}^{rsk} \sim t_{in\text{-}veh|car}^{rsk}$,也就是 q_{car}^{rsk} 是 $t_{in\text{-}veh|car}^{rsk}$ 的函数,即 $q_{car}^{rsk}(t_{in\text{-}veh|car}^{rsk})$;而另一方面,根据 BPR 函数公式(5.4),$t_{in\text{-}veh|car}^{rsk}$ 又是 q_{car}^{rsk} 的函数,即 $t_{in\text{-}veh|car}^{rsk}(q_{car}^{rsk})$。两者的关系构成了一个相互影响的闭环,因此没法直接通过 Logit 模型一步一步求解得到答案,会涉及迭代计算。

实际上,这也体现了现实生活中居民作为出行者,根据交通拥堵状况不断调整自己的选择,最终实现平衡的过程。如图 5-15 所示,上标括号中的数字表示日期。从道路刚刚建成通车的前夜(0)开始,每个居民都会将自由流行驶时间 $t_a^{0(\tau)}$ 作为对这条道路拥堵情况的判断,相应做出自己是否选择小汽车出行的决策,得到通车当天的道路流量 $q_{car}^{0(\tau)}$。当晚,因为 $q_{car}^{0(\tau)}$ 的人使用了这条路,实际行驶时间变成了 $t_{in\text{-}veh|car}^{(1)}$,道路变得拥堵。因此有一些人决定第二天放弃使用小汽车,所以第二天使用小汽车的人数为 $q_{car}^{(1)}$。当晚又有一些人发现道路没有第一天那么堵了,所以第三天又有一些人重新使用小汽车。如此循环往复,直到第 n 天,当没有居民以为能够通过调整自己的方式选择,获得更好的出行条件时,也就是 $q_{car}^{(n)} - q_{car}^{(n-1)} = 0$ 的时候,这条道路的供需关系实现了平衡状态。这一过程也可以通过图 5-16 进行描述。

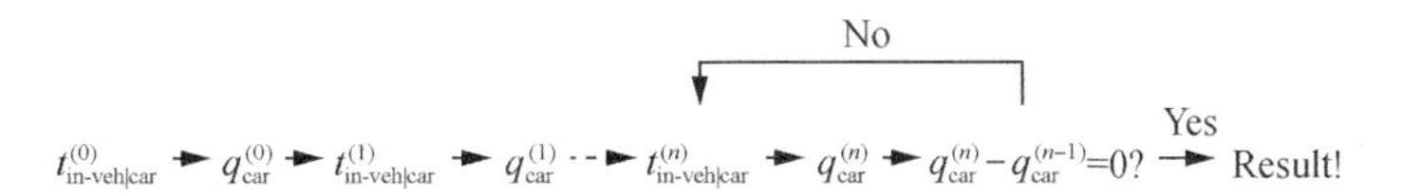

图 5-15　出行者逐渐适应交通拥堵的过程(模型语言)

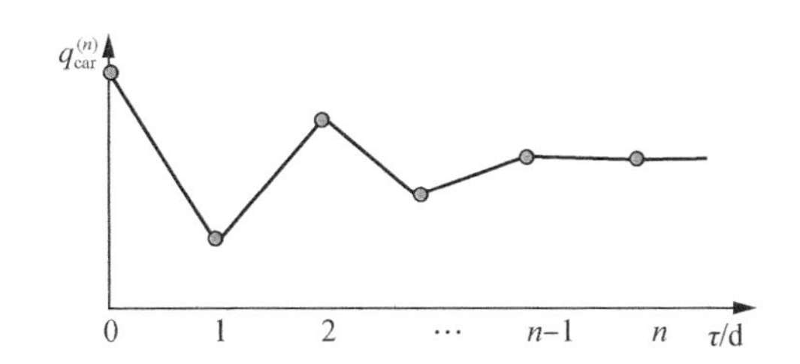

图 5-16　出行者逐渐适应交通拥堵的过程(图示)

对于这种问题的求解,一种方式是基于图 5-15 展示的模型语言,编写包含迭代计算的程序代码。另一种方式是如果不具有编程能力,可以将该问题转化为一个等价的优化问题,然后利用商业软件提供的通用的优化算法包求解。在本书中凡是涉及类似问题的算例求解,都是通过第二种方式。由于是网络结构较简单的算例,因此可以直接通过 Microsoft 的 Excel 和它自带的规划求解工具 Solver 进行算例建模与求解。

本算例对应的优化问题可以定义为:

$$\text{Min } G = \sum_{rsk} (q_{car}^{rsk} - \tilde{q}_{car}^{rsk})^2 = 0 \tag{5.9}$$

s. t.

$$\tilde{q}_{car}^{rsk} \geqslant 0, \ \forall rsk \tag{5.10}$$

以及公式(4.13)～式(4.19)和公式(5.4)。

其中优化目标是最小化目标函数 G。因为函数构成是若干平方项的求和，所以最小化 G 也就是使其为 0。括号中的 $\tilde{q}_{car}^{rsk}$ 是本算例的决策变量(Decision variable)，优化算法通过改变这个值使得目标函数最小。因此本算例实际上是令 $t_{\text{in-veh}|\text{car}}^{rsk}$ 成为 $\tilde{q}_{\text{car}}^{rsk}$ 的函数，即 $t_{\text{in-veh}|\text{car}}^{rsk}(\tilde{q}_{\text{car}}^{rsk})$。由于 q_{car}^{rsk} 本身是 $t_{\text{in-veh}|\text{car}}^{rsk}$ 的函数，即 $q_{\text{car}}^{rsk}(t_{\text{in-veh}|\text{car}}^{rsk})$，因此通过引入临时变量 $\tilde{q}_{\text{car}}^{rsk}$ 的方式，使之前 q_{car}^{rsk} 和 $t_{\text{in-veh}|\text{car}}^{rsk}$ 的互相引用关系不再存在。

最终，通过在 Excel 中定义上述优化问题，并且利用规划求解工具 Solver 来求解，得到如下结果：

当居民的交通方式选择实现平衡状态时，使用小汽车和公交车的概率分别为 59.2% 和 40.8%，对应的使用者人数为 592 和 408。小汽车的实际行驶时间为 17.2 min。所有人总的出行费用为 46 800 元。与第 4 章不考虑拥堵效应的算例的结果对比如表 5-6 所示。当考虑小汽车交通拥堵效应后，小汽车行驶时间和出行费用显著增加，导致小汽车出行比例显著下降。所有人的总出行费用也因此而明显上升。

表 5-6　算例结果对比(考虑与不考虑拥堵效应)

场景	小汽车出行比例	小汽车行驶时间	小汽车出行费用	公交车出行费用	总出行费用
	%	min	元	元	元
不考虑拥堵	81	10	34.5	49	37 255
考虑拥堵	59.2	17.2	45.3	49	46 800

5.5　居民的居住地和交通出行选择

在 5.3～5.4 节的基础之上，本节构建图 5-5 中最具有代表性的居民居住地和交通出行选择两个模块。此外，通过一个半动态的结构反映土地利用与交通系统在长期规划中的供需互动关系。

通过如图 5-17 所示的层级结构描述居民居住地和交通出行选择关系。假设规划年 τ 存在 k 类居民，并且他们的工作地 s 已经通过工作地选择模块确定下来。那么接下来他们就要选择其居住地 r，以及基于 rs 进一步选择日常的出行方式 m 和出行路径 p。

基于随机效用理论，可以构建一个多层多项 Logit 模型(Nested Multinomial Logit Model, NMNL)。多层指的是存在多个不同的选择，但是选择与选择之间相互关联。多项指的是每一层的对象集中包含多个选择对象。多层多项 Logit 模型广泛应用于城市土地利用与交通等存在若干相互关联选择的场景中。例如图 5-17 中描述的层级结构包括：居住地选择、方式选择和路径选择三层。其中路径选择和方式选择的关联在于，居民对于小汽车这种方式的效用判断，是综合考虑了所有可能的小汽车备选路径的出行费用后得到的。而方式选择和居住地选择的关联在于，居民对于某个居住地的交通可达性判断，是综合考虑了从这个居住地出行的所有交通方式的综合费用后得到的。因此相邻层之间存在信息的传递，这使得土地利用与交通系统之间的互动关系得以量化。

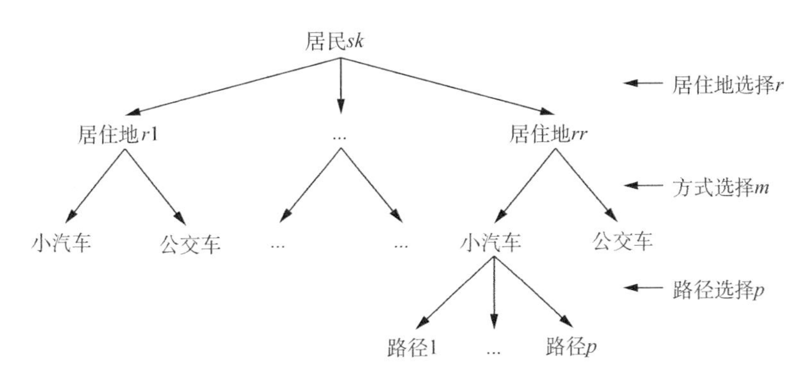

图 5-17 居民居住地与交通出行选择层级结构

1) *居住地选择*

对于居住地选择的影响因素，假设分为四种类型：

(1) 居住地房产的自身属性，比如户型大小、楼层高度、小区绿化率等，用 $X_i^{r(\tau)}$ 来表示。其中 i 指的是第 i 个属性，上标(τ)代表随着时间的流逝，自身属性也会发生变化，例如楼龄。因为这类属性是小区规划设计阶段就已经确定的，并在前期施工阶段就已定型，不受居民居住地选择行为的影响，因此在每一个规划年 τ 可以看作是常量。

(2) 居住地周边的外部环境影响因素。这类影响因素是变量还是常量，取决于所有进行居民地选择的行为是否会影响居民的体验(效用)。比如，周边的公共服务设施数量，如果设施供给非常充足，那么这个因素就是常量。但是更多的时候，当越来越多的居民选择住在这里后，通过这些设施获得的体验有可能下降，体现出区域外部性的影响。此时我们可以直接类比 5.4 节对用地承载力等外部性建模的方法，通过类似公式(5.8)的公式进行该影响因素的定义。常见的例子还有距离高架桥的远近(即空气污染或者交通噪音)等。在此，直接借鉴公式(5.8)中对外部影响因素 $l^{rk(\tau)}$ 进行的定义。

(3) 居住地交通可达性(Accessibility)。也就是居民结合自己的工作地点 s，对如果住在 r 可能产生的综合交通出行费用的判断，定义为 $\mu^{rsk(\tau)}$。因此在本模型中，可达性可以看作是一个负效用。此外，在总体的模型框架中，因为需要考虑交通拥堵效应，即住在 r 的居民越多，可能周边的道路会越拥堵，并最终影响居民对 r 的可达性的判断，所以 $\mu^{rsk(\tau)}$ 是一个变量。

(4) 居住地的房价。也就是居民判断，如果选择在 r 居住，那么将要支付的房价，定义为 $\varphi^{r(\tau-1)}$。这里尤其需要注意的是，房价 $\varphi^{r(\tau-1)}$ 的上标时间变成了 $\tau-1$。也就说，在规划年 τ，居民进行居住地选择时，对备选地房价的判断，来自对上一年度这里或者相似地点成交房价的观测。这是单纯基于随机效用理论进行居住地选择建模的不大不小的缺陷，因为它无法同时在模型中模拟一个房地产市场竞价交易的过程。理论上房地产价格是受到供需关系影响的，也就是说其成交价是同一时期开发商与居民之间买卖交易的结果。但是在这里，模型通过上述假设，尝试将一个内生的住宅房地产市场(Endogeneous housing market)的建模问题外部化(Exogeneous)。即回避了对同一时期房地产交易行为的模拟，假设当期房价可以直接参考最近一个历史时期的成交价，当时间足够短时，基本可以反映房价的真实水平。此时 $\varphi^{r(\tau-1)}$ 变成了常量，它的取值需要通过一个外部的相对独立的模块来确定。在相关研究和既有的城市仿真模型中，往往引入房地产研究最常见的特征价格法(Hedonic pricing method)(Rosen，1974)，通过建立房地产价格多元回归模型，反映房地产价格和相关影响因素之间的关系，从而方便对未来的房地产价格进行一定程度的预测，即 $\varphi^{r} \sim \{X_i^r, l^r, \mu^r, \cdots\}$。括号中的因子也基本类似上面定义的影响因素，只不过去掉了不同类型居民 k 的主观因素，是一个对市场上所有住宅成交样本和对应房产内外部属性的关联分析。

那么最终，在规划年 τ，工作在 s 的居民类型 k 选择在 r 居住的效用 $V^{r|sk(\tau)}$ 可以定义为：

$$V^{r|sk(\tau)} = \sum_i \alpha_i^k \cdot X_i^{r(\tau)} + l^{rk(\tau)} - \mu^{rsk(\tau)} - \varphi^{r(\tau-1)} \tag{5.11}$$

相应的选择概率被定义为：

$$Pr^{r|sk(\tau)} = \frac{\exp(\beta \cdot V^{r|sk(\tau)})}{\sum_{r' \in R} \exp(\beta \cdot V^{r'|sk(\tau)})} \tag{5.12}$$

且

$$\sum_{r' \in R} Pr^{r'|sk(\tau)} = 1 \tag{5.13}$$

其中 R 是所有可选择的居住地的集合。$V^{r|sk(\tau)}$ 和 $Pr^{r|sk(\tau)}$ 上标中的竖线“|”表示基于给定的居民类型 k 和工作地 s。α_i^k 是居住地自身属性参数，反映了不同居民类型 k 对第 i 个自身属性效用大小的判断；β 是居住地选择的尺度参数(Scale parameter)，且 α_i^k 和 β 的取值来自对历史观测数据的参数标定。$\mu^{rsk(\tau)}$ 是居民类型 k 对居住地交通可达性的判断，即往返于 rs 所有可能选择的出行方式 m 中综合出行费用预期最短的方式对应的费用。基于多层多项 Logit 模型的框架，这种判断可用 Log-sum 的形式定义，即所有出行路径综合费用中期望值的最小值，定义为：

$$\mu^{rsk(\tau)} = -\frac{1}{\beta_m} \ln\left[\sum_{m' \in M^{rs}} \exp(\beta_m \cdot V_{m'}^{rsk(\tau)})\right] \tag{5.14}$$

其中 $V_{m'}^{rsk(\tau)}$ 是规划年 τ，居民类型 k 往返于 rs 使用方式 m' 出行的效用。M^{rs} 指代起讫点 rs 之间所有可能的出行方式的集合。β_m 是方式选择的尺度参数，取值来自对历史观测数据的参数标定。

2) 交通方式选择

现实中，居民交通出行方式包含步行、(电动)自行车、公共交通(如地面公交、地铁、轻轨等)、私家车，以及出租车等。出行方式选择的影响因素是多方面的。可量化的因素除了时间和金钱，还可能包括出行距离长短(步行方式对此尤其敏感，城市中超过 5 km 以上的步行出行比例就非常低了)、车辆拥有情况(没有私家车的居民几乎不会使用私家车出行)等。

在理论研究和城市仿真模型中，依然选择将各种因素归结到出行时间和金钱花费两方面，并通过时间价值，将出行方式选择效用用综合出行费用来量化。

当任何起讫点 rs 之间的所有出行方式 m 只存在由一条路段构成的唯一一条路径时，方式 m 出行的效用 $V_m^{rsk(\tau)}$ 的定义为：

$$V_m^{rsk(\tau)} = -t_m^{rsk(\tau)} \cdot vot^{k(\tau)} - c_m^{rsk(\tau)}, \ \forall m \in M \tag{5.15}$$

其中可选的出行方式集合 $M = \{\text{walk, bicycle, bus, metro, car,} \cdots\}$。公式中的负号表示出行时间和金钱花费是负效用因子。

当起讫点 rs 之间的出行方式 m 存在多种可能的路径 p 时，居民对该出行方式的效用判断其实是综合考虑了所有可能选择的路径的费用，并且将其中相对综合费用最小的路径作为标准。同样基于多层多项 Logit 模型的框架，类似公式(5.14)，定义：

$$V_m^{rsk(\tau)} = -\frac{1}{\beta_p}\ln\left[\sum_{p' \in P_m^{rs}} \exp(\beta_p \cdot V_{p'|m}^{rsk(\tau)})\right] \tag{5.16}$$

其中 $V_{p'|m}^{rsk(\tau)}$ 是规划年 τ，居民类型 k 往返于 rs 使用方式 m 出行并沿着路径 p' 走的效用。P_m^{rs} 指代起讫点 rs 之间使用出行方式 m 的所有可能的路径。$V_{p'|m}^{rsk(\tau)}$ 下标中的竖线"|"表示路径 p' 是基于给定的出行方式 m。β_p 是路径选择的尺度参数，取值来自对历史观测数据的参数标定。

最后，将出行方式 m 被选择的概率定义为：

$$Pr_m^{rsk(\tau)} = \frac{\exp(\beta_m \cdot V_m^{rsk(\tau)})}{\sum_{m' \in M^{rs}} \exp(\beta_m \cdot V_{m'}^{rsk(\tau)})} \tag{5.17}$$

且

$$\sum_{m' \in M^{rs}} Pr_{m'}^{rsk(\tau)} = 1 \tag{5.18}$$

3）出行路径选择

每种出行方式都可能存在一条或更多的路径选择。特别是私家车出行，居民对于路径的选择还会考虑道路拥堵的影响。步行、地铁等的出行时间和费用稳定，一般假设对于路径的选择基本都考虑一条最短路径。因此本节建立的模型对于私家车出行路径的效用定义可参考公式(5.1)～(5.7)。定义规划年 τ，居民类型 k 往返于 rs 使用方式 m 出行并沿着路径 p 走的效用为：

$$V_{p|m}^{rsk(\tau)} = -c_{p|m}^{rsk(\tau)} \tag{5.19}$$

同时出行路径 p 被选择的概率为：

$$Pr_{p|m}^{rsk(\tau)} = \frac{\exp(\beta_p \cdot V_{p|m}^{rsk(\tau)})}{\sum_{p' \in P_m^{rs}} \exp(\beta_p \cdot V_{p'|m}^{rsk(\tau)})} \tag{5.20}$$

且

$$\sum_{p' \in P_m^{rs}} Pr_{p'|m}^{rsk(\tau)} = 1 \tag{5.21}$$

最终，基于多层多项 Logit 模型框架，结合公式(5.12)、(5.17)和(5.20)，可以定义规划年 τ，居民类型 k 往返于 rs 使用方式 m 出行并沿着路径 p 走的概率为：

$$
\begin{aligned}
Pr_{p,m}^{rsk(\tau)} &= Pr^{r|sk(\tau)} \cdot Pr_{m}^{rsk(\tau)} \cdot Pr_{p|m}^{rsk(\tau)} \\
&= \frac{\exp(\beta \cdot V^{r|sk(\tau)})}{\sum_{r' \in R} \exp(\beta \cdot V^{r'|sk(\tau)})} \cdot \frac{\exp(\beta_m \cdot V_m^{rsk(\tau)})}{\sum_{m' \in M^{rs}} \exp(\beta_m \cdot V_{m'}^{rsk(\tau)})} \cdot \frac{\exp(\beta_p \cdot V_{p|m}^{rsk(\tau)})}{\sum_{p' \in P_m^{rs}} \exp(\beta_p \cdot V_{p'|m}^{rsk(\tau)})}
\end{aligned} \tag{5.22}
$$

且

$$
\sum_{r} \sum_{m} \sum_{p} Pr_{p,m}^{rsk(\tau)} = 1, \ \forall r \in R, m \in M, p \in P \tag{5.23}
$$

因此如果规划年 τ 进行居住地和交通出行选择的居民总数为 $\sum_{s' \in S, k' \in K} D^{s'k'(\tau)}$，那么最终居住在 r 的人数为：

$$
O^{r(\tau)} = \sum_{s' \in S, k' \in K} D^{s'k'(\tau)} \cdot Pr^{r|s'k'(\tau)} \tag{5.24}
$$

而往返于 rs 选择使用私家车出行并沿着路径 p 走的人数为：

$$
f_{p,\mathrm{car}}^{rs(\tau)} = \sum_{k' \in K} D^{sk'(\tau)} \cdot Pr_{p,\mathrm{car}}^{rsk'(\tau)} \tag{5.25}
$$

进一步利用公式(5.3)，假设一辆私家车上只有一个居民，可以计算出路网中某条路段 a 上的小汽车数量为：

$$
x_a^{(\tau)} = \sum_{r's'} \sum_{p' \in P_{\mathrm{car}}^{rs}} f_{p',\mathrm{car}}^{r's'(\tau)} \delta_{a,p'}^{r's'(\tau)} \tag{5.26}
$$

需要注意的是，如果考虑道路拥堵效应，本节定义的居民居住地和交通出行选择行为模型，不是一个封闭形式(Closed form)，亦即无法基于给定的人口 $D^{s'k'(\tau)}$ 通过公式(5.1) ～ (5.26) 直接计算出结果。原因如下：如公式(5.4) 定义的，路段行驶时间(费用)$t_a^{(\tau)}$ 是路段上车辆数 $x_a^{(\tau)}$ 的函数，即 $t_a^{(\tau)}(x_a^{(\tau)})$，使用小汽车沿着某条路径出行的时间(费用)$c_{p|\mathrm{car}}^{rsk(\tau)}$ 又是路段行驶时间(费用)$t_a^{(\tau)}$ 的函数，即 $c_{p|\mathrm{car}}^{rsk(\tau)}(t_a^{(\tau)})$，而 $c_{p|\mathrm{car}}^{rsk(\tau)}$ 作为出行路径效用，又先后通过层级选择影响出行方式选择和居住地选择，形成了一个循环引用的结构，即 $x_a^{(\tau)} \sim f_{p,\mathrm{car}}^{rs(\tau)} \sim Pr_{p,\mathrm{car}}^{rsk'(\tau)} \sim c_{p|\mathrm{car}}^{rs(\tau)} \sim t_a^{(\tau)}$。因此在实践模型计算中，需要进行迭代计算，并最终达到平衡，求得平衡解，即同时实现土地利用平衡和交通平衡。

5.6 半动态的长期模型架构

如章节 2.2 中提到的行为主体的时间适应性，在土地利用和交通模型中，住宅供给和交通基础设施的供给从规划到交付使用都不是瞬间完成的，而居民的居住地和交通出行选择却相对适应能力强很多，在很快的时间内就能完成选择的调整。因此本节提出一个半动态(Quasi-dynamic)的模型架构，实现对土地利用和交通系统供需关系演变和运行水平的长期模拟，如图 5-18 所示。

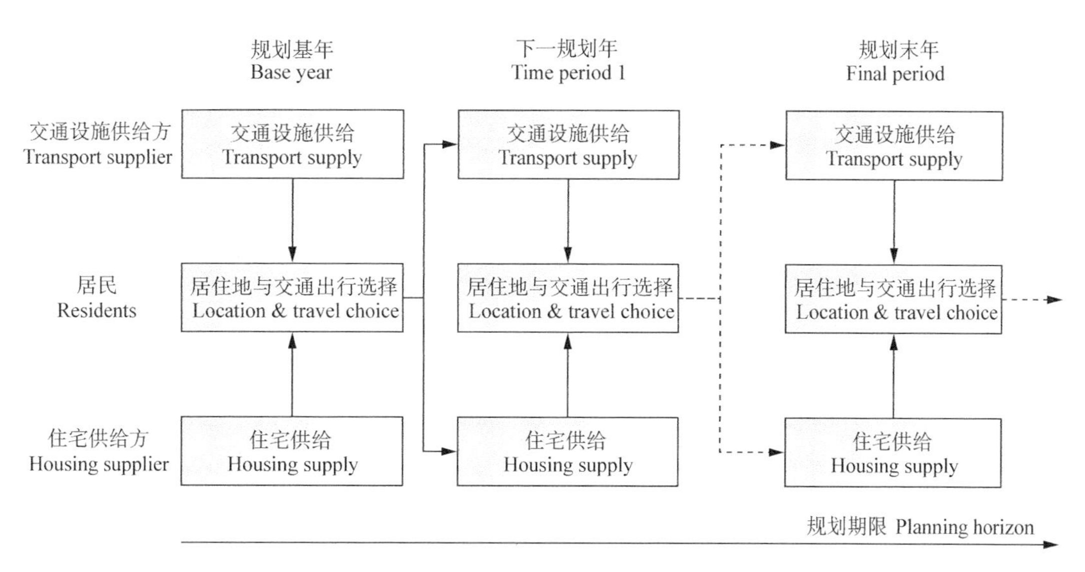

图 5-18 通过半动态(Quasi-dynamic)的模型架构描述城市住宅与交通系统供给和需求之间的关系

假设规划基年(即现状)为 $\tau=0$。基年的住宅供给和交通设施供给是给定的。利用章节 5.3～5.5 建立的土地利用和交通一体化模型，居民在此给定的建成环境基础上，进行居住地和交通出行选择。当经过模型迭代找到了平衡状态(即居民最终确定了并不再更改自己的选择)，模型可以输出交通可达性、房地产价值、道路交通拥堵状态等系统服务水平指标。作为决策者的政府规划部门据此调整优化规划方案，确定下一个规划年(如 $\tau=n_1$①)的交通设施和住宅供给，并交由相关投资、开发机构完成。亦即到了下一个规划年，居民根据调整了的交通设施和住宅供给条件，重新进行居住地和交通出行选择，如此进行下去。因此整个模型只需要在每一个规划调整或者建成环境发生变化的时间点进行模拟，就可以基本实现对城市土地利用和交通系统供需演变和运行水平的预测模拟。

5.7 群体决策机制的模拟

在既有研究和实践建模仿真中，大多假设居民家庭有且只有一个人，因此在居住地选择中，对于备选地点可达性的判断，都来自他/她自己交通出行费用的判断。在现实中，当一个家庭(Household)不止一名成员(Individual)，且日常均有交通出行需求时，可达性的判断机制就变得复杂了(即将图 5-17 改成图 5-19)。在大量的研究中，对于选择机制没有唯一的定论。现实中也的确如此，不同国家，不同文化背景，甚至不同性格的成员组成的家庭，可能决策机制都不一样。例如一个由夫妻二人组成的家庭，当各自的工作地点不同时，同一个居住地对他们每个人来说可达性是不同的，这时有可能是某个更有话语权的人

① 不同设施规划建设周期可能不同，因此半动态的结构可以在图 5-18 的基础上灵活调整。

说了算，也有可能是综合考虑选择一个相对折中的地点偏好方案。

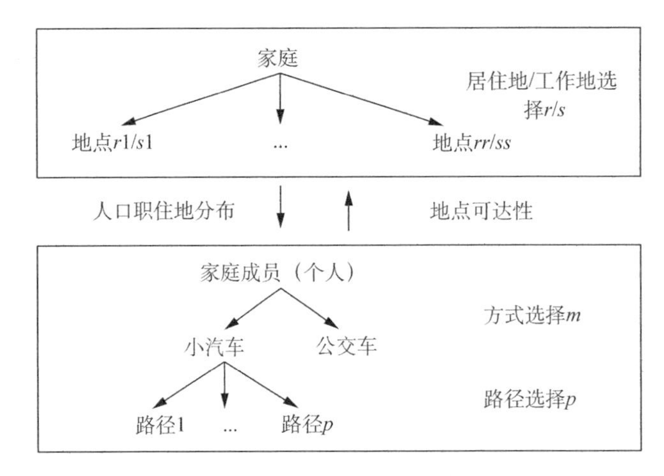

图 5-19　考虑群体决策机制的家庭/个人地点和交通出行选择

因此，类似居住地选择这种家庭决策，在大多数情况下，没有一种方案可以同时最大化每一个家庭成员的效用(除非所有成员都具有相同的偏好和出行需求)。最终需要经过一个成员之间的互动过程才能决定。此时，模型可以借鉴社会心理学、经济学研究者提出的群体决策机制(Group decision making mechanism)相关方法进行模型假设，并利用观测数据进行参数标定。城市建模领域的相关研究可以追溯到 20 世纪 80 年代，涉及对家庭购物行为以及机动车拥有决策的讨论。

(1) Davis(1976)提出了两种不同的决策机制，即一致同意的(Consensual)和随和的(Accommodative)。第一种情形需要所有家庭成员都同意，或者起码找到一个能够满足所有成员最低要求的方案。第二种情形意味着没有哪个方案可以满足所有成员的需求，所以必然有成员需要做出让步。

(2) Waddell(1993)提出了一个启发式(Heuristic)的建模方法去模拟以家庭为单位的地点选择。模型假设某个家庭首先选择一个家庭代表，根据其偏好选择居住地，然后剩下的成员再根据这个确定下来的居住地做出其他活动行为的决策。很明显这是一种现实中可能发生，但并不是普适的现象。这种假设的好处是简化了模型结构，不需要模拟复杂的群体决策过程。

(3) Borgers 和 Timmermans(1993)引入了一个多个家庭成员进行居住地选择的决策过程。整个决策过程是一个多层结构(Hierarchical structure)，包括两个阶段。第一阶段，审视基于每一个成员个体(效用 V^i)的选择。第二阶段，整个家庭的群体决策用一个反映所有人效用的线性复合效用模型来表达，例如 $V^H = \alpha^{(1)} \cdot V^{(1)} + \alpha^{(2)} \cdot V^{(2)} + \cdots$。类似地，Molin 等(1997)推导出了五种可能的可以通过线性复合效用模型表达的决策机制。

(4) Chang 和 Mackett(2006)指出家庭选择更可能是成员之间互相协商得到的结果，不一定是某个成员或者所有人的最优结果。简单的建模假设就是把所有家庭成员出行费求和得到的总费用作为评价某个居住地可达性的指标。

(5) Zhang 等(2009)提出了一个单阶段建模方法,把所有可能的不同构成的家庭选择效用方程集成到一起。具体提出了两种可选的模型结构:其一,把每个人的基于效用最大化的个体选择概率整合到一起成为家庭的(选择概率);其二,定义一个家庭效用方程,把所有(或必要)成员的效用加权叠加到一起。具体模型表达,可以是多元线性(Multi-linear)效用方程,将每个成员效用前的权重看成是其在家庭中的相对影响力;也可以是特征机制(Iso-elastic)效用方程,通过定义方程中的一个参数体现某个家庭独立的决策机制(成员互动)类型。

(6) 除了前述一些通过定义家庭复合效用方程的方式模拟群体选择行为,还可以从选择对象(例如居住地)属性异质性(Heterogeneity)的视角进行建模。群体决策机制与离散选择模型中对异质性的研究十分相关,如消费者响应模型(Consumer response model)①。DeSarbo 等(1997)将异质性归纳成了六种类型,并通过一个指标反映在选择对象效用方程中。例如,结构性的异质性,即个体对选择对象某个属性(如居住地房屋面积)的评价,可以通过一个响应参数反映在效用方程中。

本书将在第 7 章,采用多元线性效用方程,通过一个典型案例,反映家庭居住地选择的群体决策机制。

5.8 算例——道路收费与公交补贴

第 4 章以及本章前述章节介绍了基于随机效用理论,采用 Logit 模型架构的土地利用与交通一体化模型,其核心是模拟居民的居住地以及交通出行选择行为,包含了对交通拥堵等外部性因素的建模。至此,读者可以尝试利用这个模型,在算例 4.1、算例 5.1 的基础上,进行一些典型的城市政策实施效果评价的算例分析。

【算例 5.2】

政策背景

通过算例 4.1 和算例 5.1 的结果分析,可以明显感知到道路交通拥堵对于居民出行方式选择以及综合出行费用的影响。在现实生活中,高峰期的道路拥挤成为影响居民生活出行体验,以及降低城市系统运行效率的主要因素。因此,地方政府希望引入一些交通管理政策,引导居民采用低碳绿色的出行方式,从而降低交通拥堵,以及噪声和空气污染等副作用。

典型的政策有两种:一是直接通过对拥堵道路收取通行费,减少开车途经这条路的居民数量;二是通过各种手段提升公共交通服务水平和吸引力,比如更高的发车频率或者更低廉的公交票价,让更多人选择公交出行。理想当中,如果能双管齐下,可能会带来更好的效果。

本算例,基于算例 4.1(无拥堵效应)和 5.1(有拥堵效应)的背景条件假设,引入两种交

① Wayne S D, Asim A, Pradeep C, et al., 1997. Representing Heterogeneity in Consumer Response Models [J]. Marketing Letters, 8(3): 335-348.

通管理政策手段，进行实施效果评价。此外，额外假设使用小汽车出行的个体碳排放水平为 10 单位，而使用公交车出行的个体碳排放水平为 2 单位。

1) 政策手段一

对道路进行收费，并将收费所得的收入补贴给公共交通，通过购买更多的公交车，提高发车频率，减少公交等待时间。

政策手段一新增的模型假设用公式表达为：

$$\Delta t_{\text{wait}|\text{bus}} = 0.005 \cdot \tau \cdot q_{\text{car}}^{rsk} \tag{5.27}$$

其中 τ 是对坚持使用小汽车出行的居民收取的道路通行费；q_{car}^{rsk} 是最终实现交通方式选择平衡时，坚持使用小汽车出行的居民的数量，则 $\tau \cdot q_{\text{car}}^{rsk}$ 为通过道路收费获得的总收入。$\Delta t_{\text{wait}|\text{bus}}$ 是因为将这笔收入购买了更多的公交车，而减少的公交等待时间。0.005 是一个假想的参数，反映了公交车购置成本等因素。因此在政策手段一影响下，居民的公交车和小汽车出行效用方程可改写为：

$$V_{\text{bus}}^{rsk} = -(t_{\text{walk}|\text{bus}}^{rsk} + t_{\text{wait}|\text{bus}}^{rsk} - \Delta t_{\text{wait}|\text{bus}} + t_{\text{in-veh}|\text{bus}}^{rsk}) \cdot vot^{k} - c_{\text{fare}|\text{bus}}^{rsk} \tag{5.28}$$

$$V_{\text{car}}^{rsk} = -(t_{\text{walk}|\text{car}}^{rsk} + t_{\text{in-veh}|\text{car}}^{rsk}) \cdot vot^{k} - (c_{\text{fuel}|\text{car}}^{rsk} + c_{\text{parking}|\text{car}}^{rsk} + \tau) \tag{5.29}$$

(1) 首先，基于算例 4.1，不考虑拥堵效应的背景条件。经过建模计算，随着道路收费 τ 取值从 0.1 元逐渐增加到 4 元，节省的等车时间从 0.4 min 提升到 8.7 min，选择使用公交车出行的居民比例从 20.1%一直增加到 56.4%。有意思的是所有居民的总体出行费用和出行时间，并不是随着收费的增加而单调上升或者下降的。如图 5-20 所示，在不考虑拥堵效应的情况下，总体出行费用和出行时间都是先上升再下降，且分别在道路收费 1.5 元和 3.3 元附近达到最高点。可以推测，在收费水平较低时，相对更多的人选择小汽车出行，但是较高的拥堵水平造成使用小汽车出行的所有人出行时间和费用上升。当收费水平不断升高后，虽然个体使用小汽车出行的综合费用不断上升，但是使用小汽车的人数降低以及个体使用公交车出行的费用不断下降(等车时间越来越短)，所以总出行费用和总出行时间先后开始下降。此外，所有居民出行产生的碳排放持续下降，从 8 392 单位下降到 5 487，降幅达到 34.6%。

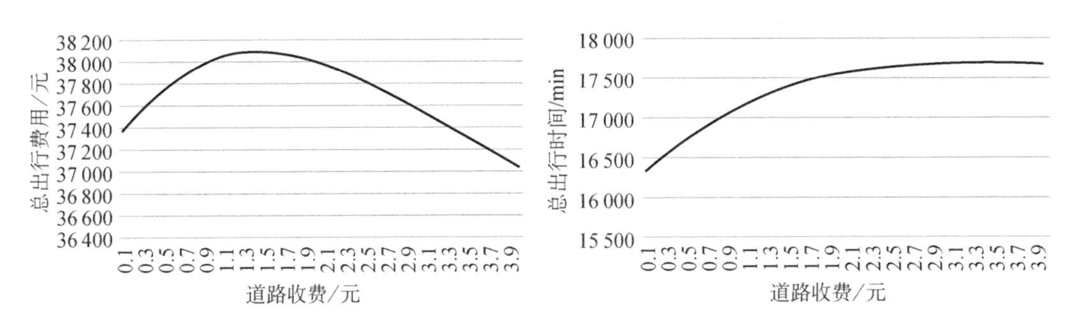

图 5-20　政策手段一下总体出行费用和时间随收费水平的变化(无拥堵效应)

(2) 其次，同样基于算例 5.1，考虑拥堵效应的背景条件。经过建模计算，随着道路收费

τ 取值从 0.1 元逐渐增加到 4 元，节省的等车时间从 0.29 min 提升到 8.06 min，公交出行比例从 41.3%逐渐增加到 59.7%，小汽车实际行驶时间从 16.96 min 降低到 11.55 min，缓解交通拥堵的效果明显。而所有居民出行总费用和总时间在这个区间持续降低，但是速度逐渐放缓(如图 5-21 所示)。可以期待的是，如果进一步增加道路收费水平，有可能迎来政策手段一(也就是道路收费补贴公交等车时间)的以最小化居民总体出行费用或者总体出行时间为目标的最佳收费水平。但是由于本算例的基本假设条件限制，原始的公交等车时间也就 10 min，现实中不会出现 0 等车时间，甚至负等车时间这样的超现实现象。

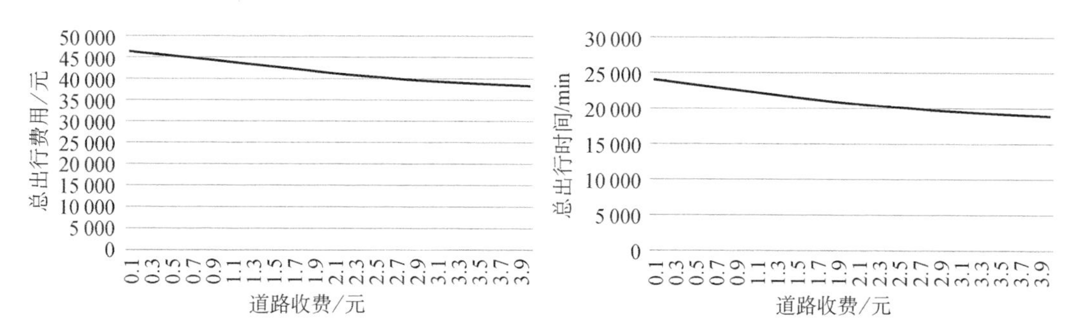

图 5-21 政策手段一下总体出行费用和时间随收费水平的变化(有拥堵效应)

2) 政策手段二

对道路进行收费，并将收费所得的收入直接补贴给使用公交出行的居民，降低他们的公交票价。

政策手段二新增的模型假设用公式表达为：

$$\Delta c_{\text{fare}|\text{bus}} = \frac{\tau \cdot q_{\text{car}}^{rsk}}{q_{\text{car}}^{rsk}} \tag{5.30}$$

其中 $\tau \cdot q_{\text{car}}^{rsk}$ 为通过道路收费获得的总收入。q_{bus}^{rsk} 是最终使用公交车出行的居民数量。$\Delta c_{\text{fare}|\text{bus}}$ 是道路收费收入补贴给每一个公交车使用者的公交票价节省的费用。因此在政策手段二影响下，居民的公交车和小汽车出行方程可改写为：

$$V_{\text{bus}}^{rsk} = -(t_{\text{walk}|\text{bus}}^{rsk} + t_{\text{wait}|\text{bus}}^{rsk} + t_{\text{in-veh}|\text{bus}}^{rsk}) \cdot vot^k - (c_{\text{fare}|\text{bus}}^{rsk} - \Delta c_{\text{fare}|\text{bus}}^{rsk}) \tag{5.31}$$

$$V_{\text{car}}^{rsk} = -(t_{\text{walk}|\text{car}}^{rsk} + t_{\text{in-veh}|\text{car}}^{rsk}) \cdot vot^k - (c_{\text{fuel}|\text{car}}^{rsk} + c_{\text{parking}|\text{car}}^{rsk} + \tau) \tag{5.32}$$

通过观察公式(5.30)可见，所有道路收费的收入都用于补贴了公交票价，换句话说，小汽车使用者多花的钱等于公交车使用者少花的钱。在整个算例界定的小汽车和公交系统中，金钱始终在内部流动，是一个典型的理想的收入中性(Revenue neutral)的政策方案。即没有人因为这个方案额外获益或者损失，通过这个方案不仅实现了道路拥挤水平的降低，同时通过在不同群体间利益的再分配，满足了对社会公平的考虑。后者可以通过在算例假设条件中进一步假设多个收入阶层的居民，进行反映。

(1) 首先，同样基于算例 4.1，不考虑拥堵效应的背景条件。经过建模计算，随着道路收费 τ 取值从 0.1 元逐渐增加到 1.65 元，每个使用公交车出行的居民实际需要支付的公交票价从3.6元逐渐降低到0元。继续将道路收费增加到4元后，实际上每个公交出行者不仅能免费坐公交，还能获得最多2.16元的额外补贴，作为激励使用公共交通出行的手段。这样的情况虽然在现实中比较少见，但是依然值得通过算例去观察居民对政策手段的敏感性。相比较将收费用于降低等车费用，直接补贴票价的效果相对没有那么显著。公交出行比例从19.8%增加到39.3%。因为补贴方案收入中立，所以总体金钱花费没有变化，但是由于更多的人转向使用公交车出行，而公交车的出行时间相对小汽车更长，因此总出行费用和出行时间均持续增长(如图5-22所示)。总体碳排放持续下降，也是在意料之中。值得注意的是，这个结果是在不考虑道路交通拥堵的条件下得到的，因此采用道路收费补贴公交的政策，单纯只是为了降低总体碳排放水平。

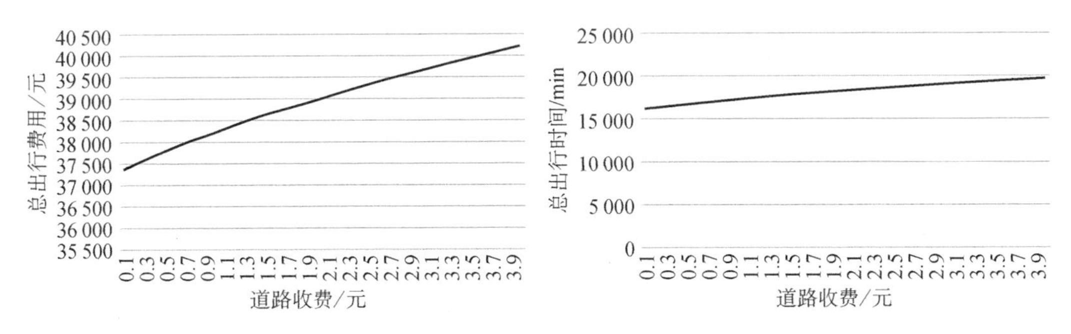

图5-22 政策手段二下总体出行费用和时间随收费水平的变化(无拥堵效应)

(2) 其次，同样基于算例5.1，考虑拥堵效应的背景条件。经过建模计算，随着道路收费τ取值从0.4元逐渐增加到16元，方案给予个体居民公交的票价补贴从0.69元逐渐增加到8.91元。公交出行比例从36.8%逐渐增加到64.2%。很明显，道路收费较低的阶段，使用小汽车出行的居民较多，因此获取的道路收费补贴给每个公交出行居民的份额更多(即0.4元收费对比0.69元补贴)。随着收费水平增加，每个公交出行居民获得的补贴份额也就相对降低了(即16元收费对比8.91元补贴)。此外，小汽车交通实际行驶时间持续下降，道路交通拥堵持续缓解。而最有意思的发现是，如图5-23所示，所有居民出行总费用和总时间均是先减少后增加，分别在9.6元和7.5元附近达到最低点。这两个点也就成为以最小化居民总体出行费用或者总体出行时间为目标的政策手段二(也就是道路收费补贴公交票价)的最优解，是地方政府等政策决策者希望获得的答案。

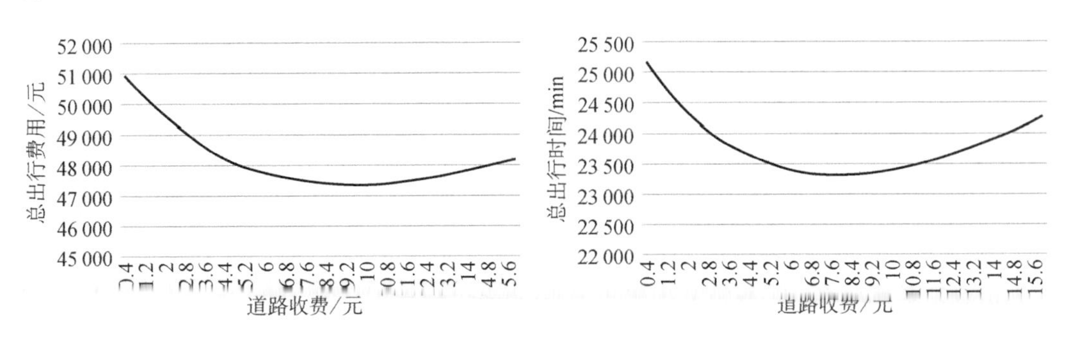

图5-23 政策手段二下总体出行费用和时间随收费水平的变化(有拥堵效应)

6 级差地租理论与房地产市场

上一章5.1介绍了土地利用与交通仿真模型的发展过程，提到了近十多年来较受关注的两个模型体系及其特点，也就是随机效用理论和级差地租理论。同时，上一章介绍了仿真模型构建的一些基本工作（如网络拓扑搭建、外部性建模等）和基于随机效用理论的居民居住地与交通选择行为。本章详细介绍基于级差地租理论的土地利用与交通平衡模型，并通过推导讨论该模型的一些性质与推论。

6.1 土地利用与交通平衡模型 CBLUT

接下来介绍一种基于级差地租理论的，结合离散选择模型假设的，一体化的土地利用与交通平衡模型（Combined bid-rent and nested multinomial Logit land use and transport equilibrium model，CBLUT）（Ma et al.，2012，2013）。

之所以叫做土地利用与交通平衡模型，是因为在CBLUT模型中存在两个平衡，即房地产交易平衡（Housing equilibrium）和交通出行平衡（Transport equilibrium），两者之间存在互动，如图6-1所示。交通出行平衡的建模可参见随机效用理论的相关章节，它通过输出不同区域住宅的可达性指标，影响房地产交易市场的供需平衡关系。而房地产交易平衡的模型输出则包含通过竞价产生的房产价格以及居民的人口（职住地）分布。本章重点阐述房地产交易平衡的建模过程，以及如何体现房地产交易平衡与交通出行平衡之间的关联。

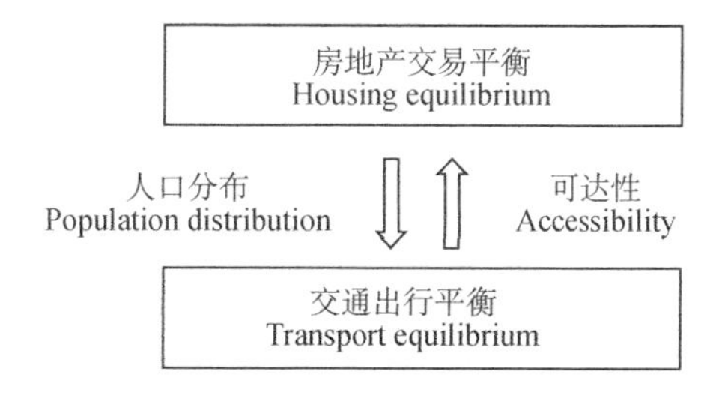

图6-1　房地产交易平衡与交通出行平衡的互动关系

在具体模型建立与推导之前，要说明的是，其理论思想与基本模型假设依然与随机效用理论关系密切（McFadden，1977；Small et al.，1981；Train，2003）。表现为：

(1) 假设行为主体的选择行为是随机的,可以通过影响因素的效用评价,量化选择的概率;

(2) 模型基本构成依然基于 Logit 或者多层多项 Logit 模型架构①;

(3) 在某些条件下,基于级差地租理论得到的居民居住地分布与基于随机效用理论得到的结果是一致的。附录 11.4.4 提供了相关证明。

6.1.1 竞价过程

CBLUT 模型主要模拟两类人的决策行为,即居民的居住地和交通出行选择行为,以及开发商的开发决策。同时,通过构建一个内生的房地产交易市场,模拟居民和房地产商之间的买卖交易或者说竞价过程(Bid-rent process),并将居民交通出行影响的用地可达性反映在房地产价值中。

我们首先可以基于下面的例子,分别从居民和开发商的视角,来看这个过程。同样假设开发商一共在 $r1$, $r2$,…, rr 处开发了住宅小区,高低两种收入水平(High 和 Low)并且工作在 $s1$, $s2$,…, ss 处的居民考虑要买房,并且同时做出相应的交通出行行为决策。从开发商视角来看,每一处楼盘都面向所有居民开放交易,开发商会根据所有对某处楼盘感兴趣的居民的出价情况,决定其是否售出;而从居民的视角来看,每个居民都会结合自己的工作地点与备选小区之间的交通费用以及小区自身具备的一些属性,来判断如果住在某个小区,会带来多少效用(此处可类比随机效用理论的假设),或者达到哪种程度的生活水平,经过比较排出自己的买房意愿顺序(如图 6-2)。

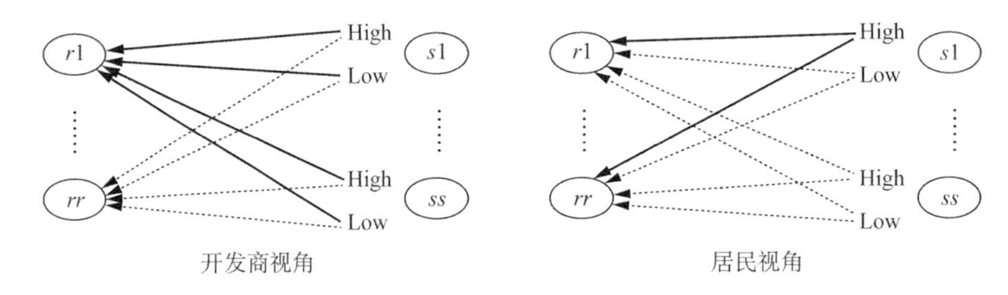

图 6-2 不同视角下的住宅房地产买卖

假设居民(或称为购房者)作为竞价人,基于效用最大化(Utility maximization)的原则,在考虑自己的预算(Budget constraint)以及各种影响因素的条件下,为每一处备选的房产出价(Bid),提出自己的出价意愿(Willingness-to-Pay, WP),从而最大化自己因此可能获得的最大效用(Martínez, 1992)。公式定义为:

$$WP^{sk/r(\tau)} = I^{k(\tau)} - g(U^{sk(\tau)}) - \mu^{rsk(\tau)} + l^{rk(\tau)} + wp \tag{6.1}$$

其中 $WP^{sk/r(\tau)}$ 是工作在 s 的 k 这类购买者在规划年 τ,最大意愿为居住在 r 所付出的花费。$I^{k(\tau)}$ 是 k 这类购房者在规划年 τ 的收入水平。

$\mu^{rsk(\tau)}$ 是购房者如果工作在 s,并且选择在 r 购房,那么预期在交通出行上的花费。也

① 当然不排除在今后的 CBLUT 模型拓展与优化研究中,尝试其他的离散选择模型样式。

就是该购房者对于此处房产交通可达性的判断①。

$l^{rk(\tau)}$ 是购房者如果在 r 购房，那么可以获得的其他正效用。此处，$l^{rk(\tau)}$ 是反映居住环境区位因素的通用变量，可以是周边生活服务设施带来的便利性，是变量。也可以是其他反映正向外部性的因素，例如人气旺盛的成熟社区带来的各种好处。

$g(U^{sk(\tau)})$ 是购房者除去购房和交通出行花费，期望可以获得的生活水平 $U^{sk(\tau)}$。

wp 是待标定的模型参数，反映了居民购房竞标意愿和实际观测的住宅成交价之间的差异。作为一个常量，基于离散选择模型的多项 Logit 模型特点，其取值不影响最终竞标的结果(Martínez et al.，2007)。为了简化表达，在不影响该平衡模型求解的前提下，本书之后的部分，无特殊情况均假设 wp 为 0。

由于 CBLUT 模型依然在离散选择模型的多项 Logit 模型框架下，因此出价意愿 $WP^{sk/r(\tau)}$ 是一个随机变量，其确定项(Deterministic part)构成就是公式(6.1)；而其随机项(Random part) $\omega^{sk/r(\tau)}$ 服从 IID 甘布尔分布，反映了购房者各自独有的偏好。

对于购房者的行为来说，$I^{k(\tau)}$ 是常量，$g(U^{sk(\tau)})$ 是变量。同样为了简化表达，在不影响该平衡模型求解的前提下，通过定义一个变量 $b^{sk(\tau)}$，来表达购房者购房获得的效用指数(Utility index)，即：

$$b^{sk(\tau)} = I^{k(\tau)} - g(U^{sk(\tau)}) \tag{6.2}$$

那么可以将购房者出价意愿 $WP^{sk/r(\tau)}$ 公式改写为：

$$WP^{sk/r(\tau)} = b^{sk(\tau)} - \mu^{rsk(\tau)} + l^{rk(\tau)} + wp \tag{6.3}$$

需要指出的是，公式(6.1)只是一种基于级差地租理论的购房意愿公式的表达。在现实生活中，影响购房意愿的因素可能会不同或者有更多。不过一般来说，这些因素基本都可以归类为几种效用类型，包括：

(1) 房产自身的属性，例如楼龄、楼层、房屋面积、小区绿化率等；

(2) 房产周边的外部环境，如公共服务设施可达性、交通出行费用，以及其他一些可能的具有外部性的因素(如交通噪声、空气污染等)；

(3) 居民自身属性，如收入水平、生活方式偏好等。这些因子实际上与基于随机效用理论的居住地选择模型是一致的。

此外，公式在这里还做了一些简单的假设：

(1) 一户家庭只有一个家庭成员，由他/她自己做出购房决策。而现实生活中，一户家庭可能有多名成员，购房的决策一般是通过不同的群体决策机制(Group decision making mechanism)确定的。不同的家庭决策机制不同，这一点在第 7 章的案例中有相关的描述。

(2) 每一个居住地 r 只有一种房型。这一点也可以通过增加更多的描述房产自身属性的指标，对 $WP^{sk/r(\tau)}$ 公式进行完善。

(3) 购房者的工作地点 s 假设是确定的，或者在本模型中是外部给定的，不受购房者购房行为的影响。

① 可达性指标的计算可参见第 5 章第 5 节。

基于上述购房者行为假设,模型对竞价过程规则定义为:每一处 r 的房产都对所有购房者(ks)开放竞价,最终房产将出售给出价最高的人。那么基于随机效用的原则,模型中,出价越高的人,有越高的可能性获取该处房产,公式表达为:

$$Pr^{sk/r(\tau)}=\frac{\exp(\beta^{(\tau)}\cdot WP^{sk/r(\tau)})}{\sum_{s'k'\in SK}\exp(\beta^{(\tau)}\cdot WP^{s'k'/r(\tau)})} \tag{6.4}$$

这里的 $Pr^{sk/r(\tau)}$ 是站在开发商房产出售的视角定义的概率。其中 $WP^{s'k'/r(\tau)}$ 是所有对 r 处房产感兴趣的出价,$Pr^{sk/r(\tau)}$ 是出价 $WP^{sk/r(\tau)}$ 的购房者最终获得 r 处房产的概率。如果 τ 年 r 处共有 $\Psi^{r(\tau)}$ 套房产,最终将有 $q^{rsk(\tau)}$ 个购房者(ks)通勤往返于 rs,即:

$$q^{rsk(\tau)}=\Psi^{r(\tau)}\cdot Pr^{sk/r(\tau)} \tag{6.5}$$

需要注意的是,$\Psi^{r(\tau)}$ 在 CBLUT 整体模型中是一个开发商的决策变量,反映了开发商在 τ 年 r 处的房产开发决策,这将会在后面章节中介绍。但是在每一年度 τ 的竞价过程中,$\Psi^{r(\tau)}$ 是一个常量,因为每一年的房产供应量 $\Psi^{r(\tau)}$ 来自前几年开发商的开发决策,到了 τ 年开始竞标时,已经是确定的了。

基于(McFadden, 1977; Small et al., 1981; Train, 2003),可以推导出所有竞标人竞标价格的期望值的最大值构成了最终房产价格的核心组成部分。此外每一处房产的供应量也会影响该处房产的最终价格。公式定义为:

$$\varphi^{r(\tau)}=\frac{1}{\beta^{(\tau)}}\ln\left[\sum_{s'k'\in SK}\exp(\beta^{(\tau)}\cdot WP^{s'k'/r(\tau)})\right]-\frac{1}{\beta^{(\tau)}}\cdot\ln(\Psi^{r(\tau)}) \tag{6.6}$$

其中 $\varphi^{r(\tau)}$ 是 τ 年 r 处的房产价格。

公式右边的第一项是一个 Log-sum 的形式,包含了所有对 r 处房产的可能出价 $WP^{s'k'/r(\tau)}$,可以来自任何购房者类型 k 以及工作地 s。通常 Log-sum 中的 $WP^{s'k'/r(\tau)}$ 表现为线性方程(Linear function),即式(6.3),并包含一个不确定项常量,遵循 IID 甘布尔分布,也就是之前定义的 $\omega^{sk/r(\tau)}$。而 $\beta^{(\tau)}$ 是尺度参数(Scale parameter),并与 $\omega^{sk/r(\tau)}$ 的标准差负相关。

公式右边的第二项,在每一年 τ 的竞价过程中,是一个常量。这一项的存在,从现实意义解释就是每一处房产的供应量越高,可能该处的房产价格相对就会降低一些,反映了供求关系的影响。

事实上,公式(6.6)并不是经验公式,而是基于模型的基本假设,并经过数学推导得到的。相关的推导同时证明了 CBLUT 模型可以分别从购房者住宅选择视角和开发商出售房产视角模拟房产竞价交易的过程,并且模拟结果是一致的。相关的推导过程参见附录 11.4.4。

如果说公式(6.4)是对竞价过程中站在开发商的角度,决定如何售出房产的模拟,那么我们同样可以看看站在居民(购房者)视角,他们选择房产竞标的行为如何模拟。

同样,基于效用最大化(Utility maximization)的原则,假设购房者购买房产时,尝试最大化他们的消费者剩余(Consumer surplus),也就是他们最大的出价意愿与他们实际支付的房产价格之差，公式定义为：

$$CS^{rsk(\tau)} = WP^{sk/r(\tau)} - \varphi^{r(\tau)} \tag{6.7}$$

其中 $CS^{rsk(\tau)}$ 是购房者(ks)在 τ 年如果购买 r 处房产的消费者剩余。某种意义上这就是购房者在进行竞价决策时考虑的效用。那么可以得到，购房者(ks)在 τ 年能够成功购买 r 处房产的概率为：

$$Pr^{rsk(\tau)} = \frac{\exp(\beta^{(\tau)} \cdot CS^{rsk(\tau)})}{\sum_{r' \in R} \exp(\beta^{(\tau)} \cdot CS^{r'sk(\tau)})} \tag{6.8}$$

其中分母的求和代表该购房者已经核查过所有 r' 处房产他可能获得的消费者剩余。那么不难推理出，对于特定的 r 处的房产，消费者剩余最高的那类购房者将有最高的可能性选择居住在 r。进一步，类似公式(6.5)，假设 τ 年总共有 $D^{sk(\tau)}$ 个潜在购房者(ks)，那么同样可以推出，最终将有 $q^{rsk(\tau)}$ 个购房者(ks)通勤往返于 rs，即：

$$q^{rsk(\tau)} = D^{sk(\tau)} \cdot Pr^{rsk(\tau)} \tag{6.9}$$

其中 $D^{sk(\tau)}$ 是一个外部给定的常量，即潜在购房者数量不受房产竞价过程的影响。

再次强调，公式(6.4)～(6.5)和公式(6.8)～(6.9)是两个视角下的竞价过程，前者是"房选人"，后者是"人选房"。当研究范围内的房产总供给和总需求平衡(相等)时，两个视角下的选择结果(即所有购房者最终的空间分布 $q^{rsk(\tau)}$)以及产生的房产价格 $\varphi^{r(\tau)}$ 是一致的。更多的讨论可参见 Martínez 和他的合作人发表的相关论文(Martínez, 1992; Martínez et al., 2007)。对于 CBLUT 模型，推导出两个选择概率之间的关系如下：

$$Pr^{rsk(\tau)} = \frac{\Psi^{r(\tau)} \cdot Pr^{sk/r(\tau)}}{\sum_{r' \in R} \Psi^{r'(\tau)} \cdot Pr^{sk/r'(\tau)}} \tag{6.10}$$

6.1.2　居民的居住地和交通出行选择行为

当然，CBLUT 模型不仅模拟居民的购房选择行为，还模拟交通出行选择行为，并且这两种选择行为互相之间存在影响(如交通可达性)。假设居民的购房和交通选择行为关系如图 5-17 所示，那么，τ 年，某个工作在 s 的 k 类购房者，其购房地在 r，日常选择出行方式 m，选择出行路径 p 的概率为：

$$Pr_{p|m}^{rsk(\tau)} = \frac{\exp(\beta^{(\tau)} \cdot CS^{rsk(\tau)})}{\sum_{r' \in R} \exp(\beta^{(\tau)} \cdot CS^{r'sk(\tau)})} \cdot \frac{\exp(-\beta_m^{(\tau)} \cdot V_m^{rsk(\tau)})}{\sum_{m' \in M} \exp(-\beta_m^{(\tau)} \cdot V_{m'}^{rsk(\tau)})} \cdot \frac{\exp(-\beta_p^{(\tau)} \cdot c_p^{rsk(\tau)})}{\sum_{p' \in P^{rs}} \exp(-\beta_p^{(\tau)} \cdot c_{p'}^{rsk(\tau)})} \tag{6.11}$$

其中公式右边的第一项是居住地选择的概率。第二项是交通方式选择的概率，$V_m^{rsk(\tau)}$ 是出行方式 m 的综合出行费用，包括通过 Log-sum，考虑每种方式所有出行路径 $p \mid m$ 的广义出行费用(Generalized travel cost)的最小值的期望值。第三项是出行路径选择的概率。

可见，所有居民对于交通方式和出行路径的选择将层层传递，并最终通过可达性指标 $\mu^{rsk(\tau)}$ 影响其居住地的选择以及房产价值的高低①。而反过来，居住地相关属性的改变，即出价意愿 $WP^{sk/r(\tau)}$ 中除可达性 $\mu^{rsk(\tau)}$ 以外的各项指标，以及每一处房产的供应量 $\Psi^{r(\tau)}$ 的改变，也将直接影响居民的居住分布，并进而影响交通出行选择。基于这种方式，CBLUT 模型通过一个内生的房地产交易平衡（Housing equilibrium）以及交通出行平衡（Transport equilibrium），模拟了城市土地利用和交通系统的互动关系，为此后进一步评价与优化不同土地利用和交通管理政策奠定了基础。

需要指出的是：

（1）本模型假设在每一个规划年 τ 均有来自不同就业地和不同类别的居民需要自由做出居住地选择（买房）以及交通出行选择的决策，而每一年的房产供应量也与之相同。

（2）居民的工作地 s 假设是确定的。本模型可以进一步拓展，增加工作地选择模块，模拟一个包含企业（招聘者）和居民（应聘者）在内的劳动力市场，间接体现土地利用规划中需要考虑的职住平衡的水平。劳动力市场和住宅房地产市场互相关联（如图 6-3），并通过一个半动态的结构进行建模（参见图 5-18 定义的 Quasi-dynamic 建模架构）。

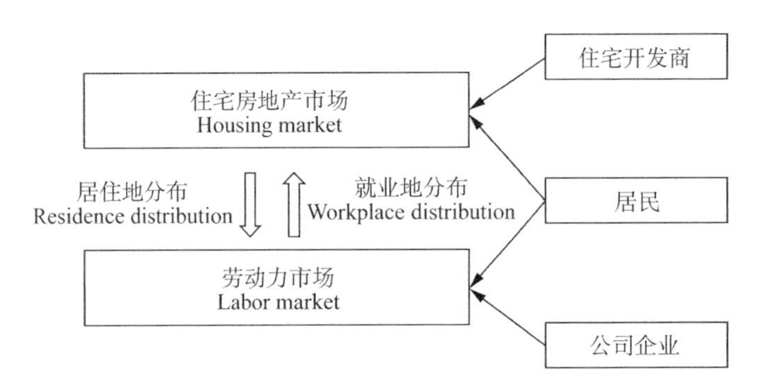

图 6-3　住宅市场与劳动力市场的互动与参与方

（3）在现实中，整个研究区域的人口，其实有的是城市新移民，他们需要同时寻找居住地和就业岗位，而有的是既有居民，可能在规划年 τ 并没有搬家的打算。Lam 和 Huang（1992）提出了一个平衡的结构，去模拟上述两类人，即 Locator 和 Non-locator。本章节介绍的公式（6.11）是对于 Locator 的模拟。而对于 Non-locator 的模拟，读者可以认为他们只进行交通出行选择，参与交通平衡的模拟。即假设规划年研究区域总人口 $O^{(\tau)}$ 由两部分组成，定义为：

$$O^{(\tau)} = \sum_{rsk} q_1^{rsk(\tau)} + \sum_{sk} D_2^{sk(\tau)} \tag{6.12}$$

其中公式右边的第一项是不需要搬家的 Non-locator 的总和，第二项是考虑落户或者搬家的 Locator 的总和。事实上，Non-locator 也是潜在的 Locator，作为市场的观察者，基于效用最大化的原则，当发现了足够好的房产时，他们也会加入购房大军。上述对于城市居民构成以及演变过程的仿真，其实都可以统一在一个模块化的互相关联的

① 公式定义可参见随机效用理论相关章节。

建模架构中，类似章节 3.2.2 介绍的 SMART 的 FUM 项目中对于新加坡的城市仿真架构。

6.1.3 开发商的开发决策

本章 6.1.1 节，描述了在某个时间点 τ 年，居民（购房者）和开发商（售房者）的房产买卖交易的竞价过程。由于城市系统构成要素的不同时间适应性（见章节 2.2.2），每一个年份的房产供应量在模型中是确定的常量，即与当年的房产买卖交易情况不相关，是开发商若干年前（如 $\tau-n_2$ 年）做出的开发决策。本节将介绍开发商开发决策建模过程。

在不影响模型基本原理的前提下，做出如下假设：

(1) 只有一家开发商，即供给垄断（Monopoly supply）。现实中，存在多家开发商（Heterogenous supplier）的情景，可能涉及不同开发商之间的竞争关系。而事实上，不同开发商之间的互动关系，更多地体现在土地交易市场，他们作为竞标人参与土地拍卖。需要通过构建土地交易模型（Land sale module）进行模拟，本书不做考虑，有兴趣的读者可以结合参考经济学著作，自行展开深入研究。在本模型中，实际上假设每一块土地 r 的开发商已经拍卖获取了土地，他们的土地开发决策目标和能力，以及其他可能的影响因素均相同，因此可以当成是一家开发商。

(2) 开发商开发相同类型的楼盘，只有一种房型，不同小区的楼盘之间只存在区位差异，即只与区位 r 相关。现实中，开发商可能不仅在同一个地点开发不同户型的住宅，还有可能同时开发小区周边配套设施，影响购房者对于对象楼盘区域吸引力的判断[如公式(5.8)定义的]。

(3) 开发商的决策变量是在 r 处开发多少套住宅，并且这个开发决策是在上一个规划年度，例如 $\tau-n_2$ 年，做出的。楼盘从设计、施工到开盘需要 n_2 年的时间。实践中，可根据不同能力的开发商以及不同类型楼盘实际的开发周期进行调整。

(4) 开发商的决策目标是利益最大化（Profit maximization），他们会结合楼盘开发成本和预期的销售收入做出在不同地点 r 开发多少套住宅的决策。

那么定义 τ 年在 r 开发完成一套住宅的概率为：

$$Pr^{r(\tau)}=\frac{\exp(\lambda^{(\tau-n_2)}\cdot\pi^{r(\tau-n_2)})}{\sum_{r'\in R}\exp(\lambda^{(\tau-n_2)}\cdot\pi^{r'(\tau-n_2)})},\ \forall\tau\geqslant 0 \tag{6.13}$$

其中，

$$\pi^{r(\tau-n_2)}=\varphi^{r(\tau-n_2)}-bh^{r(\tau-n_2)} \tag{6.14}$$

上述公式中，n_2 是楼盘的开发周期，一般以年为单位，$n_2\geqslant 1$。

$bh^{r(\tau-n_2)}$ 为 $\tau-n_2$ 年在 r 开发一套住宅的单位成本，可能包含地块老旧建筑拆迁费用以及新建建筑费用，是一个常量，和开发商能力以及楼盘功能品质类型相关。

$\varphi^{r(\tau-n_2)}$ 是 $\tau-n_2$ 年平均每套房子的销售价格，是一个变量。它的取值来自 6.1.1 节定义的竞价过程的结果。换句话说，模型假设房地产开发商对于 τ 年房产价格的预期来自对

$\tau - n_2$ 年房地产交易价格的观测。如果需要更细致的模拟，比如考虑宏观经济走势，通货膨胀等因素，读者可以自行在 $\varphi^{r(\tau-n_2)}$ 的基础上，考虑加入通货膨胀率和开发周期长度，即房地产开发商对于 τ 年房产价格的预期为 $\hat{\varphi}^{r(\tau)} \sim \{\varphi^{r(\tau-n_2)}, \rho\}$。因此，开发成本也应相应调整为考虑整个开发周期的年均开发成本 $b\hat{h}^{r(\tau)}$。公式(6.14)更新为：

$$\pi^{r(\tau-n_2)} = \hat{\varphi}^{r(\tau)} - b\hat{h}^{r(\tau)} \tag{6.15}$$

此外，公式(6.13)～(6.15)的模型定义，也意味着假设开发商对于项目建成年 τ 的城市交通系统供需水平的预期不变。例如没有新的地铁建成，城市道路没有变得更加拥挤。如果需要在 CBLUT 模型中考虑上述可能，意味着假设开发商自己具备足够的眼光和城市仿真模拟的能力，他们不仅需要对未来城市系统规划有明确的认知，还需要能够模拟未来房地产交易中房价的走势。同样，这样的情景现实中是否存在，以及如何模拟，留给读者去判断和探索。

最终，在每一个规划年 τ，r 处房产的供应量可以定义为：

$$\Psi^{r(\tau)} = \begin{cases} \Psi^{r(0)}, & 0 \leqslant \tau < n_2,\ n_2 \geqslant 1; \\ \Psi^{(\tau)} \cdot Pr^{r(\tau)}, & \tau \geqslant n_2 \end{cases} \tag{6.16}$$

其中 $\Psi^{r(0)}$ 是规划基年(或者说模型模拟初年)r 处房产的供应量，假设是给定的常量。

$\Psi^{(\tau)}$ 是规划年 τ 整个研究区域住宅总体供应量。

在本书介绍的 CBLUT 模型中，假设每一年住宅房地产供需总体平衡，即住宅总体供应量等于住宅总体需求量。总体需求量也就是所有购房者 (ks) 的数量总和，则平衡条件公式定义为：

$$\Psi^{(\tau)} = \sum_{s' \in S} \sum_{k' \in K} D^{s'k'(\tau)}, \ \forall \tau \tag{6.17}$$

当然，在现实中，城市房地产特别是每个区域房地产的供应量，不是单纯由开发商确定的，而是会受到土地利用规划的条件限制。这一点，在实践中可以通过在公式(6.16)的基础上增加限制条件来实现，如 $0 \leqslant \Psi^{r(\tau)} \leqslant \overline{\Psi}^{r(\tau)}$，$\overline{\Psi}^{r(\tau)}$ 是由地块占地面积、户型面积以及容积率上限决定的最大可开发住宅套数。在一些研究模型中，例如 IMREL 和 LandScapes(Anderstig et al., 1991; Jonsson, 2003, 2007)，也对此做了考虑。

此外，需要重复强调的是，附录中推导的购房者和开发商双视角下的竞价过程结果一致，也就是公式(6.10)描述的两个选择概率的关系，其前提条件就是每一年的住宅房地产供需总体平衡。对于现实中常见的住宅供需不平衡现象，需要引入更多的经济学原理和理论方法加以拓展。

作为一个可能的拓展，公式(6.12)假设研究区域中同时存在 Locator 和 Non-locator 两种人，转译到房地产供给意味着每一个规划年 τ 城市中都存在既有住宅和新建住宅。既有住宅的总数 $\sum_r \Psi_1^{r(\tau)}$ 等于 Non-locator 的总数 $\sum_{rsk} q_1^{rsk(\tau)}$，新建住宅的总数 $\sum_r \Psi_2^{r(\tau)}$ 等于 Locator 的总数 $\sum_{sk} D_2^{sk(\tau)}$。那么研究区域每块地 r 的住宅房地产供给由式(6.16)改写为：

$$\Psi^{r(\tau)}=\begin{cases}\Psi^{r(0)}, & 0\leqslant\tau<n_2,\ n_2\geqslant 1;\\ \Psi_2^{(\tau)}\cdot Pr^{r(\tau)}+\Psi_1^{(\tau-n_2)}, & \tau\geqslant n_2\end{cases}\tag{6.18}$$

如果进一步拓展假设，即既有房地产可以被拆除重建(例如老旧住宅)，那么在纯市场化的规则中，可以假设既有住宅居民需要和开发商签署一份合同，其中规定：① 在合约期内(Contract period)，开发商不得拆除这些住宅；② 合约期后，如果开发商想拆除住宅，需要支付一笔额外的拆迁费。这样的假设也可以类比到我国住宅商品房的有限期产权和城市更新中的老旧住宅居民的拆迁与安置场景。

在模型仿真中，如果合约期(假设为 n_3) 大于规划开发周期的长度 n_2(也就是模型模拟的每一个时间切片的间隔)，即 $n_3\geqslant n_2$，那么可以不做额外的考虑。如果合约期小于规划开发周期的长度 n_2，即 $n_3<n_2$，那么意味着在这个周期内存在部分既有住宅被拆除的可能。换句话说也意味着，所有住宅都是可以新(重)建的。只是对那部分待拆除的既有住宅，开发商需要额外考虑拆迁成本。只要拆迁成本是常量①，则上述模型拓展并未改变整个 CBLUT 模型的基本架构。

6.1.4 平衡模型的求解

本章 6.1.1～6.1.3 定义的面向长期规划的一体化的居民居住地和交通出行选择以及开发商开发决策的仿真模型不是一个封闭形式(Closed form)，即因为涉及达到平衡状态的迭代，所以无法直接通过每一条公式逐步求解。当假设每一年度的住宅房地产供给总量等于需求总量时，对于整个平衡问题，可以看成是一个非线性互补问题(Nonlinear Complementarity Problem, NCP)，本节介绍一种较通用的求解方法(Lo et al., 2000a, 2000b)。

这个 NCP 问题可以被定义为：

找到一个 $\boldsymbol{Z}^*\geqslant\boldsymbol{0}$，使得

$$\boldsymbol{F}(\boldsymbol{Z}^*)\geqslant\boldsymbol{0}\tag{6.19}$$

$$\boldsymbol{Z}^{*\mathrm{T}}\cdot\boldsymbol{F}(\boldsymbol{Z}^*)=0\tag{6.20}$$

其中 $\boldsymbol{Z}=\begin{pmatrix}f_{p|m}^{rsk(\tau)}, & \forall r,\ s,\ p,\ m,\ k,\ \tau\\ \Psi^{r(\tau)}, & \forall r,\ \tau\geqslant n_2\\ b^{sk(\tau)}, & \forall s,\ k,\ \tau\end{pmatrix}$ 是一个包含居民交通出行选择的决策变量(如选择什么出行方式 m 沿着哪条路径 p 往返于居住地 r 和工作地 s)、房产竞标中选择的生活效用指数，以及开发商房产开发决策变量的列向量。那么相应地，

$$\boldsymbol{F}(\boldsymbol{Z})=\begin{pmatrix}f_p^{rsk(\tau)}-D^{sk(\tau)}\cdot Pr_{p|m}^{rsk(\tau)}, & \forall r,\ s,\ p,\ m,\ k,\ \tau\\ \Psi^{r(\tau)}-\Psi^{(\tau)}\cdot Pr^{r(\tau)}, & \forall r,\ \tau\geqslant n_2\\ \sum_{r'\in R}\Psi^{r'(\tau)}\cdot Pr^{sk/r'(\tau)}-D^{sk(\tau)}, & \forall s,\ k,\ \tau\end{pmatrix}$$

① 如果是变量，那么意味着开发商需要和住宅内原居民讨价还价，商议拆迁补偿安置费用，这时可以基于经济学原理，额外建立一个博弈论的模型模块。

也是一个列向量。

上面的 NCP 问题的等价求解条件可以被写成：

$$f_{p|m}^{rsk(\tau)}(f_{p|m}^{rsk(\tau)}-D^{sk(\tau)}\cdot Pr_{p|m}^{rsk(\tau)})=0,\ \forall r,s,p,m,k,\tau \tag{6.21}$$

$$f_{p|m}^{rsk(\tau)}-D^{sk(\tau)}\cdot Pr_{p|m}^{rsk(\tau)}\geqslant 0,\ \forall r,s,p,m,k,\tau \tag{6.22}$$

$$\Psi^{r(\tau)}(\Psi^{r(\tau)}-\Psi^{(\tau)}\cdot Pr^{r(\tau)})=0,\ \forall r,\tau\geqslant n_2 \tag{6.23}$$

$$\Psi^{r(\tau)}-\Psi^{(\tau)}\cdot Pr^{r(\tau)}\geqslant 0,\ \forall r,\tau\geqslant n_2 \tag{6.24}$$

$$b^{sk(\tau)}\Big(\sum_{r'\in R}\Psi^{r'(\tau)}\cdot Pr^{sk/r'(\tau)}-D^{sk(\tau)}\Big)=0,\ \forall s,k,\tau \tag{6.25}$$

$$\sum_{r'\in R}\Psi^{r'(\tau)}\cdot Pr^{sk/r'(\tau)}-D^{sk(\tau)}\geqslant 0,\ \forall s,k,\tau \tag{6.26}$$

$$f_{p|m}^{rsk(\tau)}\geqslant 0,\ \forall r,s,p,m,k,\tau \tag{6.27}$$

$$\Psi^{r(\tau)}\geqslant 0,\ \forall r,\tau\geqslant n_2 \tag{6.28}$$

$$b^{sk(\tau)}\geqslant 0,\ \forall s,k,\tau \tag{6.29}$$

公式(6.21)～(6.22)是基于随机效用的 Logit 模型，交通出行需求 $f_{p|m}^{rsk(\tau)}>0$，即 $f_{p|m}^{rsk(\tau)}-D^{sk(\tau)}\cdot Pr_{p|m}^{rsk(\tau)}=0$ 或者 $f_{p|m}^{rsk(\tau)}=D^{sk(\tau)}\cdot Pr_{p|m}^{rsk(\tau)}$。$Pr_{p|m}^{rsk(\tau)}$ 可通过公式(6.11)获得。类似地，公式(6.23)～(6.24)其实是通过模拟开发商的住宅房地产开发决策来实现其效益最大化。而公式(6.25)～(6.26)保证了在每一年度住宅总供给等于总需求的条件下，每一个居民都能最终住在研究范围内的某个地方。

上面的问题可以进一步被改写成一个无约束的优化问题(Unconstrained optimization problem)[①]去求解(Lo et al.，2000a)。目标就是要最小化一个间隙函数(Gap function)，使其值为 0(Fischer，1992；Francisco et al.，1995)。

$$\begin{aligned}\min G(\mathbf{Z})=&\sum_{\tau}\sum_{rskpm}\vartheta(f_{p|m}^{rsk(\tau)},f_{p|m}^{rsk(\tau)}-D^{sk(\tau)}\cdot Pr_{p|m}^{rsk(\tau)})+\\&\sum_{\tau}\sum_{r}\vartheta(\Psi^{r(\tau)},\Psi^{r(\tau)}-\Psi^{(\tau)}\cdot Pr^{r(\tau)})+\\&\sum_{\tau}\sum_{k}\vartheta(b^{sk(\tau)},\sum_{r}\Psi^{r(\tau)}\cdot Pr^{sk/r(\tau)}-D^{sk(\tau)})\end{aligned} \tag{6.30}$$

其中 $\vartheta(\cdot)$ 被定义为：

$$\vartheta(c,d)=\frac{1}{2}\varphi^2(c,d) \tag{6.31}$$

$$\varphi(c,d)=\sqrt{c^2+d^2}-(c+d) \tag{6.32}$$

c 和 d 是任意实数。通过求解公式(6.30)～(6.32)，可以得到每一年度的 $f_{p|m}^{rsk(\tau)}$、$\Psi^{r(\tau)}$、$b^{sk(\tau)}$。综上，包括求解这个平衡状态，也就是 $G(\mathbf{Z})=0$，整个问题可以看作是一个等价的包含平衡条件的数学优化问题(Mathematical Program with Equilibrium Constraint，MPEC)。

① 对于求解无约束的优化问题，有很多经典的优化算法。可以利用很多现成的软件和算法包求解。

6.1.5 模型性质推导

由于CBLUT模型是基于级差地租理论并采用随机效用离散选择Logit模型假设搭建的土地利用和交通平衡模型，除了效用方程、竞标意愿方程中的具体影响因子和参数的选取需要现实中观测数据的标定，模型自身可以通过推导得到一些定性的结论。本节以城市交通视角为例，讨论一下一些典型的交通供给或者需求管理策略和居民选择、房地产价值之间的关系，以及这些策略对居民、开发商等不同参与方的利益分配(Benefit distribution)的影响。

本章6.1.1～6.1.2节模拟的是在任何一个规划年τ，居民在给定的交通基础设施、给定的住宅供给总量以及就业地分布的情况下，进行居住地和交通出行的选择。在此基础上，研究者或者决策者会关心如果实施一些交通设施改善方案(例如新建道路等)，城市的交通会发生什么变化，居民的居住地选择会发生什么变化，特别是房地产价值会发生什么变化。

除了依然假设住宅总供给等于总需求以外，我们还对场景做如下简化，以方便推导：

(1) 上一年度的住宅总供应量给定；

(2) 整个区域只有一处居住地、一处工作地，即一个出发和到达点对OD。当有多处居住地和工作地时，可以通过数值仿真得到类似的结论。

【命题6.1】

当满足如下场景$(H_0)\sim(H_2)$[①]假设时，任何使得居民出行费用降低的交通改善措施，不管是基于出行时间的统计还是基于出行总体费用的统计，都会引起住宅房地产同等价格水平的升值。

(H_0)研究区域只包含一处居住地r和一处工作地s，以及k类居民。

(H_1)居住地r和工作地s之间只有小汽车一种出行方式，一条路径p。定义B_T为交通设施改善的成本。定义$\Delta t=t^a-t^b<0$为交通改善后居民出行减少的时间，其中t^b，t^a分别是改善前和改善后的出行时间。

(H_2)所有居民出行时的时间价值相同，均为$vot^k=vot>0$，$\forall k$。

证明：

首先证明公式(5.6)定义的基于出行(金钱)费用统计的情况：

对于所有具有不同收入水平的居民来说，沿着路径p的出行费用将降低$vot\cdot\Delta t<0$。基于假设条件$(H_0)\sim(H_2)$和公式(6.3)，居民类型$k=1$的出价意愿WP的变化是：

$$\Delta WP^{s1/r}=\Delta b^{s1}-vot\cdot\Delta t \tag{6.33}$$

其中Δb^{s1}，$vot\cdot\Delta t$分别是因为交通改善措施，这类居民的效用指数和出行费用的变化。

基于Logit模型架构，两个对象选择的概率的差异只与两个对象效用的差异相关，则

① H是hypothesis，假设条件的意思。

可以将居民类型 $k=1$ 的效用指数 b^{s1} 在设施改善前后始终设为 0，即 $\Delta b^{s1}=0$，可以得到：

$$\Delta WP^{s1/r}=-vot\cdot\Delta t \tag{6.34}$$

需要注意的是，因为假设条件是交通设施改善，所以出行时间的改变 Δt 是负数，所以 $\Delta WP^{s1/r}$ 是正数。那么居民类型 k 在交通设施改善后，可以居住在居住地 r 的概率为：

$$Pr^{sk/r}=\frac{\exp[\beta\cdot(WP^{sk/r}+\Delta WP^{sk/r})]}{\sum\limits_{k'\in K}\exp[\beta\cdot(WP^{sk'/r}+\Delta WP^{sk'/r})]} \tag{6.35}$$

因为只有一个居住地，所以公式(6.4)计算的概率和公式(6.5)计算的人口分布，在交通设施改善前后是相同的，并且等于总体住房需求 D^{sk}，也就是：

$$\Psi^{r}\frac{\exp[\beta\cdot(WP^{sk/r}+\Delta WP^{sk/r})]}{\sum\limits_{k'\in K}\exp[\beta\cdot(WP^{sk'/r}+\Delta WP^{sk'/r})]}=\Psi^{r}\frac{\exp(\beta\cdot WP^{sk/r})}{\sum\limits_{k'\in K}\exp(\beta\cdot WP^{sk'/r})}=D^{sk} \tag{6.36}$$

将公式(6.36)进一步简化，可以得到：

$$\Delta WP^{sk/r}=\frac{1}{\beta}\ln\left\{\frac{\sum\limits_{k'\in K}\exp[\beta\cdot(WP^{sk'/r}+\Delta WP^{sk'/r})]}{\sum\limits_{k'\in K}\exp(\beta\cdot WP^{sk'/r})}\right\} \tag{6.37}$$

即出价意愿的改变对所有居民类型 k 来说是相同的，这是因为括号里的分子分母项都是对所有类型的求和，也就是说：

$$\Delta WP^{sk/r}=\Delta WP^{s1/r}=-vot\cdot\Delta t,\ \forall k \tag{6.38}$$

基于公式(6.6)，可以推算住宅成交单价 φ^{r} 的变化为：

$$\Delta\varphi^{r}=\frac{1}{\beta}\ln\left\{\frac{\sum\limits_{k'\in K}\exp[\beta\cdot(WP^{sk'/r}+\Delta WP^{sk'/r})]}{\sum\limits_{k'\in K}\exp(\beta\cdot WP^{sk'/r})}\right\}=-vot\cdot\Delta t \tag{6.39}$$

可见，任何可以引起出行时间减少的交通改善措施，将导致同等水平的住宅成交价的提升。对于居民来说，其消费者剩余不发生改变，也就是：

$$\Delta CS^{rsk}=\Delta WP^{sk/r}-\Delta\varphi^{r}=0 \tag{6.40}$$

换句话说，在此假设条件下，居民没有因为交通改善措施额外获益。反倒是住宅成交价的提升，直接使得房地产开发商或者说住宅原有产权人获益。他们的总收益提升幅度为：

$$\Delta\varphi^{r}\cdot\Psi^{r}=-\Delta t\cdot vot\cdot\Psi^{r} \tag{6.41}$$

最后，从社会福利视角看，社会福利总体变化为：

$$\Delta SW=\sum_{k}\Delta CS^{rsk}+\Delta\varphi^{r}\cdot\Psi^{r}-B_{\mathrm{T}}=-\Delta t\cdot vot\cdot\Psi^{r}-B_{\mathrm{T}} \tag{6.42}$$

也就是说，社会福利是否提升，取决于房地产价值的上升和交通改善措施的成本，孰高孰低。

基于公式(5.7)定义的出行时间统计下的证明，与上述过程类似，在此不再赘述。

证明结束

【命题 6.2】

当满足如下场景 $(H_0) \sim (H_3)$ 假设时，当交通设施改善后，收入水平比较高(也就是时间价值较高)的居民获得的收益要大于收入水平相对较低的居民。

$(H_0) \sim (H_1)$ 与命题 6.1 的假设相同。

(H_2) 所有居民出行时的时间价值不同，例如 $vot^1 < vot^2 < \cdots < vot^K$。

(H_3) 出行费用基于出行总体费用的统计，参见公式(5.6)。

证明：

假设对于居民类型 $k=1$，交通出行费用的节省为 $\Delta\mu^{rs1} = \Delta t \cdot vot^1$，那么相应地，对于其他类型居民，可以写为 $\Delta\mu^{rsk} = \Delta\mu^{rs1} - \varepsilon^k$；$\varepsilon^k > \varepsilon^{k-1} > 0$，$k=2, 3, \cdots, K$。注意 $\Delta\mu^{rs1}$，$\Delta\mu^{rsk} < 0$。则可以推算出相应的出价意愿的改变：

$$\Delta WP^{rs1} = \Delta b^{s1} - \Delta\mu^{rs1} = -\Delta t \cdot vot^1 \tag{6.43}$$

$$\Delta WP^{rsk} = \Delta b^{sk} - \Delta t \cdot vot^k = \Delta b^{sk} - \Delta t \cdot vot^1 + \varepsilon^k,\ k=2, 3, \cdots, K \tag{6.44}$$

在公式(6.43)中，与命题 6.1 类似，将居民类型 $k=1$ 的效用指数 b^{s1} 在改善措施前后均设为 0，即 $\Delta b^{s1}=0$。此外，和公式(6.35) ~ (6.37) 的推导类似，因为只有一个居住地，所以没有居民的居住地发生改变，也就是所有类型居民的出价意愿的改变幅度相同。而住宅成交单价 φ^r 的改变依然是：

$$\Delta\varphi^r = \frac{1}{\beta}\ln\left\{\frac{\sum_{k'\in K}\exp[\beta \cdot (WP^{sk'/r} + \Delta WP^{sk'/r})]}{\sum_{k'\in K}\exp(\beta \cdot WP^{sk'/r})}\right\} = -\Delta t \cdot vot^1 \tag{6.45}$$

此外，将公式(6.44)进行变形，可以得到：

$$\varepsilon^k = \Delta t \cdot (vot^1 - vot^k),\ k=2, 3, \cdots, K \tag{6.46}$$

因为所有类型居民出价意愿 WP 的改变相同，所以可以将公式(6.43) 与(6.44) 画上等号，并且用公式(6.46) 替换 ε^k，因此可以得到：

$$\Delta b^{sk} = -\varepsilon^k = \Delta t \cdot (vot^k - vot^1) < 0 \tag{6.47}$$

基于公式(6.1)，由于每一个居民类型的收入水平 I^k 和待标定参数 wp 均为常数，不会随着改善措施而改变，因此公式(6.47) 说明，出行条件改善后，高收入居民可以省下更多的金钱用于除了交通和居住以外的其他生活消费，也就是有一个更高的 $g(U^{sk})$。相对变化的幅度取决于收入水平的差异，也就是 $\Delta t \cdot (vot^k - vot^1)$。

证明结束

【命题 6.3】

当满足如下场景 $(H_0) \sim (H_3)$ 假设时，当交通拥堵是通过收取拥堵费或者提高油价的方式改善时，收入水平比较高（也就是时间价值较高）的居民获得的收益要大于收入水平相对较低的居民。

$(H_0) \sim (H_1)$ 与命题 6.1 的假设相同。

(H_2) 所有居民出行时的时间价值不同，例如 $vot^1 < vot^2 < \cdots < vot^K$。

(H_3) 出行费用基于出行时间的统计，参见公式(5.7)。

证明：

令以时间为统计单位的出行费用增加，对于居民类型 $k=1$，设为 $\Delta\mu^{rs1} = \Delta\rho / vot^1$。则可以得到其他居民类型的变化为 $\Delta\mu^{rsk} = \Delta\mu^{rs1} - \varepsilon^k$；$\varepsilon^k > \varepsilon^{k-1} > 0$, $k = 2, 3, \cdots, K$。注意 $\Delta\mu^{rs1}$，$\Delta\mu^{rsk} > 0$。与命题 6.1 和命题 6.2 一样，假设居民类型 $k=1$ 的效用指数 b^{s1} 为 0 且不发生改变，即 $\Delta b^{s1} = 0$，那么可以分别推导出出价意愿、成交单价以及其他居民的效用指数的变化为：

$$\Delta WP^{rs1} = \Delta b^{s1} - \Delta\mu^{rs1} = -\Delta\rho / vot^1 < 0 \tag{6.48}$$

$$\Delta WP^{rsk} = \Delta b^{sk} - \Delta\rho / vot^k = \Delta b^{sk} - \Delta\rho / vot^1 + \varepsilon^k,\ k = 2, 3, \cdots, K \tag{6.49}$$

$$\Delta\varphi^r = -\Delta\rho / vot^1 < 0 \tag{6.50}$$

$$\Delta b^{sk} = -\varepsilon^k < 0,\ k = 2, 3, \cdots, K \tag{6.51}$$

注意，上述指标的变化均是以时间为单位。根据公式(6.2)，以时间为单位的效用指数可以写成：

$$b^{sk(\tau)} = \frac{I^{k(\tau)} - g(U^{sk(\tau)})}{vot^k} + wp \tag{6.52}$$

将公式(6.52)进行变形，定义居民其他生活消费的改变 $\Delta g(U^{sk(\tau)})$ 为效用指数 $b^{sk(\tau)}$ 的函数，可以得到：

$$\Delta g(U^{sk(\tau)}) = \Delta b^{sk} \cdot vot^k = -\varepsilon^k \cdot vot^k \tag{6.53}$$

将公式(6.46)代入，可以得到：

$$\Delta g(U^{sk(\tau)}) = \Delta\rho \cdot \left(\frac{vot^k}{vot^1} - 1\right) > 0,\ k = 2, 3, \cdots, K \tag{6.54}$$

$$0 = \Delta g(U^{s1(\tau)}) < \Delta g(U^{s2(\tau)}) < \cdots < \Delta g(U^{sK(\tau)}) \tag{6.55}$$

公式(6.54)～(6.55)意味着，在引入拥堵收费的场景下，相比较低收入居民，高收入水平的居民可以在其他生活领域进行更多的消费，即 $\Delta\rho \cdot (vot^k / vot^1 - 1)$，且获得的收益差异与时间价值的差异相关。

证明结束

6.2 小结

本章建立了一个包含居民居住地与交通选择行为，以及住宅开发商开发决策的仿真模型。总结该模型具有以下特点：

(1) 可模拟城市土地利用与交通系统多参与方的决策与互动，并重点通过模拟内生的房地产市场竞价过程，生成平衡房价；

(2) 借鉴经济学理论，基于平衡模型的架构，可通过数学模型推导得出一系列定性的结论；

(3) 融入住宅房地产供需平衡与交通供需平衡，模拟城市土地利用与交通系统的互动关系；

(4) 融入时间的维度，引入半动态的建模架构，模拟城市土地利用与交通发展演变机制，评价系统运行服务水平；

(5) 模型架构模块可拓展，理论上可以通过拓展诸如劳动力市场模块(Labor market module)、土地交易市场模块(Land sale module)、人口发展模块(Demographic module)、家庭群体决策机制模块(Household group decision making module)，以及宏观经济影响的外部环境模块(Macro economy module)，实现更加科学精准的模型仿真。

对于模型中设定的各种简单假设，有兴趣的读者可以尝试进行拓展研究，并欢迎与笔者进行讨论。

7 模型参数标定与实证分析

如第 3 章所说，在实践中，大尺度的土地利用和交通模型需要通过采集现状数据进行模型中待定参数的标定，以描述对象城市土地与交通系统承载力，以及居民等行为主体的需求特征与偏好。

通常来说，用于标定的数据来源是现状抽样调查或者既有的数据库。例如人口普查、居民出行 OD 调查、交通流量调查，以及车辆 GPS、手机信令数据等。表 7-1 列举了土地利用与交通仿真模型（如 CBLUT）进行参数标定时需要的数据和一般数据来源。需要注意的是，本书建立的 CBLUT 模型同时模拟居民的居住地和交通出行选择，并且包含内生的住宅与交通平衡。因此对 CBLUT 模型的标定，需要的现实数据在时间一致性上要求更高。也就是说，应通过一次性的问卷，获得调查对象居民家庭与个人社会经济以及与行为选择相关的所有数据，并同时获得对应时段的房地产价格。此外，本书的 CBLUT 模型是基于积集模型建立的，获取的数据样本既有积集数据又有非积集数据，其中可能涉及两种数据相互之间的转换，或者说涉及一个在模型细腻度和计算效率之间平衡的问题。

表 7-1　常见的土地利用与交通仿真模型参数标定需要的数据

分类	需要的数据	数据来源
社会经济	性别、年龄、职业等	调查或数据库
	家庭/个人收入水平	调查或数据库
	（个体）居住地分布	调查或数据库
	（个体）工作地分布	调查或数据库
建成环境	土地利用与交通网络	调查或数据库
	公共服务设施分布	调查或数据库
	房屋属性	调查或数据库
	房价	调查或数据库
个体需求特征	车辆拥有情况	调查或数据库
	出行目的和地点	调查或算法估计
	出行方式	调查或数据库
	出行时间	调查或算法估计
	总体出行费用	算法估计
	路径选择	算法估计

CBLUT 模型的基本结构是多层多项的 Logit 模型，因此在研究中常常使用最大似然估计(Maximum Likelihood Estimation, MLE)法进行待定参数的标定。该方法的目标就是要找到一组待定参数的取值，使得他们可以最大化通过模型生成观测数据的概率。数学上来说，等价于建立一个非线性优化问题。其目标函数是一个包含了所有观测对象(样本)行为选择以及相关效用属性数据的概密度方程。许多统计分析软件和工具都包含了标准的 MLE 算法包。例如 SAS[①] 中的 proc mdc 和 Stata[②] 中的 nlogit。在土地利用与交通相关研究中，MLE 法被广泛用于基于 Logit 模型架构的离散选择模型的参数标定。Bierlaire(2006)建立了一个交叉多层多项 Logit 模型模拟实时的交通驾驶行为决策，并通过 MLE 进行参数标定。Muto(2006) 基于观测数据利用 MLE 法进行参数标定，讨论级差地租模型能否准确模拟住宅以及商业用地价值的影响因素与机制。Tang 和 Yiu (2010)利用特征价格法(Hedonic pricing method)，以香港为实证研究对象，讨论不同类型的住宅地产成交价和住宅自身以及周边环境属性之间的关系。但是，利用 MLE 法进行包含居民居住地和交通出行选择行为的模型实证研究的案例还很少，并且也没有现成的软件工具能够直接完成这个需求。

本章利用前一章建立的基于级差地租理论的土地利用与交通平衡模型，进行两个典型案例的实证分析。本章中的案例分析采用最大似然估计法进行影响居民居住地和交通出行选择行为偏好的参数标定。因为两个案例数据来源属性的差异，具体的模型定义会与前一章稍有不同。此外，由于数据条件的限制，两个实证分析皆没有模拟公式(6.13)～(6.18)定义的开发商开发决策的行为。

7.1 案例一

7.1.1 实证对象

实证对象区域是中国香港的一个新市镇[③](New town)：将军澳(Tseung Kwan O)。将军澳位于九龙半岛以东，新界西贡区的西南部，面积约 10.8 km^2，常住人口现已超过 30 万人(如图 7-1 中较大的虚线框区域所示)。将军澳核心区采用典型的轨道交通引导土地利用(Transit Oriented Development, TOD)开发。将军澳地铁支线于 2002 年 8 月 18 日通车，跨海连接香港岛东区与西贡区，通过地铁换乘到达香港岛核心区(Central)。其中将军澳区内设有调景岭(TKL)站、将军澳(TKO)站、坑口(HH)站，以及宝琳(PL)站四个地铁车站(如图 7-2)。以每一个地铁站为核心，政府进行了 TOD 开发。包括高强度开发的住宅，以及学校、商业、康乐等配套设施，并通

① SAS, Statistical Analysis System，是最早由美国北卡罗来纳州立大学开发的统计分析软件。目前已经成为一个模块化、集成化的大型应用软件系统。

② Stata 是进行数据分析、管理与图表制作的，具有较强的使用者二次开发能力的开源统计软件。

③ 自从 1973 年以来，香港先后开发了 9 个新市镇(共容纳超过 300 万市民)，以疏散香港岛和九龙市中心拥挤的人口，改善香港市民居住环境。

图 7-1　案例一研究范围(素材来源:Google 地图)

过地面巴士、小巴进一步提升公共交通可达性。将军澳地区内的住宅包括相当数量的公共屋邨[①](Public housing)和私人屋苑,大多是 30 层及其以上的高层住宅楼,户均面积不大。住宅楼大多建于地铁站上盖或从地铁站出来步行 5 min 内可达的地块内,且通过修建的天桥等步行设施,可直接抵达大型商场和地铁站,为市民日常出行遮风挡雨(如图 7-3 所示)。

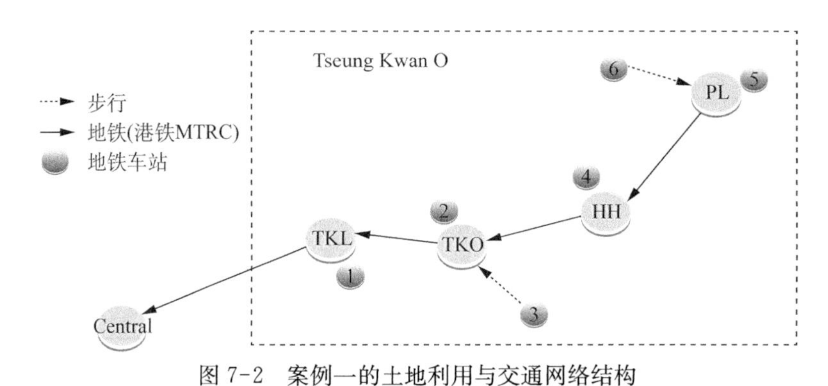

图 7-2　案例一的土地利用与交通网络结构

① 香港公共屋邨(cūn,"村"的异体字),简称公屋,是以香港房屋委员会(Hong Kong Housing Authority)为主兴建的公共房屋,截至 2021 年约有 28%的市民居住在公屋中。https://www.housingauthority.gov.hk/sc/at-a-glance/index.html

图 7-3 坑口地铁站的 TOD 开发(素材来源:Google 地图与街景)

对本案例分析进行如下模型假设:

(1) 整个研究范围被划分为六个居住组团,即 Zone 1 到 Zone 6(如图 7-2 所示)。其中 Zone 1、Zone 2、Zone 4、Zone 5 分别位于四个地铁车站上,而 Zone 3 和 Zone 6 距离地铁站尚有几分钟步行距离。

(2) 仅有一个通勤的工作地,即 Central。因此居民对交通可达性的判断主要来自居住组团和 Central 之间的综合通勤费用。

(3) 居住组团自身属性主要包括:周边配套设施 ($amen^r$)、住宅楼龄(age^r)、住宅层数(fl^r)以及单位住宅面积(ls^r)。同时住宅成交单价通过观测得到。

(4) 每一套住宅居住一个居民家庭。依据收入水平,将居民家庭分成三类,即高收入、中收入以及低收入家庭。三种类型家庭居民的时间价值用港元/分(HKD/min)来量化,与收入水平成正比,分别为 2.3 HKD/min、1.9 HKD/min 和 1.4 HKD/min。

(5) 对居住地选择中可能涉及的住宅交易费(如行政费用、中介费用等)不做考虑。

(6) 假设所有居民主要采用两种交通方式完成通勤出行,即地铁和地面公交(香港市民交通出行方式中包含地铁和地面公交在内的公共交通平均占总出行比例 80%以上,而在采用 TOD 开发的新市镇该比例更高)。假设出行路径对两种方式来说都仅有一条。因此本案例的层级选择结构可被简化为两层,即居住地选择和交通方式选择(如图 7-4 所示)。

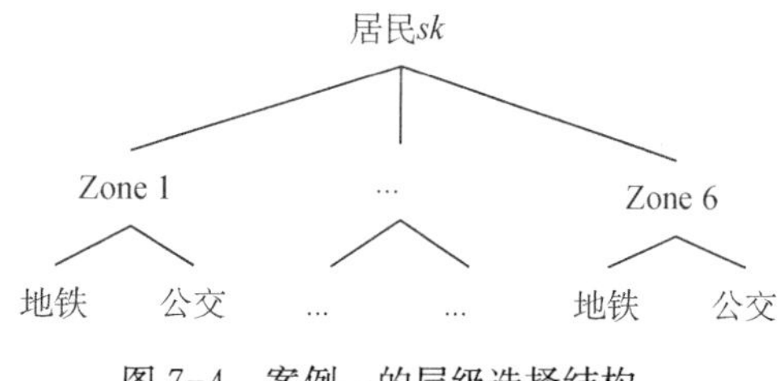

图 7-4 案例一的层级选择结构

7.1.2 数据来源

本模型主要观测数据来源于网络公开数据，包括房地产网站中原地图(Centamap，2010)、负责地铁运营管理的香港港铁(MTRC，2010)和负责地面公交运营管理的九龙巴士(KMB，2010)。主要数据属性如下：

(1) 居民家庭的社会经济属性，如：平均收入水平、人口、平均每户家庭工作人口等(Centamap，2010)。

(2) 住宅自身属性和成交价格(Centamap，2010)。这里的数据样本仅包括私人房地产商开发的私人屋苑，可以进行自由的市场买卖交易，能够通过前一章构建的模型进行模拟。而剩下的由香港房屋委员会开发的公屋住宅项目，例如居者有其屋(Home Ownership Scheme，HOS)等，由于住宅需要通过条件筛选、申请登记的方式获得，因此不在本案例分析范围内(HKHAHD，2010)。

(3) 交通出行行为相关属性，例如不同方式分担率、出行时间与费用等(MTRC，2010；KMB，2010)。

需要注意的是，案例分析中，基于真实积集数据，采用统计学方法生成了93条离散的基于个人的仿真数据(如表7-2、表7-3、表7-4)。由于可获得数据的条件限制，一些和居住地、交通出行选择相关的数据是基于个体的积集数据(如表7-5)。数据显示：

(1) 因为距离地铁车站相对较远，Zone 3和Zone 6的住宅成交单价相对较低。这也体现出一个成功的TOD开发可以通过高效的地铁运营服务以及上盖物业配套设施开发，显著提升房地产价值。

(2) 居住在Zone 3和Zone 6的居民的平均收入水平相对也较低。

(3) 由于在接近的票价水平下，地铁的发车频率和运行车速相对更高，因此地铁的分担率明显高于地面公交。

表7-2 典型居住组团社会经济与出行分担率统计数据(案例一)

Zone	典型楼盘	居民家庭数[1]	平均工作者数[1]	月均收入水平/HKD[1]	地铁分担率[1],[2]	地面公交分担率[1],[2]
1	维景湾畔1期	764	1.6	43 820	89.8%	10.2%
2	将军澳中心2期	1 208	1.6	35 000	84.8%	15.2%
3	清水湾半岛2期	680	1.7	36 750	67.5%	32.5%
4	东港城1-2座	583	2.0	45 000	70.9%	29.1%
5	新都城2期	601	1.4	29 500	71.1%	28.9%
6	怡心园	811	1.7	32 125	62.3%	37.7%

[1] 数据来源中原地图(Centamap，2010)

[2] 中原地图数据显示(Centamap，2010)，绝大多数居住在上述区域的居民日常使用公共交通出行方式。数据已经基于地铁和地面的相对比例进行了标准化

表 7-3 典型居住组团住宅属性与成交单价(案例一)

Zone	配套设施[(1),(2)]	楼龄[(1)] /a	楼层数[(1)]	户均面积[(1)] /m^2	成交单价[(1)] /(HKD/m^2)
1	1	9	29	69.3	41 100
2	1	6	32	89.9	39 360
3	0	7	20	69.8	35 140
4	1	12	12	59.4	36 430
5	1	9	35	51.5	40 400
6	0	10	6	78.4	27 730

(1) 假设每个居住组团只有一种户型,各个属性的取值和成交单价来自中原地图观测数据的平均值(Centamap, 2010)

(2) 配套设施属性取值用 0 和 1 量化。取值为 1,表示该组团相对距离生活配套设施等更近;取值为 0,表示相对更远

表 7-4 典型居住组团交通出行平均时间与花费(案例一)

Zone	地铁				地面公交			
	t_veh[(1)]	t_wait[(2)]	t_walk[(3)]	Fare[(4)]	t_veh[(1)]	t_wait[(2)]	t_walk[(3)]	Fare[(4)]
1	25	2	3	11.5	30	7	7	13.4
2	26	2	3	11.5	28	7	10	13.4
3	26	3.5	4	14.2	27	7	12	13.4
4	29	2	2	11.5	33	8	1	13.4
5	31	2	1	11.5	29	11	4	11.8
6	31	2	6	11.5	27	11	2	11.8

(1) t_veh 表示车上行驶时间,数据来自港铁和九龙巴士网站,单位是 min(KMB, 2010; MTRC, 2010);

(2) t_wait 表示平均等车时间,假设时长是发车间隔的 50%,数据来自港铁和九龙巴士网站,单位是 min(KMB, 2010; MTRC, 2010);

(3) t_walk 表示步行抵达地铁或公交站点的平均时间,单位是 min;

(4) Fare 是公共交通的票价,单位是港元(HKD)(KMB, 2010; MTRC, 2010)

表 7-5 积集数据生成的基于个体的居住与交通特征数据样本数(案例一)

Zone	地铁[(1)]			地面公交[(1)]			合计样本数(占比)
	高收入	中收入	低收入	高收入	中收入	低收入	
1	9	2	2	1	1	0	15(16%)
2	9	8	3	1	1	2	24(26%)
3	5	0	4	3	2	0	14(15%)
4	6	1	2	2	1	0	12(13%)
5	2	6	1	1	2	0	12(13%)
6	4	2	5	2	2	1	16(17%)
合计	35	19	17	10	9	3	93(100%)

(1) 基于个体的居住地分布与交通方式选择的数据样本,根据中原地图提供的统计数据生成(Centamap, 2010)

7.1.3 模型建立

基于本案例模型假设，采用前一章建立的 CBLUT 模型，具体建模如下。

1）交通方式选择

本案例中，居民的通勤方式选择包括地铁和地面公交两种，通过综合出行费用量化其出行效用。用 r 表示居住组团，s 表示工作地，k 表示收入水平类型。则居住在 r，使用出行方式 m 的居民类型 k 的综合出行费用可定义为：

$$c_m^{rsk}=(ct\_i_m^{rs}+ct\_w_m^{rs}+ct\_l_m^{rs})\cdot vot^k+cp_m^{rs} \tag{7.1}$$

其中 $ct\_i_m^{rs}$、$ct\_w_m^{rs}$ 和 $ct\_l_m^{rs}$ 分别是车上行驶时间、等车时间和步行抵达站点时间，cp_m^{rs} 是需要支付的车费。

进一步定义使用出行方式 m 的效用为：

$$V_m^{rsk}=\beta_m^k\cdot c_m^{rsk}+\gamma_m^k \tag{7.2}$$

其中 β_m^k 和 γ_m^k 表示不同收入水平居民的偏好参数，表征它们对于不同出行方式除了时间和花费以外的偏好差异。

通过效用方程定义，可计算出居民使用出行方式 m 的概率为：

$$Pr_m^{rsk}=\frac{\exp(\beta_m\cdot V_m^{rsk})}{\sum\limits_{m'\in M^{rs}}\exp(\beta_m\cdot V_{m'}^{rsk})} \tag{7.3}$$

其中 β_m 是方式选择的尺度参数。偏好参数和尺度选择参数均来自基于观测数据的模型标定。

最终，可以计算出居住在 r 使用出行方式 m 的居民类型 k 的数量为：

$$q_m^{rsk}=q^{rsk}\cdot Pr_m^{rsk} \tag{7.4}$$

其中 q^{rsk} 是选择在 r 居住的居民类型 k 的数量，其取值来自接下来的居住地选择模型。

2）居住地选择

基于级差地租理论，建立居民类型 k 选择居住在 r 的出价意愿（WP）方程为：

$$WP^{rsk}=b^{sk}+\alpha_{\text{amen}}^k\cdot amen^r+\alpha_{\text{age}}^k\cdot age^r+\alpha_{\text{fl}}^k\cdot fl^r+\alpha_{\text{ls}}^k\cdot ls^r+\mu^{rsk}+wp \tag{7.5}$$

其中 α_{amen}^k、α_{age}^k、α_{fl}^k 和 α_{ls}^k 是居民类型 k 对住宅自身属性的不同偏好参数；而 μ^{rsk} 在本案例中定义为居民类型 k 判断居住在 r 的交通可达性，来自对地铁和地面公交两种备选方式出行费用的综合考虑，即期望值的最小值，定义为：

$$\mu^{rsk}=\frac{1}{\beta_m}\cdot\ln\sum_{m'\in M^{rs}}\exp(\beta_m\cdot V_{m'}^{rsk}) \tag{7.6}$$

那么可以计算出，从开发商视角看，或者从某个居住组团 r 的供给视角看，居民类型 k 最终可以居住在组团 r 的概率为：

$$Pr^{sk/r}=\frac{\exp(\beta \cdot WP^{sk/r})}{\sum_{s'k'}\exp(\beta \cdot WP^{s'k'/r})} \tag{7.7}$$

同时,所有竞标居民出价竞标后,可以得到居住组团 r 的住宅成交价(即所有出价的最大值的期望值)为:

$$\varphi^{r}=\frac{1}{\beta} \cdot \ln\Big[\sum_{s'k' \in SK}\exp(\beta \cdot WP^{s'k'/r})\Big]-\frac{1}{\beta} \cdot \ln(\Psi^{r}) \tag{7.8}$$

接下来,可以定义如果居民类型 k 最终居住在 r,那么他/她的消费者剩余是:

$$CS^{rsk}=WP^{sk/r}-\varphi^{r} \tag{7.9}$$

则从居民视角看,面对所有备选的居住组团,居民类型 k 选择居住在 r 的概率为:

$$Pr^{rsk}=\frac{\exp(\beta \cdot CS^{rsk})}{\sum_{r' \in R}\exp(\beta \cdot CS^{r'sk})} \tag{7.10}$$

最终,可以计算出居住在 r 的居民类型 k 的数量为:

$$q^{rsk}=D^{sk} \cdot Pr^{rsk}=\Psi^{r} \cdot Pr^{sk/r} \tag{7.11}$$

其中 D^{sk} 是所有参加居住地选择的居民类型 k 的数量,Ψ^{r} 是居住组团 r 的总体供给住宅数量。

3) 等价的 NCP 问题

参考公式(6.19)~(6.29),与案例一模型等价的非线性平衡 NCP 条件可以写成:

$$q_{m}^{rsk}(q_{m}^{rsk}-q^{rsk} \cdot Pr_{m}^{rsk})=0,\ \forall r, s, m, k \tag{7.12}$$

$$q_{m}^{rsk}-q^{rsk} \cdot Pr_{m}^{rsk} \geqslant 0,\ \forall r, s, m, k \tag{7.13}$$

$$b^{sk}\Big(\sum_{r' \in R}\Psi^{r'(\tau)} \cdot Pr^{sk/r'}-D^{sk}\Big)=0,\ \forall s, k \tag{7.14}$$

$$\sum_{r' \in R}\Psi^{r'(\tau)} \cdot Pr^{sk/r'}-D^{sk} \geqslant 0,\ \forall s, k \tag{7.15}$$

$$q_{m}^{rsk} \geqslant 0,\ \forall r, s, m, k \tag{7.16}$$

$$b^{sk} \geqslant 0,\ \forall s, k \tag{7.17}$$

相应的间隙函数(Gap function)可以表达为:

$$G(\mathbf{Z})=\sum_{rsmk}\vartheta(q_{m}^{rsk}, q_{m}^{rsk}-q^{rsk} \cdot Pr_{m}^{rsk})+\sum_{sk}\vartheta\Big(b^{sk}, \sum_{r}\Psi^{r} \cdot Pr^{sk/r}-D^{sk}\Big) \tag{7.18}$$

其中 ϑ 的定义可参见公式(6.30)~(6.32)。

7.1.4 模型参数标定方法

本案例建立的前述模型中含有待标定的参数。其中与住宅选择相关的包括住宅属性

参数 α_{amen}^{k}、α_{age}^{k}、α_{fl}^{k}、α_{ls}^{k}，居民购房效用指数 b^{sk}，出价意愿方程随机项 wp 和 Logit 模型尺度参数 β。与交通出行方式选择相关的有偏好参数 β_{metro}^{k}、β_{bus}^{k}、$\gamma_{\text{metro}}^{k}$、$\gamma_{\text{bus}}^{k}$ 和 Logit 模型尺度参数 β_m。因为模型基于层级 Logit 模型选择架构，所以上述参数的标定采用最大似然估计(Maximum Likelihood Estimation，MLE)法。

基于 93 个居住地和交通出行方式选择样本，经过计算得到用于参数标定的数据，如表 7-6。把每一个样本的地点和方式选择概率以及是否做出该选择(是则为 1，否则为 0)连乘，定义似然方程(Likelihood function)如下：

$$L=\prod_{rsmk}(\bar{P}r_m^{rsk})^{\tilde{q}_m^{rsk}}=\prod_{rsk}(Pr^{rsk})^{\tilde{q}^{rsk}}\cdot\prod_{rsmk}(Pr_m^{rsk})^{\tilde{q}_m^{rsk}} \tag{7.19}$$

其中 $\bar{P}r_m^{rsk}$ 是基于每一个观测数据计算得到的居民类型 k 采用方式 m 出行的通勤需求的概率。$\tilde{q}_m^{rsk}$ 是观测到的居民类型 k 采用方式 m 出行的通勤需求，那么所有往返于 6 个居住组团和香港岛中心的通勤需求 $\tilde{q}^{rsk}$ 可以写成：

$$\tilde{q}^{rsk}=\sum_{m\in M^{rs}}\tilde{q}_m^{rsk} \tag{7.20}$$

表 7-6　模型参数标定使用的样本数据(案例一)

样本	居住组团选择概率|观测的选择结果							方式选择概率|观测的选择结果			
	Zone 1	是否选择	Zone 2	是否选择	…	Zone 6	是否选择	地铁	是否选择	地面公交	是否选择
1	15%	0	45%	1	…	7%	0	89%	1	11%	0
2	57%	1	9%	0	…	12%	0	82%	1	18%	0
3	16%	0	18%	0	…	39%	1	36%	0	64%	1
…	…	…	…	…	…	…	…	…	…	…	…
n	11%	0	52%	1	…	17%	0	41%	0	59%	1

最终对似然方程 L 取自然对数(Log-likelihood function)，定义等价的最大似然数学优化问题。由于 CBLUT 是一个平衡模型，因此该问题是一个包含平衡条件的优化问题，即 MPEC。

$$\max_{\beta,\,b^{sk},\,\alpha_{\text{amen}}^{k},\,\alpha_{\text{age}}^{k},\,\alpha_{\text{fl}}^{k},\,\alpha_{\text{ls}}^{k},\,\gamma_m^{k},\,\beta_m^{k},\,\beta_m,\,wp}\ \ln L=\sum_{rsk}\tilde{q}^{rsk}\cdot\ln(Pr^{rsk})+\sum_{rsmk}\tilde{q}_m^{rsk}\cdot\ln(Pr_m^{rsk}) \tag{7.21}$$

s. t.

$$G(\boldsymbol{Z})=0 \tag{7.22}$$

$$\sum_{r}(\varphi^{r}-\bar{\varphi}^{r})^{2}\leqslant\varepsilon \tag{7.23}$$

$$0<\beta,\ \beta_m<1 \tag{7.24}$$

$$b^{sk},\ \alpha_{\text{amen}}^{k},\ \alpha_{\text{age}}^{k},\ \alpha_{\text{fl}}^{k},\ \alpha_{\text{ls}}^{k},\ \beta_{m}^{k},\ \gamma_{m}^{k} \in \mathbb{R} \tag{7.25}$$

公式(7.23)确保模型计算出的住宅成交单价 φ^{r} 和观测的住宅成交单价 $\tilde{\varphi}^{r}$ 足够接近，ε 是一个事先确定的足够小的实数。

上面的最大似然估计优化问题，可以使用通用的优化算法模型包求解。但是需要注意的是，通常情况下，也就是当案例中的备选居住组团大于等于两个，且出行方式大于等于两个时，该问题是一个非凸优化(Non-convex)和非光滑(Non-smooth)问题①，因此优化算法包不能保证一定找到全局最优解。通常找到的是区域最优解。

7.1.5 模型标定结果

经过求解，公式(7.21)的目标函数取值为−206.24，待标定的参数取值见表7-7和表7-8。

对于交通方式选择，通过观察表7-7，结合公式(7.1)～(7.2)可知：

(1) 所有出行方式选择偏好参数 β_{m}^{k} 都是负数，符合出行费用与选择概率负相关的预期。β_{m}^{k} 取值越小，意味着居民类型 k 对方式 m 的出行费用越敏感。

(2) 因为总共只有两种出行方式可供选择，所以可以预先定义地铁的备择常数(Alternative specific constant) $\gamma_{\text{metro}}^{k}$ 为0。因此如果地面公交 γ_{bus}^{k} 取值为负数，那么意味着地铁相对于地面公交，在相同的出行费用和偏好参数下，更受欢迎，例如中收入水平居民的 $\gamma_{\text{bus}}^{k}=-4.432$。

表7-7 交通方式选择参数标定结果(案例一)

用户类型	β_{metro}^{k}	β_{bus}^{k}	$\gamma_{\text{metro}}^{k}$	γ_{bus}^{k}	β_{m}
高收入	−1.315	−0.008	0	−23.849	0.229
中收入	−1.523	−1.051	0	−4.432	
低收入	−0.579	−1.100	0	2.133	

表7-8 居住地选择参数标定结果(案例一)

用户类型	α_{amen}^{k}	α_{age}^{k}	α_{fl}^{k}	α_{ls}^{k}	b^{sk}	wp	β
高收入	8.004	−4.373	0.001	0.419	30.983	58.194	0.870
中收入	9.014	−4.595	0.014	0.398	29.872		
低收入	6.397	−3.676	0.225	0.506	0. 000		

对于居住地选择，通过观察表7-8和表7-9，结合公式(7.5)可知：

(1) 生活配套设施、楼层、住宅面积的偏好参数是正数，对居民的出价意愿有正向影响。而楼龄的偏好参数是负数，对居民的出价意愿有负面影响，与现实预期相符。

(2) 低收入居民家庭对于住宅面积更加敏感，而高收入居民家庭相对更在意楼龄和生活配套设施。

① Non-smooth 指的是在定义域内不连续不可导。对相关数学优化问题的性质讨论，可参见相关通用教材。

(3) 模型估计的住宅成交价格和观测的实际成交价格比较接近，最大似然估计方法可以适用于 CBLUT 模型的参数标定，而 CBLUT 建立的内生的房地产市场竞价过程可以有效模拟真实的交易结果。TOD 模式的开发，不仅可以有效缓解高密度人口地区的交通拥堵，对房地产价值还有很大促进作用。

最后，需要注意的是，上述结果是基于 93 个样本的估计，更大量的样本可能带来不同的甚至更优的结果。

表 7-9　模型估计的住宅成交单价和观测的实际成交单价(案例一)

Zone	实际成交单价[1]	模型估计的单价[1]	差异 $(\tilde{\varphi}^r - \varphi^r)/\tilde{\varphi}^r$
1	2.84	2.68	−6.0%
2	3.54	3.46	−2.3%
3	2.45	2.58	5.0%
4	2.16	1.91	−13.1%
5	2.08	2.46	15.4%
6	2.17	2.24	3.1%

[1] 取值为每一套住宅的价格，单位是百万港元

7.2　案例二

7.2.1　实证对象

案例二选择了香港的另一个具有带状特征的城市区域，即香港岛东北、铜锣湾以东的区域，大致在如图 7-5 右下较大的虚线框所示的范围。由西向东主要包括北角(North Point)、鲗鱼涌(Quarry Bay)、太古(Tai Koo)、西湾河(Sai Wan Ho)、筲箕湾(Shau Kei Wan)、杏花邨(Heng Fa Chuen)、柴湾(Chai Wan)、小西湾(Siu Sai Wan)等八个片区。除了小西湾，大部分片区通过地铁连接香港岛和九龙的主要就业岗位集中的地区。此外案例还选取了研究范围周边三个主要的就业区域，包括香港岛上的中环、铜锣湾等就业集中区域，九龙半岛的尖沙咀、旺角等就业集中区域，以及观塘工业园区，即图 7-5 中三个较小的虚线框的区域。

对本案例分析进行如下模型假设：

(1) 选取研究范围八个片区内十七个典型的居住区作为对象 ($r=1, 2, \cdots, 17$)，均为可以进行自由交易的私人屋苑(如图 7-6)。

(2) 选取研究范围共十三个工作地 ($s=1, 2, \cdots, 13$)，包括：上环(Sheung Wan，即模型中的 s1)、中环(Central，s2)、金钟(Admiralty，s3)、湾仔(Wan Chai，s4)、铜锣湾(Causeway Bay，s5)、炮台山(Fortress Hill，s6)、北角(North Point，s7)、鲗鱼涌(Quarry Bay，s8)、太古(Tai Koo，s9)、尖沙咀(Tsim Sha Tsui，s10)、旺角(Mong Kok，s11)、九龙湾(Kowloon Bay，s12)、观塘(Kwun Tong，s13)，基本覆盖了大部分研究区域内的工作地点。

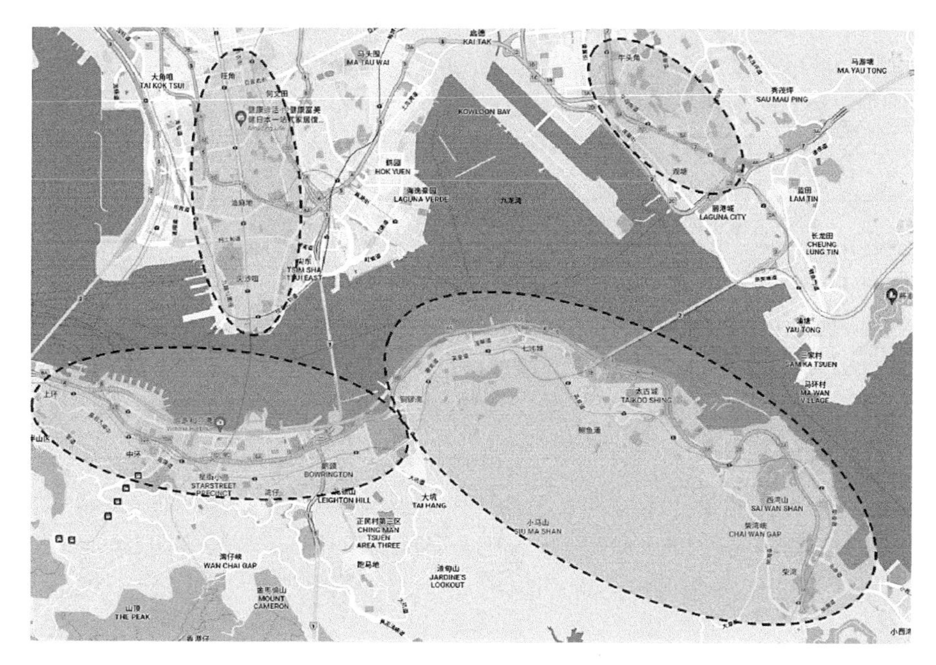

图 7-5　案例二研究范围(素材来源:Google 地图)

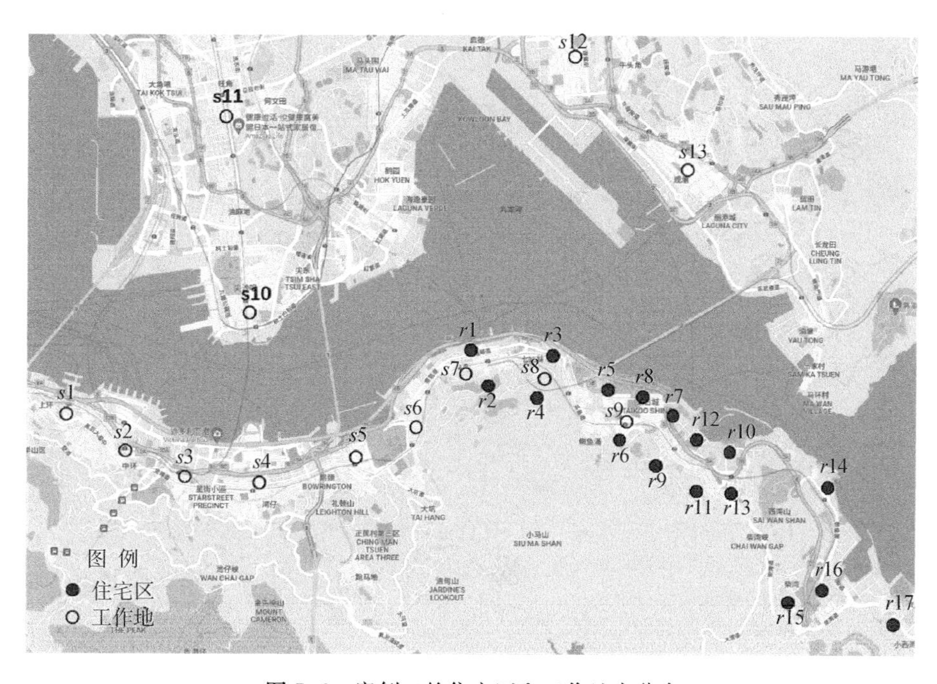

图 7-6　案例二的住宅区和工作地点分布

(3) 住宅自身属性包括:是否有海景 (sea^r),是否有小区会所($club^r$),楼龄(age^r),楼层(fl^r)以及户型面积(ls^r)。 当然还包括同时期住宅成交单价。假设这些属性对每一个居住区都是相同的。

(4) 交通出行选择以家庭成员个人为单位，根据其收入水平被划分为五种类型。他们的时间价值与收入水平成正比。假设每个成员对于住宅交通可达性的判断来源于他们各自住宅与工作地之间的通勤费用。

(5) 一个家庭可以包括一个或一个以上的成员。居住地选择的单位以家庭为单位，所有家庭根据其收入水平被划分为四种类型。案例引入群体决策机制(见章节 5.7)，反映不同的家庭成员共同做出的决策。群体决策通过一个家庭成员间的协商过程实现，最终形成综合考虑了所有成员通勤费用的对象住宅的交通可达性判断。案例分析采用了两种常见的决策机制：其一，将所有家庭成员的通勤费用之和作为交通可达性；其二，交通可达性由家庭成员中收入水平最高的成员的通勤费用决定。

(6) 与案例一一样，对居住地选择中可能涉及的住宅交易费(如行政费用、中介费用等)不做考虑。

(7) 假设一共有四种可选择的出行方式，包括地铁、大巴、小巴和有轨电车①(如图 7-7)。由于可获取数据的条件限制，不考虑小汽车出行方式。同样由于四种方式都是公共交通方式，因此不考虑出行路径的选择。

图 7-7　香港岛上繁忙的双层大巴、有轨电车和用地的高强度开发(笔者自摄)

7.2.2　数据来源

本案例的数据主要来源于香港运输署(HKTD, 2002)、中原地图(Centamap, 2010)以及香港港铁和九龙巴士(KMB, 2010; MTRC, 2010)，主要包括：

---

① 有轨电车，俗称"叮叮车"，是一种双层有轨电车，也是香港岛上最具有特色的出行方式。有轨电车于 20 世纪初通车，车速平稳，纵贯东西，连接香港岛西环、上环、中环等商业中心，以及北角、太古、筲箕湾等住宅聚集地。

(1) 社会经济数据。例如家庭结构构成、收入水平，以及家庭成员的社会经济属性。主要数据来源是 2002 年交通出行调查（Travel Characteristic Survey，TCS）（HKTD，2002）。

(2) 住宅自身属性和观测的成交单价来自中原地图公开数据(Centamap，2010)，如表 7-10。简单观察可知，楼龄时间长、楼层低的住宅单价普遍较低(如 $r3$、$r4$ 和 $r16$)。而拥有海景房和会所的住宅楼盘单价相对较高(如 $r6$、$r7$、$r8$、$r12$ 和 $r17$)。此外，与案例一相同，数据范围仅包含私人屋苑，不包含公屋。

表 7-10 案例二的住宅自身属性以及成交单价数据

住宅区	楼龄	楼层	户均面积/ft²①	是否有海景房	是否有会所	成交单价/(HKD/ft²)
$r1$	36	15	892	0	0	3 775
$r2$	31	22	508	1	0	4 431
$r3$	39	12	444	0	0	2 375
$r4$	46	7	452	0	0	3 085
$r5$	32	28	525	0	0	4 946
$r6$	25	19	649	0	1	6 417
$r7$	22	3	755	1	0	6 063
$r8$	30	15	796	0	1	6 824
$r9$	42	22	465	0	0	2 953
$r10$	33	12	310	0	0	3 584
$r11$	18	17	508	0	0	3 837
$r12$	9	40	828	1	1	6 981
$r13$	22	12	392	0	0	3 154
$r14$	21	10	729	1	1	5 100
$r15$	22	5	607	0	0	3 453
$r16$	32	5	444	0	0	2 697
$r17$	9	47	1 192	1	1	6 236

(3) 交通出行行为数据来自 2002 年交通出行调查(HKTD，2002)。仅考虑通勤出行目的。主要属性为起讫点、出行方式、出行时间、出行者收入水平以及所在家庭的收入水平、家庭中工作者数量。注意，采用的所有起讫点数据都包含在研究区域范围内，即上一节定义的 17 个起点和 13 个终点。此外，仅选用了上一节定义的四种出行方式的相关数据。最终从 TCS 数据中提取出研究范围内包含 216 个居民家庭的 289 次个人通勤出行数据。其出行 OD 需求矩阵表见表 7-11。

① $1ft^2=0.092\,903\ m^2$

需要注意的是，由于交通出行调查(TCS)每十年做一次，因此在案例中可能会与其他房地产相关数据有一定的时间差。考虑到虽然2002—2010年间，研究区域内没有重大的住宅和交通基础设施建设调整，但是家庭/个人收入等社会经济以及房地产价格[①]数据在这七八年间发生了变化，因此时间价值等指标根据调查人口的收入水平分布和宏观经济指标统一做了上调。此外，交通出行相关的费用数据采集自2009年(KMB，2010；MTRC，2010)。

表7-11 案例二的观测的出行OD需求矩阵表

OD	$s1$	$s2$	$s3$	$s4$	$s5$	$s6$	$s7$	$s8$	$s9$	$s10$	$s11$	$s12$	$s13$	合计
$r1$	0	0	1	1	0	0	0	0	0	0	1	2	2	7
$r2$	1	4	1	2	0	1	0	1	1	0	0	1	1	13
$r3$	0	4	0	1	2	1	0	1	0	1	0	0	0	10
$r4$	2	0	1	0	1	0	0	1	0	0	0	0	0	5
$r5$	2	7	1	11	1	0	1	1	0	1	1	3	1	30
$r6$	4	9	4	12	1	0	2	3	0	3	1	1	4	44
$r7$	1	0	0	0	0	1	0	0	0	1	0	0	0	3
$r8$	3	4	1	3	1	0	0	0	0	4	1	2	0	19
$r9$	1	1	0	1	4	1	1	1	0	1	1	0	4	16
$r10$	0	0	0	4	3	0	4	1	0	1	2	0	1	16
$r11$	1	1	2	3	1	0	0	1	0	0	0	0	0	9
$r12$	0	0	0	0	0	0	0	2	0	0	0	0	0	2
$r13$	0	0	0	1	0	0	0	2	0	0	1	0	0	4
$r14$	9	13	4	21	4	1	1	5	0	5	4	0	2	69
$r15$	2	3	1	4	0	1	0	4	0	0	0	0	1	16
$r16$	0	0	0	1	1	0	1	0	0	1	0	0	0	4
$r17$	0	3	0	8	3	2	0	2	0	3	1	0	0	22
合计	26	49	16	73	22	8	10	25	1	21	13	9	16	289

篇幅所限，每一个抽样居民家庭、个人社会经济数据，以及除了OD以外的其他出行特征属性原始数据，例如出行方式选择、车上行驶时间、步行时间、出行花费等，不在本书中一一罗列。

7.2.3 模型参数标定方法

案例一和案例二基于同样的CBLUT模型，模型标定方法均采用最大似然估计(MLE)法，在此不再具体列举模型公式细节。与案例一不同的是，案例二采用了两步走的

① 中原地图上公布的住宅房地产价格数据采集自2009年。

参数标定方法，先标定交通方式选择模型的参数，再标定居住地选择模型的参数。这种方法之所以可行，是因为案例二具有以下特征条件：

(1) 不考虑道路交通拥挤效应，所有的交通方式出行的时间和费用是确定的。因此不会因为交通外部性影响居住地选择行为。

(2) 每一个家庭成员的出行方式选择不受其他家庭成员的出行选择以及家庭居住地选择的影响。

对于交通方式选择，定义似然方程为：

$$L_1 = \prod_{rsmk_i} (Pr_m^{rsk_i})^{\tilde{q}_m^{rsk_i}} \tag{7.26}$$

其中 $\tilde{q}_m^{rsk_i}$ 是基于 TCS 调查提取的出行 OD 需求数据，即居住地与工作地之间个人收入水平类型 k_i 选择出行方式 m 通勤出行的数量。那么与最大似然估计等价的优化问题可以被定义为：

$$\max_{\gamma_m^{k_i}, \beta_m^{k_i}, \beta_m} \ln L_1 = \sum_{rsmk_i} \tilde{q}_m^{rsk_i} \cdot \ln(Pr_m^{rsk_i}) \tag{7.27}$$

s. t.

$$0 < \beta_m < 1 \tag{7.28}$$

$$\beta_m^{k_i}, \gamma_m^{k_i} \in \mathbb{R} \tag{7.29}$$

对于居住地选择，定义似然方程为：

$$L_2 = \prod_{rk_h} (Pr^{rk_h})^{\tilde{q}^{rk_h}} \tag{7.30}$$

其中 $\tilde{q}^{rk_h}$ 是基于观测的居民家庭类型 k_h 居住在 r 的数量。与案例一同理，基于 CBLUT 模型特性，可将与最大似然估计等价的优化问题定义为一个 MPEC 问题：

$$\max_{\beta, b^{k_h}, \alpha_{\text{sea}}^{k_h}, \alpha_{\text{club}}^{k_h}, \alpha_{\text{age}}^{k_h}, \alpha_{\text{fl}}^{k_h}, \alpha_{\text{ls}}^{k_h}, wp} \ln L_2 = \sum_{rk_h} \tilde{q}^{rk_h} \cdot \ln(Pr^{rk_h}) \tag{7.31}$$

s. t.

$$G(\mathbf{Z}) = 0, \tag{7.32}$$

$$\sum_r (\varphi^r - \tilde{\varphi}^r)^2 \leqslant \varepsilon \tag{7.33}$$

$$0 < \beta < 1 \tag{7.34}$$

$$b^{k_h}, \alpha_{\text{sea}}^{k_h}, \alpha_{\text{club}}^{k_h}, \alpha_{\text{age}}^{k_h}, \alpha_{\text{fl}}^{k_h}, \alpha_{\text{ls}}^{k_h} \in \mathbb{R} \tag{7.35}$$

7.2.4 模型标定结果

经过求解，代表交通出行选择的公式(7.27)的目标函数取值为－155.28，代表居住地选择的公式(7.31)的目标函数取值为－371.69。交通出行选择的待标定参数取值如表 7-

12 所示。居住地选择的待标定参数取值如表 7-13 所示。

表 7-12　交通方式选择参数标定结果(案例二)

个人类型	1(低收入)	2	3	4	5(高收入)
$\beta_{metro}^{k_i}$	−0.047	−0.091	−0.031	−0.039	−0.067
$\beta_{bus}^{k_i}$	−0.14	−0.117	−0.047	−0.048	−0.077
$\beta_{mini}^{k_i}$	−0.149	−0.12	−0.044	−0.034	−0.179
$\beta_{tram}^{k_i}$	−0.132	−0.148	−0.198	−0.146	−0.147
$\gamma_{metro}^{k_i}$	0.011	0.001	0.02	0.025	0.024
$\gamma_{bus}^{k_i}$	0.032	0.042	0.031	0.03	0.032
$\gamma_{mini}^{k_i}$	0.029	0.033	0.035	0.028	0.026
$\gamma_{tram}^{k_i}$	0.039	0.036	0.026	0.027	0.029

表 7-13　居住地选择参数标定结果(案例二)

家庭类型	1(低收入)	2	3	4(高收入)
$\alpha_{age}^{k_h}$	−2.227 11	−7.253 69	−9.902 33	−9.982 26
$\alpha_{ls}^{k_h}$	0.014 28	0.002 54	0.001 7	0.000 65
$\alpha_{fl}^{k_h}$	0.007 24	0.007 22	0.007 19	0.007 17
$\alpha_{sea}^{k_h}$	0.017 29	0.017 21	0.017 19	0.017 17
$\alpha_{club}^{k_h}$	0.017 41	0.017 2	0.017 09	0.017 05

对于交通出行选择(289 个样本),与案例一的结果类似,所有居民个人的出行费用效用参数 $\beta_m^{k_i}$ 取值为负,与预期相符。在所有方式中,有轨电车的 $\beta_m^{k_i}$ 取值相对更低,这表明在现代化的城市中,有轨电车虽然票价相对较低,但是平均车速较慢,在其他公共交通方式面前已经逐渐丧失了吸引力。类似地,地铁是相对来说最受欢迎的出行方式,因为其出行时间更短且更可靠。此外,$\gamma_m^{k_i}$ 的取值在几种方式间差别不大,但是其绝对值比出行费用效用与参数 $\beta_m^{k_i}$ 的乘积更大,这意味着对于出行方式选择,出行费用的高低具有绝对性的影响。

对于居住地选择(216 个样本),总体上来看,结果与现实预期相符。例如,高收入家庭对于楼龄属性更加敏感,更愿意住在较新的住宅区中。但是可能由于样本数相对较少,公式(7.31)取值相对也较小,导致观测的居住地人口分布和模型计算的人口分布平均差异为 26%,而观测的住宅单价和模型计算得到的住宅单价之间的平均差异更高一些。产生这种差距的原因可能包括:

(1) 样本数量较小;

(2) 研究区域没有覆盖整个城市,而研究区域范围内不少家庭可能在研究区域以外工作；

(3) 模型假设的群体决策机制与真实世界不完全一致，特别是每户家庭可能都有各自的决策机制，不能简单用一种决策机制模型代表所有家庭；

(4) 原始数据在获取的时间点上不尽相同，特别是观测的住宅单价与交通出行行为数据获取年份有七年左右的差异。

7.3 小结

本章基于前一章建立的CBLUT模型进行了两个实证案例的分析。实证分析结果说明，一方面在现实数据样本量足够，样本精度较高时，CBLUT可以较准确地模拟住宅房地产竞价过程，以及居民的居住地以及交通出行选择行为；另一方面，最大似然估计(MLE)法可以被有效地用于基于多层多项Logit模型框架建立的较复杂的土地利用与交通平衡模型。

8 交通需求与供给管理策略

本章在第 **6** 章建立的土地利用与交通一体化平衡模型 CBLUT 的基础上，进一步拓展，以实现对城市发展政策与策略的评价与优化。本章以城市交通需求与供给管理策略为例，进行了模型构建以及典型案例分析。

8.1 交通需求与供给管理策略

城市道路交通拥堵是城市化、机动化双重发展背景下世界大城市的典型问题。而各种各样表现形式的城市交通管理策略是各地方政府应对这一问题的手段。道路交通产生拥堵的实质是交通需求与供给之间的失衡，或者说供不应求。一方面，城市土地利用空间有限，道路交通设施又往往需要大量的投资，超量的设施供给也不是交通规划理想的诉求。因此，交通管理策略的主要目标就是平衡供给与需求之间的关系。从城市系统角度出发，在缓解部分时段和区域交通拥堵的同时，又能较充分地利用城市道路网络资源。

另一方面，交通管理策略往往是协同甚至是引导土地利用发展的有效手段。高效的城市交通系统的运行，加快了城市经济发展的节奏，降低了城市居民日常交通出行的时间与金钱花费，甚至对房地产业的发展具有明显的促进作用。这一点从第 2 章介绍的土地利用与交通互动关系中可以看出。

交通管理策略的作用和效果是通过规范和引导居民活动与出行需求体现出来的。理想的交通管理策略，例如第 5 章算例 5.2 提到的通过道路收费补贴公共交通的手段，更多的不是限制居民的活动需求，而是倡导或者诱导其“自由”地进行不仅对个体也对系统更加合理的选择。

城市交通管理策略可以大致分为两类，即交通供给管理策略和交通需求管理策略。

1）供给管理策略

所谓供给管理策略，简单来说就是调整和优化交通基础设施供给。比如通过路网结构优化提升机动车交通可达性，比如在跨区域交通走廊间加密快速路等骨架路网以提升交通承载力，比如通过公交线路、站点优化提升覆盖率并减少换乘次数等。可以想象，供给管理策略顺利实施的障碍不在于如何通过抽象的数学模型计算出最优的设施优化方案，而在于巨额的建设与运营成本带来的资金问题，以及城市自然地理或者历史文化资源保护带来的诸多限制条件。

以资金问题为例，如今我国高速公路的每千米综合造价已经从2005年前的3 000多万元，提升到过亿甚至数亿元。2016年底开建的北京新机场高速，综合造价达到了4.9亿元/km。而要通过收费的方式实现开发与运营的回本，在实际流量达到规划设计预期的前提下，还需要几十年的时间。对于不收费的城市道路、桥梁来说，这直接成为地方政府财政支出中的相当有分量的一项。

不成功的供给管理策略，有时不仅不会有效满足交通需求，反而会给投资者带来沉重的负担。目前香港有三条过海隧道，分别是1972年建成的红磡海底隧道（Cross Harbor Tunnel），1989年建成的东区海底隧道（East Harbor Tunnel），以及1997年建成的西区海底隧道（West Harbor Tunnel）。三条海底隧道是机动车往返香港岛和九龙半岛之间最重要的机动车通道。由于涉及巨额投资，三条隧道均采用了BOT（Build Operate Transfer）的公私合营模式。即由私人投资兴建，并通过与政府签订20～30年不等的特许经营权合约，在一段时间内通过向司机收取过海隧道费，平衡投资运营成本，合约期结束后将所有权归还给政府。红磡海底隧道全长1.86 km，由当时的船王包玉刚投资3.2亿港元建设，在1999年结束特许经营期限前就已经实现了盈利。而西区海底隧道，隧道全长2 km，投资却达到了65亿港元。由于收费远高于红磡海底隧道，因此建成初期流量不到设计流量的25%，直到2011年才提升到30%左右（如图8-1所示）。按照这样的收入水平，将无法在30年合约期满时实现盈利。这不仅对投资人来说是一项巨大的投资失败，而且没能达到预期的三条海底隧道均衡分担过海需求的目标。原因很简单，西区海底隧道收费过高（60元对比20元，三倍的价格差距），使用者宁可绕路走红磡隧道也不愿意多花那么多钱。但是降低收费标准，很有可能总体收入水平也依然无法达到预期。由于隧道均采用了私人参与的BOT开发运营模式，因此政府也难以通过调整三条隧道收入分配的方式，均衡隧道收费水平和过海交通流量。

图8-1　门庭冷落的西区海底隧道（左）和繁忙的红磡海底隧道（右）（图片来自互联网）

因此，供给管理策略的优化，不只是为了提升交通承载力，缓解交通拥堵。不管是在现实中，还是在模型中，都需要引入设施投资人这个角色，以反映他们在开发运营决策中，对投资成本与预期收入的估算。而就像上述海底隧道的例子，收入不仅取决于收费水平，还和流量相关。而很显然，在存在其他路径选项时，流量又和收费水平相关。

2）需求管理策略

所谓需求管理策略就是通过强制性的政策手段或者价格杠杆，调整交通出行需求规模总量或者空间分布。可以将需求管理策略进一步分为数量调控手段(Quantity instruments)和收费调控手段(Pricing instruments)两类。

所谓数量调控手段,以私人机动车出行为例,就是政府直接出台带有强制性要求的相关政策规定,控制一段时间内或者一定区域范围内机动车保有量和实际行驶量的规模。我国一些城市实施的特定时期(例如大型节事活动期间,甚至工作日)或者特定条件下(例如空气质量指数超过×××)的单双号或者尾号限行政策就是典型的例子。另一个例子是通行证(License scheme),比如为了缓解中心区或者重要活动期间的交通拥堵,高峰期开车进入中心区或者活动区域需要通行证。上述两个例子是通过数量调控手段控制车辆行驶需求。此外,上海、苏州等大城市对外地车辆在特定时段特定区域的限行政策,也属于道路机动车流量的数量调控手段。其实数量调控手段也可以控制车辆拥有需求,即北京、上海、新加坡等大城市出台的车牌摇号和拍卖政策。政府结合观测数据通过模型测算,得到一段时间内城市交通能够承担的机动车总体需求,并转化为每一段时间内可新增的车辆牌照指标(Quato)。一个有效的车牌数量调控手段,不仅可以控制一段时间内机动车的保有量,还可以间接控制机动车在路网上行驶的总量。最典型的例子是新加坡的拥车证(Certificate of Entitlement, COE)政策。在新加坡买车不仅要通过摇号拍卖以昂贵的价格获得 COE(最高时超过 9 万新加坡元,大约合人民币 45 万元),而且每张 COE 都有使用期限(一般为 10 年)。也就是好不容易获得的牌照如果不使用,就白白浪费了(如图 8-2)。通过这种方式,政府有效避免了买车占号不用带来的对更加紧张的停车资源的浪费。与之形成鲜明对比的是,上海市私家车车牌也采用了拍卖政策,但是拍到的车牌暂时没有使用年限。如图 8-3 所示,近十年来,每个月车牌投放数量在 8 000~14 000 之间波动,而投标人数从 2015 年起就几乎没低于过 10 万,投标与指标比最高时超过 25 : 1,牌照成交价基本稳定在 9 万元左右。可见 COE 有效使用年限的规定,可以有效降低低效的甚至是以牟利为目的的超额竞标行为,调整个体机动化出行的潜在需求。

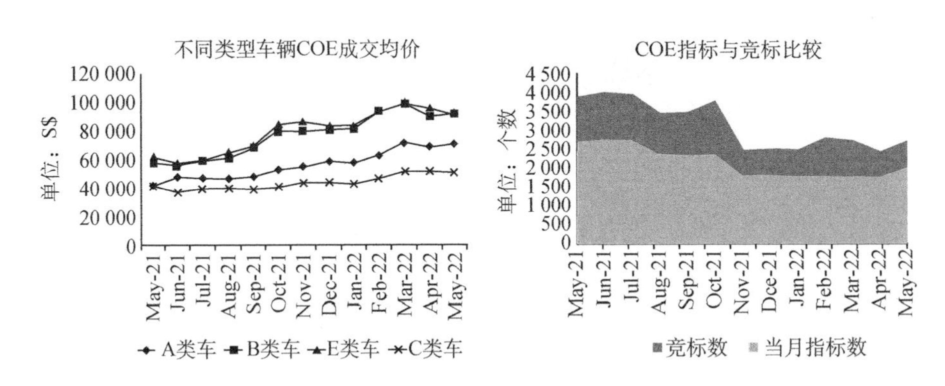

图 8-2 新加坡 COE 成交均价(左)和指标数与竞标数(右)变化趋势(2021.05—2022.05)
(数据来源:新加坡陆路交通管理局 LTA)

从上述例子可以看出,数量调控手段具有明显的优缺点。优点在于,短期内非常有效。例如节事期间的车辆限行。缺点在于:① 如果因为测算不够精准,设置不当,容易造

图 8-3　上海市个人非营业性客车投标与指标变化趋势(2010.01—2022.04)

(数据来源:上海市非营业性客车额度拍卖网站①)

成道路交通时空资源的低效利用。例如对仅仅因为空气质量问题,就在全市范围实施尾号限行政策。② 某些定期实施的数量调控手段(例如工作日尾号限行),容易导致很多居民因为出行体验严重受到影响,趋向于购买第二辆车,甚至因为资金问题购买排放标准较低的老旧二手车。现实中,也恰恰发生过类似的现象,所以政府又不得不加码,从车牌限行,到车牌摇号。③ 新车牌照指标控制的手段,一段时期内可以结合量化分析缓解整个城市机动车停车以及上路行驶的潜在需求,但对于供需关系的调整属于强制性措施,可能造成明显的供需失衡现象。

所谓收费调控手段,最典型的就是利用价格杠杆,对在特定时段或者进入特定区域的的车辆,额外收取通行费,使一部分出行者经过出行成本的重新评估后,放弃驾驶车辆出行的决策,或者调整驾车出行的目的地和时间段,从而缓解目标时段或者区域的交通拥堵。如今伦敦、斯德哥尔摩、罗马、新加坡等世界大城市均实行了不同形式的拥堵收费政策,主要目的基本都是缓解城市中心区高峰期的交通拥堵(如图 8-4)。而纽约经过十余年

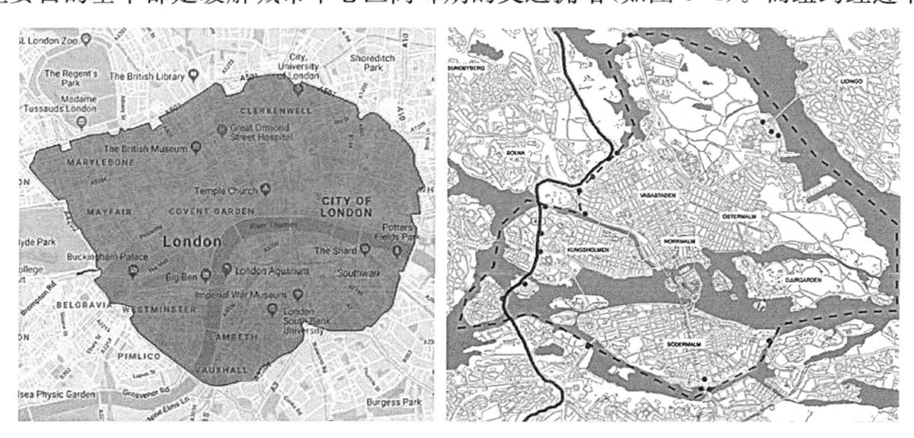

图 8-4　伦敦(左)和斯德哥尔摩(右)中心区道路拥挤收费区域范围(图片来自互联网)

① 数据引自 https://chepai.alltobid.com/canpai.web/channels/34.html#grresult

的政策评估，也拟于 2023 年起对进入曼哈顿的车辆收取拥堵费。以斯德哥尔摩为例，2006 年 1 月起，该城市试行机动车进入中心区的拥堵收费政策。当年进入中心区的交通量下降了 22%，很多区域获得了 30%～50%不等的交通拥堵缓解效果。也因为此，公众对于该政策的态度从质疑逐渐转向肯定。试行期过后投票显示大多数人赞成实行拥堵收费，此后该政策正式实行至今(Eliasson，2014)。如今在工作日白天时段驶入中心区，会根据道路拥堵水平收取拥堵费，高峰与平峰的收费水平之差可以达到 4 倍①。另一个典型的例子是新加坡。它是世界上最早实施中心区拥堵收费的城市之一(如图 8-5 所示)。从最早源自 1975 年的区域通行券(Area Licensing Scheme，ALS)，演变到 1998 年开始的道路电子收费政策(Electronic Road Pricing，ERP)。与斯德哥尔摩类似，驶入新加坡中央商务区(CBD)区域的车辆，会根据车辆类型和驶入时段收取不同水平的拥堵费。

图 8-5　新加坡道路电子收费(ERP)

总体来说，道路收费类型可以大致分为基于时段的收费、基于距离的收费、基于区域的收费，或者上述类型的组合。不同类型的收费方式，适合于不同的交通拥堵缓解目标。基于距离的收费一般旨在缓解某些特定的拥堵瓶颈路段。例如纽约、旧金山、上海、南京等很多城市过海、过江通道收取的一次性通行费。而上述新加坡、斯德哥尔摩等城市的中心区拥堵收费属于基于时段和区域的组合收费方式。

其实近年来，也有一些城市开始尝试另一种收费调控手段，或者更准确的说法是价格调节机制，来诱导机动化出行需求。一个典型的例子是错峰出行激励，也就是通过激励手段，诱导居民调整自己的出行时间，避免高峰期出行扎堆。这种方式具有明显的目的性，主要针对城市里通勤出行高峰。从抓住问题的主要矛盾角度出发，只要能够识别并且诱导城市里的高峰期出行需求向非高峰期分散，就可以在尽量不影响居民刚性活动需求的情况下，缓解交通拥堵。如图 8-6，通过激励手段将早高峰 8:00 到 9:00 的出行需求，分散到 7:00 到 9:15 之间。

---

① 数据引自 https://www.transportstyrelsen.se/en/road/road-tolls/Congestion-taxes-in-Stockholm-and-Goteborg/congestion-tax-in-stockholm/hours-and-amounts-in-stockholm/

错峰出行常见的激励手段可以是间接奖励出行积分或者直接降低出行费用。2021 年,苏州市基于"知行"交通大数据服务平台的路况与交通需求特征分析,针对高峰期常发拥堵的路段和区域,进行了错峰出行激励的试验。该方案将错峰出行与错路段出行激励相结合,志愿者只要不在指定高峰时段内驾车经过拥堵的高架和核心区域路段,就可以获得奖励积分,而获得的积分可以换取其他日常生活出行中的优惠。

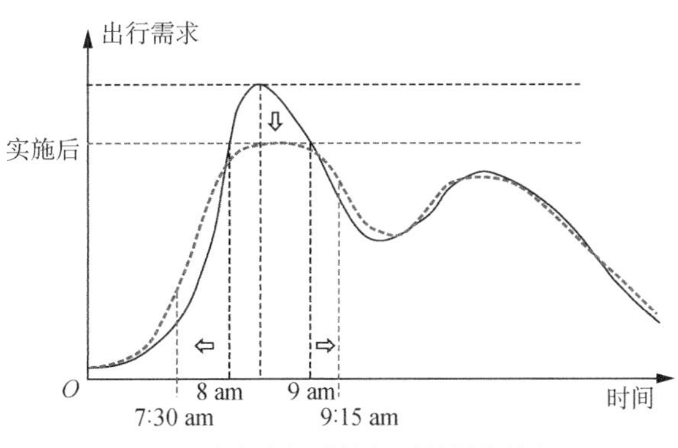

图 8-6 错峰出行政策起到的削峰填谷平衡需求效果的示例

新加坡在错峰出行激励上另辟蹊径,从个人驾车出行延伸到了乘坐地铁出行。因为新加坡人口密度高,以及私家车的拥有和使用成本都很高,所以大量居民通勤出行采用地铁的方式,早高峰前往中心区的地铁人流相当拥挤。在地铁发车频率已经很高的情况下,为平衡需求,新加坡政府提出乘坐地铁的错峰激励政策。乘客在工作日乘坐地铁出行,只要在早上 7:45 之前入闸,并在中心区 18 个地铁站出闸,就可以享受车票的减免①。

纵观上述新加坡政府实施的覆盖小汽车拥车、用车,以及地铁出行的需求管理政策,可见:① 每一项需求管理政策都有其优缺点,有其针对性的目标场景;② 对于个体机动化出行,政府采取的是限制总量或者提高收费等强制性、惩罚性的策略。而对于公共交通出行,采取的是激励、优惠等策略手段。从系统视角,平衡了交通需求,降低了交通拥堵;从居民视角也能感受到政府提倡的绿色出行理念。

3) 供给与需求管理策略

伴随着经济快速发展,城市机动化交通需求是持续增长的。我们可能只见过因为重大事件发生而进行交通管制或者春节长假期间显得空空荡荡的路面,没见过哪条繁忙的城市主干路在通勤高峰不再川流不息。如果有,那就是"出事"了。基本上,随处可见的事实是,城市里为了缓解交通拥堵花费巨大代价新修建的快速路高架或隧道,在度过了刚开通短暂的畅行无阻时期后,很快将再一次成为高峰期的道路停车场。这些车是哪里来的?好像这两年人口也没增长这么快啊?面对这样的发问,仔细一想,原因也很简单。如果把城市道路交通看成一个市场去分析供求关系,由于城市交通需求是有弹性的,因此单纯地通过道路新建、拓宽和路网的加密等供给侧的改善,很可能会进一步刺激机动车交通需求总量的增长。从哪里来?快速路修通了,上班开车的话应该时间更短了,原来没车的买车了,原来上班坐公交的人也开车了。什么时候停下来?当道路再一次开始拥堵起来,供需再次平衡。当然,这都还没有提及,如果城市人口持续增长,新修的跨江隧道接上了老城区快速路网,这样的刚性需求增加,无疑是雪上加霜。

① 该政策从 2017 年以前的 18 个地铁站免费政策,即"早高峰前出行优惠"(Lower morning pre-peak card fare),调整到之后覆盖所有地铁站的车费折扣政策,政策即"精明出行奖励"(Travel smart rewards)。

所以说，供给管理需求有用，它是解决历史遗留问题、适应刚性需求增长、优化区域路网结构必不可少的手段，是优化城市交通系统综合供给水平的基础。需求管理也有用，它是缓解或者解决城市交通存在的区域与时段痛点的靶向药，是鼓励与诱导居民使用低碳、绿色交通出行方式的催化剂，更可能是调节交通出行不公平现象的相对最容易被认可的手段。而如果可以结合供给和需求管理手段的各自优点，提出一体化的交通需求与供给管理（Integrated Transport Supply and Demand Management，TS-DM）策略，那是更加值得期待的。

在理论研究中，近年来也有许多学者关注城市交通供给与需求管理对缓解城市交通拥堵，乃至对居民居住地选择和土地价值的影响。同时从现实性角度，建模分析过程中也会站在投资者角度，考虑设施开发与运营的成本和预期收益对最终决策的影响。Lo 和 Szeto（2004）较早提出了考虑成本与收益的长期路网优化问题。此后进一步引入了考虑时间依赖性的道路交通供给与需求管理策略，到路网优化问题中（Lo et al.，2004，2009；Szeto et al.，2005，2006，2008）。在这些研究中，项目成本与收入，以及社会公平等都可作为决策中考虑的因素。而 Siu 和 Lo（2009）开始尝试讨论 TS-DM 策略对于居民居住地选择的影响，将研究视角拓展到了土地利用与交通一体化的领域。本章提出的 TS-DM 策略优化建模方法，即是将上述学者的研究，拓展到基于级差地租理论的 CBLUT 模型框架中，从而 TS-DM 策略对居民居住地、交通出行选择，以及房地产价值的影响，都能一并纳入分析范围。

8.2 TS-DM 策略优化建模

本节在第 7 章建立的土地利用与交通平衡模型（CBLUT）的基础上，进行 TS-DM 策略的建模与优化。通过建模我们会发现，相关策略不仅会缓解交通拥堵水平，还会通过住宅房地产市场的供需关系，影响房价以及不同类型人口的分布。当然，和房地产开发类似，交通供给设施优化不仅周期长，还涉及巨量的开发成本，投资决策都需要考虑资金来源与合理回报，需要容纳一个起码跨度若干年甚至数十年的分析框架。

通常情况下，TS-DM 策略的决策者是地方政府，目标在于提出面向中长期规划的城市交通重大基础设施布局与交通管理政策，诱导并满足交通出行需求的同时，协同甚至引导城市空间结构发展。任何一个决策的制定和实施，都可能影响深远，不仅涉及居民日常生活出行等民生问题，还会影响城市综合系统运行效率和宏观经济发展。一方面，不同的规划理念（比如重经济发展还是重生态环境可持续发展），可能提出明显不同的具体策略方案，造成城市系统中不同参与方（行为主体）利益分配的差异。因此决策者对城市宏观发展目标与愿景的把握非常重要。另一方面，同一规划理念下提出的同一种策略，可能方案实施具体指标的 5%甚至更小的差异，就关系到数十亿元甚至更高的 GDP 得失。因此，需要通过模型仿真和预测进行多场景下的量化评估与比较。此时，掌握了模型仿真方法的规划师就可以为决策者提出更有价值的决策支持建议。

通过公式（6.1）～（6.32）建立的居住地和交通出行选择平衡模型，是假设在一个没有引入任何交通需求或者供给管理策略的，即给定(Fixed)的交通路网供给以及确定的收费环境中，通过对开发商和居民决策行为的模拟和互动，找到住宅市场平衡以及交通系统平衡的状态(如图 8-7 所示的灰色背景框部分)。本节在此基础上建立以不同 TS-DM 策略为决策变量的规划目标优化问题。即每一个规划年土地利用和交通系统的运行水平，例如房地产价值、道路交通拥堵情况以及不同群体利益分配(例如开发商住宅开发收益、不同收入类型居民的日常出行费用、居住地分布)情况，都会成为规划决策者或者基础设施投资者进行决策的参考指标。他们会在此基础上，优化与调整城市规划发展目标，并提出各种规划方案或者城市管理政策手段(例如 TS-DM 策略)，使得开发商以及居民做出“恰当”的行为决策，从而实现规划发展目标。需要注意的是，不管是在现实中还是在模型假设中，大部分情况下城市规划和管理政策的实施，都依然以诱导或者鼓励为原则，在符合相关规范和标准的前提下(例如地块容积率、油价或者道路收费上限等)，尽可能避免强制性的手段(例如禁止出行、房价天花板等)。也就是说开发商和居民的选择依然是“自由”的。

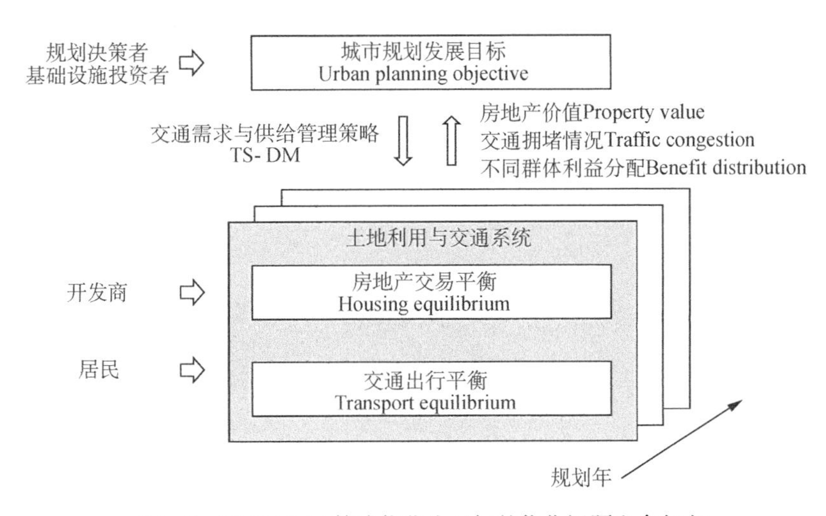

图 8-7　以 TS-DM 策略优化为目标的优化问题和参与方

在建模中，上述问题一般可抽象为一个优化问题，如公式(8.1)～(8.4)所示。其中：

(1) 城市规划发展的目标用 U 表示。各种规划目标理念都可以转化为等价的可量化的目标函数(可以是最大化 Max，也可以是最小化 Min)。假如政府是决策者，如果是为了追求城市交通系统总体运行效率最高，那么可以将目标设定为所有人的出行时间最短。假如决策者是基础设施投资者，比如进行 TOD 的投资与建设，那么可能追求的是包含地铁运营以及站点周边房地产开发在内的效益最大化。

(2) 为实现规划目标，决策者采取的政策策略手段(Policy instruments)，在模型中也叫做决策变量，用 x 表示。$\bar{x}$ 和 $\underline{x}$ 分别代表决策变量取值的上下限。在自然地理、法律法规以及一些约定俗成的社会标准等限制条件下，决策者根据公式(8.3)～(8.4)，通过模型算法优化或者政策敏感性分析，找到最优的策略方案。

(3) 公式(8.2)代表的是在给定的政策策略方案下，实现的房地产交易和交通出行的平衡状态，即第6章定义的CBLUT模型。由于CBLUT模型本身也可以通过转化为一个数学优化问题来求解，即公式(6.30)～(6.32)，因此整个问题的本质是一个双层优化问题(Bi-level optimization problem)。其上层优化是TS-DM等城市发展政策策略方案的优化，而下层优化是土地利用和交通系统中的平衡状态求解。

$$\text{Max objective } U = U(\text{policy instruments } x) \tag{8.1}$$

s. t.

$$G(\boldsymbol{Z}) = 0 \tag{8.2}$$

$$\underline{x} \leqslant x \leqslant \bar{x} \tag{8.3}$$

$$\text{other conditions} \tag{8.4}$$

此外，由于TS-DM决策涉及的基础设施投资金额大、实施周期长，跨越多个规划年份，因此除了要引入章节5.6提出的半动态的长期模型架构，还需要考虑通货膨胀等宏观经济因素。模型中所有指标均相应转化为规划基年现值[①](Present Value, PV)评价。在此，定义一个长期项目开发成本投资回报率应大于等于零的基础条件，用投资者的综合回报净现值(Net Present Value，NPV[②])来表征，即 $NPV \geqslant 0$。在本节中被定义为：

$$\begin{aligned} NPV = & \sum_{\tau} \upsilon(dr, \tau) \cdot (R_{\mathrm{T}}^{(\tau)} + R_{\mathrm{H}}^{(\tau)}) - \sum_{\tau} \upsilon(dr, \tau) \cdot (B_{\mathrm{T}}^{(\tau)} + B_{\mathrm{H}}^{(\tau)}) \\ & - \sum_{\tau} \upsilon(dr, \tau) \cdot (M_{\mathrm{T}}^{(\tau)} + M_{\mathrm{H}}^{(\tau)}) \end{aligned} \tag{8.5}$$

其中公式(8.5)等号右侧第一项表示整个规划周期内所有投资收入的现值。$R_{\mathrm{T}}^{(\tau)}$ 和 $R_{\mathrm{H}}^{(\tau)}$ 分别是在规划年 τ，投资者的交通相关收入(例如高速公路收费、道路拥挤收费、公共交通票价收入等)和房地产开发收入(即住宅销售收入)。

$\upsilon(dr,\tau)$ 是折现系数(Discount factor)，和规划期长短 ($\tau = 0, 1, 2, \cdots$) 以及年均折现率[③](Discount rate) dr 相关，用于将未来每一个规划年的收益/支出折算成规划基年的现值。

公式(8.5)等号右侧第二项表示整个规划期内基础设施建设成本的现值。其中 $B_{\mathrm{T}}^{(\tau)}$ 和 $B_{\mathrm{H}}^{(\tau)}$ 分别是在规划年 τ，交通基础设施投资成本和住宅房地产投资成本。在本书建立的模型中，$B_{\mathrm{T}}^{(\tau)}$ 和道路网络 / 路段通行能力提升直接相关。类似地，$B_{\mathrm{H}}^{(\tau)}$ 在本书中假设与住宅房地产开发量 $\Psi^{r(\tau)}$ 和单位开发成本 $bh^{r(\tau)}$ 直接相关，即：

$$B_{\mathrm{H}}^{(\tau)} = \sum_{r} \Psi^{r(\tau)} \cdot bh^{r(\tau)} \tag{8.6}$$

其中 $\Psi^{r(\tau)}$ 是CBLUT模型中开发商的开发决策，见公式(6.16)。$bh^{r(\tau)}$ 假设是常数，与开

① 现值PV指的是在一定的利率水平下，未来不同年份的资金折算到现在时刻的价值。

② 净现值NPV指的是一个开发项目在未来整个周期内产生的资金净收益现值与各阶段资金投资现值的差额，是大型基础设施项目可行性评估中的一个重要参考指标。

③ 折现率指的是将未来年预期收益折算成现值的比率。

发商的技术与开发管理能力相关。

公式(8.5)等号右侧第三项表示整个规划期内运营与维护基础设施成本的现值。$M_{\mathrm{T}}^{(\tau)}$ 和 $M_{\mathrm{H}}^{(\tau)}$ 分别是规划年 τ，交通基础设施和住宅房地产运营维护的总成本。

本章节以演示为目的，站在政府的视角，将整个研究范围内社会福利(Social welfare)最大化定义为目标函数。在城市土地利用和交通系统中，社会福利由两部分组成，即与居民居住地和交通出行行为相关的消费者剩余(Consumer surplus)，以及与住宅和交通设施投资者相关的生产者剩余(Producer surplus)。本节假设交通设施投资者就是政府或者是其代理(即政府利用财政收入或者银行贷款进行交通基础设施开发，而道路收费等收入也将纳入财政收入)。因此政府的目标就是交通设施投资者的目标，但是同时交通设施投资者的收益也算作生产者剩余的组成部分。最终，定义在供给者投资回报不低于0的条件下，以社会福利最大化为目标的TS-DM策略优化问题如下：

$$\underset{\rho_a^{(\tau)},\, y_a^{(\tau)}}{\text{Maximize}}\, OBJ_W = \sum_{\tau} \upsilon(dr,\, \tau) \cdot \sum_{rs} \sum_{k} q^{rsk(\tau)} \cdot CS^{rsk(\tau)} + NPV \tag{8.7}$$

s. t.

$$G(\mathbf{Z}) = 0 \tag{8.8}$$

以及公式(5.1)～(5.8)和公式(6.1)～(6.18)的模型定义

$$NPV \geqslant 0 \tag{8.9}$$

$$y_a^{(\tau)} \geqslant 0,\ \forall a, \tau \tag{8.10}$$

$$\rho_a^{(\tau)} \geqslant 0,\ \forall a, \tau \tag{8.11}$$

其中公式(8.7)等号右侧的第一项表示居民的消费者剩余的净现值，第二项为住宅开发商和交通设施投资者的生产者剩余，也就是公式(8.5)定义的净现值。

$y_a^{(\tau)}$ 为在规划年 τ 通过道路拓宽改造等措施，路段 a 获得的通行能力提升水平。因此 $y_a^{(\tau)}$ 是TS-DM中反映供给管理的决策变量，而交通设施投资成本 $B_{\mathrm{T}}^{(\tau)}$ 也就成为 $y_a^{(\tau)}$ 的函数。

$\rho_a^{(\tau)}$ 为在规划年 τ 在路段 a 收取的通行费。因此 $\rho_a^{(\tau)}$ 是TS-DM策略中反映需求管理的决策变量，也成为交通设施投资者收入 $R_{\mathrm{T}}^{(\tau)}$ 的来源之一。

需要注意的是，在此模型中，居民支付的住宅费用也就是住宅开发商获得的住宅销售收入。同时居民支付的交通费用也就是交通投资者获得的收入。这意味着在目标函数中，消费者剩余的支出部分和生产者剩余的收入部分相抵。

以上定义的双层优化问题其本质依然是一个MPEC问题，具有非线性、非凸，不连续可导的特征，因此虽然可以通过常见分析软件或代码包提供的通用非线性优化算法求解，但是不能保证一定能找到全局最优解。近年来一些研究尝试通过将特定的MPEC问题线性化去寻找全局最优解，为本问题未来的求解优化提供了有价值的参考(Wang et al.，2010；Luathep et al.，2011)。

8.3 典型案例

本节通过一个假想的案例来展示典型的交通供给与需求管理策略优化问题。案例设定的土地利用和交通路网结构相对比较简单，但是理论上，可以推广到更复杂的真实路网场景中。

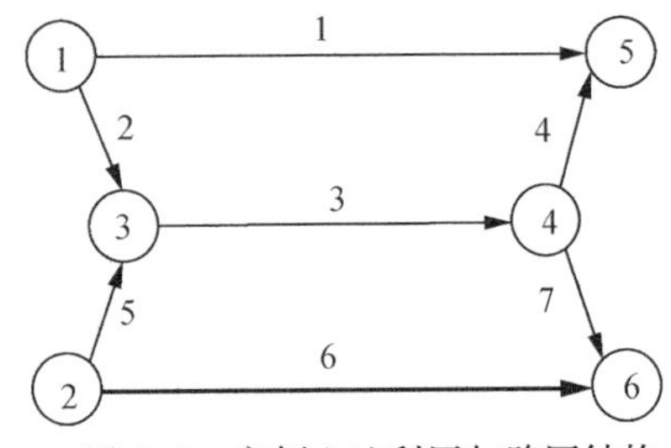

图 8-8　案例土地利用与路网结构

8.3.1　场景设定

假设研究区域是由两个居住片区和两个工作地组成，并通过图 8-8 的交通路网结构联系。路网共有 7 条单向路段，6 个节点（交叉口或者起讫点）。其中两个住宅区分别是 Zone 1 和 Zone 2，两个就业地分别是 Zone 5 和 Zone 6。规划期限共 30 年，并且每 10 年为一个规划评估期，则包括规划基年在内一共有 3 个规划决策年，即 $\tau=0, 1, 2$。具体模型假设如下：

(1) 住宅区和工作地的初始区域吸引力见表 8-1。Zone 1 可看作新开发的住宅区，Zone 2 是开发已久的成熟住宅区，Zone 5 是新 CBD，而 Zone 6 是老的 CBD。虽然成熟住宅和 CBD 初始吸引力较高，且之间有快速路等更好的交通条件，但是随着人口增长，政府希望通过新区的开发疏散人口，缓解道路交通拥堵。

表 8-1　案例中设定的区域初始吸引力

区编号	初始住宅供给数	区域初始吸引力	描述
1	30	15	新开发住宅区
2	70	30	成熟住宅区
5	—	15	新的 CBD
6	—	30	老的 CBD

(2) 道路路段属性见表 8-2。道路拥堵水平依然通过 BPR 函数估计。表中初始通行能力是规划基年的路段通行能力 $C_a^{(0)}$，无拥堵行驶时间为根据路段设计车速计算出的最快通过时间 $t_a^{(0)}$。

表 8-2　案例中设定的道路路段基本属性

路段编号 (Link)	初始通行能力 /(veh/h)	无拥堵行驶时间 /min	α_1	α_2	路段类型
1	60	15	0.25	4	普通道路
2	60	5	0.25	4	普通道路
3	60	10	0.25	4	普通道路
4	60	5	0.25	4	普通道路
5	60	8	0.25	4	普通道路
6	120	10	0.85	5.5	快速路
7	60	5	0.25	4	普通道路

(3) 居民根据收入水平被分为高收入 $I^{high}=500$ HKD/d 和低收入 $I^{low}=400$ HKD/d

两类，且每10年收入平均增长40～50 HKD/d。规划基年人口总量为100，正好与基年住宅供应总量相同。接下来每十年增长100，见表8-3。

表8-3 案例中设定的人口增长情况

收入群体	$\tau=0$		$\tau=1$		$\tau=2$	
	Zone 5	Zone 6	Zone 5	Zone 6	Zone 5	Zone 6
高收入	10	30	40	50	60	80
低收入	20	40	50	60	70	90
合计	100		200		300	

(4) 假设每户居民家庭只有一人，且仅使用小汽车出行。则本案例中CBLUT模型的选择结构是一个居住地+出行路径选择的双层结构。

(5) CBLUT模型中待标定的参数和一些外部条件见表8-4和表8-5。

表8-4 案例中设定的待标定参数取值

参数	取值	参见
$\theta_1^{rk(\tau)}$	5	公式(5.8)
$\theta_2^{rk(\tau)}$	2	公式(5.8)
$\beta^{(\tau)}$	0.05	公式(6.6)
wp	0	公式(6.1)
$\beta_p^{(\tau)}$	0.2	公式(5.16)
$\lambda^{(\tau)}$	0.05	公式(6.13)

表8-5 案例中设定的其他外部条件参数设定

其他外部条件参数	单位	取值
年均折现率	%	4
单位住宅开发成本	HKD	500 000
单位道路开发成本	HKD	500
单位道路维护成本	HKD	6

8.3.2 TS-DM策略比选

作为决策者的政府的目的是找到在某个给定的规划目标下，如何通过供给管理策略(对既有路网改造)以及需求管理策略(部分路段收取拥堵费)实现最优。本案例设定了两个典型场景进行TS-DM策略实施效果评价，即基准场景(Scenario 0)和策略优化场景(Scenario 1)。基准场景下，不实施任何TS-DM策略，顺其发展。优化场景下，政府以最大化社会福利为目标，寻找最优TS-DM策略，见公式(8.7)～(8.11)。

通过求解章节8.2定义的优化问题，将最优的TS-DM策略提出的同时实施的供给和需求管理策略分别总结在表8-6和表8-7中。

表 8-6 规划期内通过路段拓宽改造提升通行能力 单位:veh/h

Link	Scenario 1		
	$\tau=0$	$\tau=1$	Total
1	0.4	1.0	1.4
2	0.8	0.2	1.0
3	48.8	23.3	72.1
4	0.1	1.0	1.1
5	9.0	6.4	15.4
6	0.0	0.1	0.1
7	10.6	7.6	18.2

表 8-7 规划期内路段拥堵收费 单位:h

Link	Scenario 1		
	$\tau=0$	$\tau=1$	$\tau=2$
1	20.0	9.2	17.5
2	8.3	0.0	3.1
3	0.0	0.0	0.7
4	8.5	3.0	4.3
5	0.3	1.7	0.0
6	14.9	20.0	20.0
7	0.0	0.0	3.7

对于供给管理策略(如表 8-6),由于模型假设道路拓宽涉及较长时间的开发周期,某个规划年被制定的改造计划仅会在下一个规划年度实现,因此本案例仅有规划基年和第二个规划年的改造计划能在整个规划期内实现。此外,在本案例中道路拓宽改造决策变量 $y_a^{(\tau)}$ 被假设为连续变量(Continous variable),也就是可以是任意大于等于零的实数。但是在现实中道路通行能力的提升是通过车道数增加来实现的,提升水平应该是整数。对此,在下一章节的相关案例中,将 $y_a^{(\tau)}$ 视为离散变量(Discrete variable)进行模拟以更贴近现实场景。分析可见:

(1) 在规划期内通行能力得到提升的是 Link 3、Link 5 和 Link 7。结合路网结构,Link 3 同时处于多个 OD 起讫点之间的主要路径上,交通需求旺盛,因此对拓宽改造的需求相对最大。

(2) 供给最优策略并未提出在规划基年就进行完整的路网改造,而是分两期实施。一方面是因为考虑到了作为需求根源的人口增长是渐进的,另一方面是因为模型中考虑了对日常维护费用的节省以及对长期投资成本的控制(因为有折现率等宏观经济的影响)。

对于需求管理策略(如表 8-7),假设道路收费政策时间适应性更强,策略一旦制定当年即可实施，因此对三个规划年皆提出不同的收费策略组合。分析可见：

虽然 Link 3 的通行能力提升最多，但是道路收费却几乎不在 Link 3 上收取，反而在 Link 1 和 Link 6 上需求管理策略提出了相对最高的收费水平。这说明一体化的供给和需求管理是站在整个系统最优的视角，进行策略优化，而不是追求某条道路或者区域的投资收支平衡。在仅有一个行为主体进行整个系统的决策时，可以将在 Link 1 和 Link 6 等上获得的收费收益补贴到 Link 3 等的设施投资上去。

接下来通过与基准场景（Scenario 0）的比较，分析 TS-DM 策略对交通系统运行和房地产供给与需求产生的影响。

表 8-8 是三个规划年路段拥堵水平的对比，用常见的流量/通行能力（V/C）指标进行量化。V/C 取值越高，说明拥堵现象越严重。一般取值在 0.6 以下时，行驶者主观感受道路比较畅通，0.8 左右时就已经有明显的拥堵感受，而超过 1 以后车辆行驶将非常缓慢。分析可见：

（1）对于 Scenario 0 来说，随着人口的不断增长，路网拥堵现象将日趋严重。特别是 Link 1、Link 3、Link 5 和 Link 6。而 Scenario 1 通过拓宽道路提升了道路总体通行能力，通过路段收费平衡了网络的交通需求。规划远景年 $\tau=2$ 所有居民总体出行时间相比 Scenario 0 降低了 16.5%。

（2）然而，Scenario 1 在规划基年由于道路拓宽改造尚未完工，单纯的道路收费并没有能显著降低总体拥堵水平。

表 8-8　规划期内路段拥堵情况变化对比（V/C 比）

Link	Scenario 0			Scenario 1		
	$\tau=0$	$\tau=1$	$\tau=2$	$\tau=0$	$\tau=1$	$\tau=2$
1	0.27	0.97	1.19	0.20	0.74	1.05
2	0.23	0.57	0.39	0.30	0.75	1.16
3	0.43	0.96	1.45	0.61	0.78	0.96
4	0.23	0.53	0.97	0.30	0.76	1.07
5	0.20	0.39	1.06	0.31	0.57	0.75
6	0.48	0.70	1.18	0.43	0.59	0.90
7	0.20	0.43	0.48	0.31	0.56	0.79

表 8-9 是三个规划年房地产市场互动得到的居住地分布结果的对比。分析可见：

（1）两个场景下，居住地的分布具有显著的差异。Scenario 1 下，规划远景年的居住地分布相对更加均衡。Scenario 0 下，由于 Link 3 没有被拓宽，居民更加趋向于选择居住在先发展的居住区 Zone 2。

（2）Scenario 1 下，从居住区 Zone 1 到工作地 Zone 6 的出行费用对于高、低收入人群分别降低了 12.2% 和 11.6%，但是从 Zone 2 到工作地 6 的费用分别提升了 41.9% 和 35.2%。所以更多的居民认为新的居住区 Zone 1 更有吸引力。当然，也可以从表 8-8 中看出 TS-DM 策略对居民居住地选择偏好的影响，比如说 Scenario 1 下 Link 2 的拥堵水平要显著高于 Scenario 0，而对 Link 5 来说正相反。

表 8-9 规划期内人口分布特征对比

Zone	Scenario 0			Scenario 1		
	$\tau=0$	$\tau=1$	$\tau=2$	$\tau=0$	$\tau=1$	$\tau=2$
1	30	92	95	30	90	136
2	70	108	205	70	110	164
Total	100	200	300	100	200	300

8.3.3 对房地产价值的影响

本节讨论案例中由居民需求产生的拥堵外部性对房地产价值的影响。总体来说，如图 8-9 所示，随着居民收入的增长，房地产价值随之上涨。在两个场景下，所有居住区的房价都一路上扬，但是上升的趋势表现却不尽相同。在 Scenario 0 基准场景下，特别是规划远景年，更严重的交通拥堵对居住区 Zone 2 的房地产升值具有显著的负面影响。换句话说，对于 Zone 2 的开发商来说，他们更加乐意引入 TS-DM 策略，因为持续增长的房价带来了更多的生产者剩余。

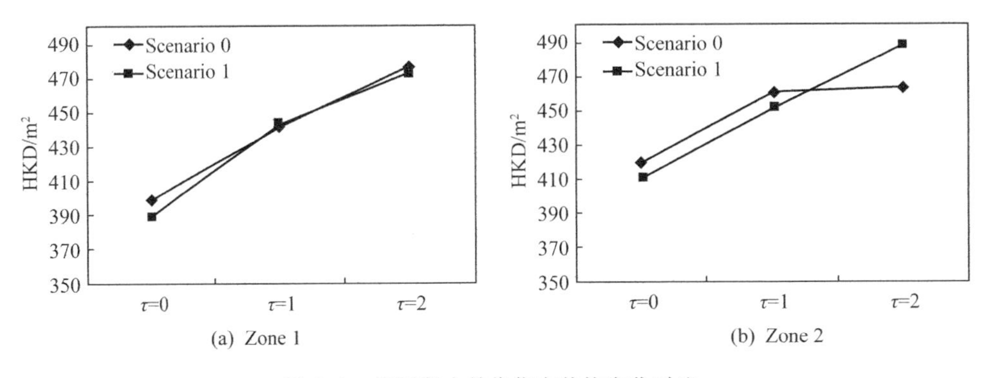

图 8-9 规划期内单位住宅价格变化对比

8.3.4 系统总体运行水平

图 8-10 展示了两个场景下主要系统运行指标的对比，包括与居民直接相关的总体出行时间、消费者剩余，与开发商和道路投资者相关的生产者剩余，以及政府决策者关心的社会福利和总体出行时间(反映了交通系统拥堵)。不出意外地，在 Scenario 1 的 TS-DM 策略下，系统总体表现更好，在四项指标中，三项均好于什么都不做的基准场景 Scenario 0。例如总体出行时间低了 16.5%，生产者剩余高了 7.8%，社会福利高了 4.8%。消费者剩余指标相对低了 2.8%，主要是因为 TS-DM 策略引入了道路收费，所以虽然对居民来说总体出行时间减少，但是由于房价上升，居民包括交通和住房在内的总的花费略有增加。如果进一步深入比较高低收入水平居民的差异，可能低收入水平的居民由于较低的

时间价值和支付能力，从单纯的小汽车出行相关的 TS-DM 策略中，获益相对更少。因此，在更现实的交通出行结构中，当居民面对包括公共交通在内的更多选择时，采用适当政策补贴或者提升公共交通运行水平，往往是对单纯小汽车 TS-DM 策略的有效补充。

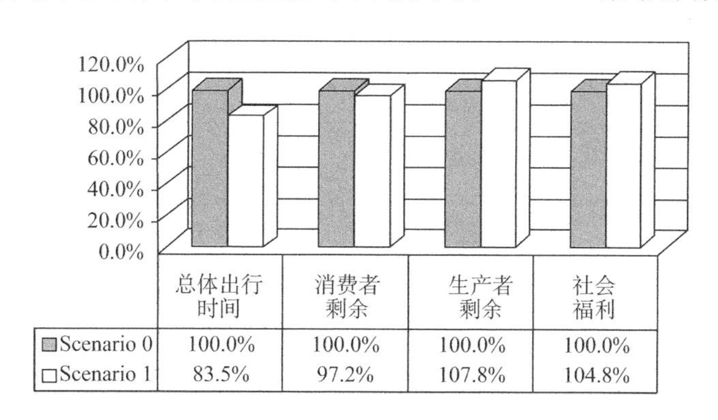

图 8-10 系统总体运行指标对比

8.4 小结

本章基于 CBLUT 模型建立了一个面向长期的交通供给和需求管理策略的优化与评估模型框架，通过一个典型案例，讨论了 TS-DM 策略对城市交通系统运行水平以及房地产供需关系、住宅价格的影响。

该模型不仅包括土地和交通系统内的两大平衡问题，同时还包括一个以政策手段为决策变量的优化目标，因此可看作是一个双层优化问题，可以通过通用的优化算法在遵守相关法律和社会准则的条件下寻找优化的策略方案组合。

对于这种典型的面向长期的规划策略优化目标，引入了半动态的模型结构，因此可以考虑交通和住宅基础设施建设的较长周期，同时考虑宏观经济背景条件（如通货膨胀因素）对巨额开发投资策略的影响。

在案例中，对于不同规划年人口规模的假设是确定的，但现实中规划人口是否能实现往往会受到宏观经济发展等外部环境的影响，存在不确定性。对此，本书在接下来的章节，借鉴动态规划思想，进一步建立了一个自适应的 TS-DM 策略优化模型，从而更好应对不确定性对城市发展策略产生的影响。

9 考虑不确定性的交通需求与供给策略优化

本章对前述章节建立的基于 CBLUT 的长期 TS-DM 策略优化仿真模型，进行进一步拓展，引入动态规划的理念，聚焦如何在考虑需求不确定性的前提下，提出具有自适应特点的 TS-DM 优化策略组合。将城市人口规模增长作为需求不确定性的典型来源，即从规划基年起的各个规划年人口增长速度皆可能有一定的维持、变缓或者加速。每一年城市居民的居住地和交通出行选择，以及相应的土地利用和交通系统供需平衡关系，依然利用 CBLUT 模型架构模拟。整个问题依然是一个具有平衡条件的双层数学优化问题，与前一章的差别在于，其优化目标是提出一套考虑各种人口发展规模场景的 TS-DM 策略优化组合。因此其中的上层优化问题是一个多阶段随机优化问题（Multi-stage stochastic program）。

9.1 需求的不确定性与自适应的交通发展策略

对于五到十年，甚至更远的城市中长期规划场景，决策者必须要面对全球宏观经济走势、科技发展，以及区域经济与人口增长水平带来的不确定性。它们是某个城市自身的发展战略和政策难以左右的外部因素，给基于城市仿真模型的政策优化的准确性带来了巨大挑战。能否有效通过模型语言量化这种不确定性，是包括 TS-DM 策略在内的各种城市发展政策成功与否的关键。如果将城市土地利用系统比作一个舞台，居民是演员，政府或者规划师是导演，那么不是每一个演员的实时表现都能在导演的期待或者掌控当中的。从需求侧来说，这种不确定性不光来自居民行为决策的随机性（见第 4 章），还来自参与行为决策居民的总数，即通过人口增长规模体现的需求的不确定性。某种意义上，能否准确判断人口变化趋势对政策优化评估起到了决定性的作用。

城市人口规模的增长与很多因素相关，也有很多预测模型。但是没有哪个模型能够给出 100%准确的并且是确定的判断。一般来说，都会基于观测的人口发展变化情况与相关影响因素指标建立关联，通过各种方法（例如趋势分析法、增长率法、线性回归、隐马尔可夫，甚至 BP 神经网络模型等），结合规划发展目标，将人口未来增长规模按照不同的规划年限（比如每五年）设定若干场景，例如高、中、低人口增长，并预测实现每个场景可能的概率大小。因此，在城市仿真模型中也需要将这些不确定性的因子作为模型输入条件。

另外,工程设计研究中常常借鉴动态规划(Dynamic programming)的理念和方法来应对不确定性问题(Bertsekas et al.,1995)。简单来说,就是建立一套能够在决策当下或者方案实施早期,就综合考虑未来可能以一定概率发生的各种场景的方法。而最终提出的优化方案一般是一组包含多阶段(例如若干规划时间节点)策略的方案集合。打个不恰当的比方,类似于诸葛亮的锦囊,但是这里的诸葛亮不能100%做到料事如神,只是提前想好了"万全之策"。

在此,时间成了模型仿真的基本概念与角色。整个模型框架会将整个规划周期划分为若干个离散的时间节点。节点间的时间差可以和前述章节提到的半动态的模型架构(如图5-18)保持一致。在规划基年,也就是第一个时间节点,做出的决策就包含了接下来所有时间节点可能的人口规模状态下的优化策略。并且随着时间的推移,每到一个新的时间节点,当人口规模的不确定性在当年消失后,决策者可以做出对应的优化选择,并考虑是否要调整接下来的一整套优化策略方案(如图9-1)。

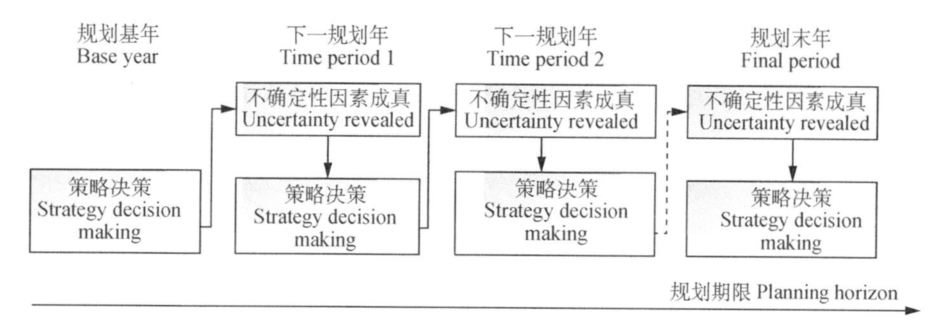

图9-1 动态视角下的自适应决策概念框架

在交通领域研究中,Lo和McCord(1998)建立了一个船只航行线路自适应优化问题,以便能够利用历史数据,考虑天气变化作用下洋流变化趋势,以做出最优航线动态规划,降低总体航行时间与成本。Ukkusuri和Patil(2009)建立了一个多时间点的交通网络优化问题,通过考虑总体出行需求变化的不确定性,灵活地选择最优的道路路段方案(Flexible Network Design Formulation,FNDP)。该问题的实质是一个基于交通出行平衡条件的包含了需求不确定性的数学优化问题。不过在他们的模型中,这种不确定性是通过定义弹性需求函数(Elastic demand function)来体现的。换句话说,每一个时间节点的需求规模都和某些系统服务具有明确的可量化的关联,因此规划基年就可以给出的确定的优化方案,不能算是动态规划视角下的自适应规划策略。而Chow和Regan(2011a)提出了一套面向道路改造方案优化的模型,并通过将交通出行OD需求模拟成非定常的几何布朗运动(Non-stationary geometric Brownian motion),来作为需求不确定性因子。其优化方案包括在每个时间节点根据OD变化,决定是否要开展或者延期某些道路设施建设,具有自适应的特征。Chow和Regan(2011b)进一步将方法拓展到交通网络研究中经典的Sioux Falls网络和伊朗的城际货运网络问题上。但是他们的研究没有涉及土地利用,并且每个时间节点的出行OD被假设是相互独立的。

但是,当研究范畴同时覆盖了土地利用和交通系统时,就产生了额外的建模挑战。也就是需求不确定性因子和可选的优化方案组合不能是连续变量，而应该是一组取值有限的离散变量。否则当存在多个时间节点时，需求不确定性的状态数量和方案组合可能多到严重影响模型求解效率。这也是目前这种多阶段随机优化问题的固有弱点。

9.2 优化模型定义

在提出优化模型之前，首先讨论两个涉及的问题。其一，自适应的优化策略结构；其二，需求的不确定性。

9.2.1 自适应的优化策略

前一章，我们讨论了如何基于不同的规划理念与具体目标，提出分阶段优化的 TS-DM 策略，并分析其对城市总体运行水平以及典型发展要素（例如交通拥堵和房价）的影响（Ma et al.，2012）。例如同时考虑居民居住地和交通出行选择获得的效用，和基础设施投资者、开发商的投资回报，以社会福利最大化为目标，假设在各个规划年人口发展规模是可完全预知的条件下，在规划基年就提出了每一个规划年应实施哪些 TS-DM 策略。然而，一旦现实中的人口发展规模与基年的预测不一致，很有可能之前确定的策略就不是最优的。

因此，如果要考虑人口发展的不确定性，提出的最优策略应该具有两方面的特征。其一，在规划基年提出的优化策略，是综合考虑了未来各种可能的人口发展场景的某个规划目标的期望值的最优；其二，提出的具体优化策略具有自适应性，表现为一个策略组合，也被理解为一个闭环控制（Closed-loop control）①。该策略组合不仅量化描述整个规划周期系统最优的运行水平，而且提出在任何一个可能的场景下，适合做出的具体策略选择。例如，在规划基年制定了策略优化组合后，到了下一个规划年，发现实际人口增长规模达到了某个水平，那么就可以选择对应规模的最优策略，并且这一策略在规划初年就被考虑在内了。

此外，依然利用半动态的结构考虑各个子系统（例如基础设施开发周期）的时间适应性和宏观经济外部因子对投资成本收益评估的影响（Wegener，1994，1998；Lo et al.，2004；Szeto et al.，2008；Ma et al.，2012）。在不改变模型特征的前提下，作为简单假设，将公式（5.5）和（6.18）中定义的交通和住宅房地产投资的周期 n_1、n_2 和人口规模变化的考察周期均假定为一个相同的规划时间间隔 1 年，即 $n_1=n_2=1$。

9.2.2 需求的不确定性

章节 2.2.3 和 2.2.4 描述了以居民为典型需求侧行为主体的随机性和弹性两个重要特征。它们也是形成需求不确定性的主要来源（Ukkusuri et al.，2009）。本章建模的重点是同时考虑随机性中来自外部环境的不确定性以及需求弹性，对行为主体选择的随机

① 闭环控制（Closed-loop control）是源自控制论的概念，原义是根据控制对象的输出反馈来调整或者校正控制方式。在这里延伸为 TS-DM 策略根据每一年人口规模等不确定性因素的实际表现来优化下一步的实施策略。

性考虑已经被包括在 CBLUT 模型中。也就是在规划周期内，研究区域的人口总体规模增长，受到经济发展、社会与文化进化、医疗卫生条件改善等因素的影响。由于规划者对上述因素的长期变化趋势仅能做出若干可能性的判断，因此对人口的规模预期也只能提出几种不同概率的可能性。

在建模中，一般将一个完整的二三十年的规划周期按照五到十年的长度划分为若干时间节点。如图 9-2 所示，可以将规划周期内人口发展可能的场景用一个树状结构表达。定义：

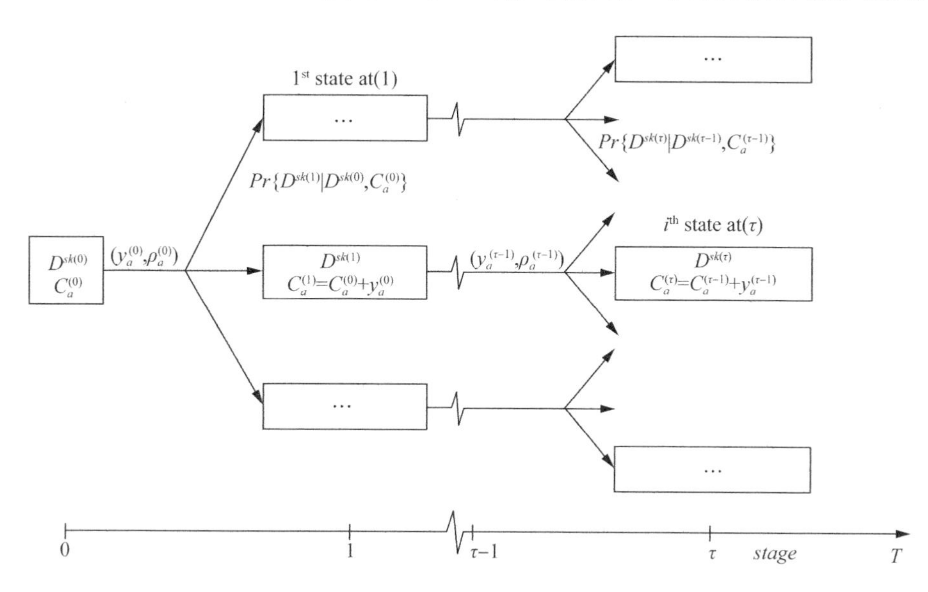

图 9-2　以人口增长为例的多阶段随机需求树状结构

(1) $D^{sk(\tau)}$ 为每一个规划年潜在的人口规模。$D^{sk(0)}$ 是规划基年观察到的确定的人口，而其他规划年人口 $D^{sk(\tau)}$ 则为上一个规划年人口 $D^{sk(\tau-1)}$ 和人口变化 $\Delta D^{sk(\tau-1)}$ 之和，即 $D^{sk(\tau)}=D^{sk(\tau-1)}+\Delta D^{sk(\tau-1)}$。

(2) $C_a^{(\tau)}$ 为每一个规划年实现了的交通网络供给水平。同理某一个规划年路段 a 的供给水平是上一个规划年供给水平 $C_a^{(\tau-1)}$ 和道路拓宽计划 $y_a^{(\tau-1)}$ 之和，即 $C_a^{(\tau)}=C_a^{(\tau-1)}+y_a^{(\tau-1)}$。

(3) $(y_a^{(\tau)},\ \rho_a^{(\tau)})$ 表示规划年 τ 实施的 TS-DM 策略。从而也可以将待实施的 TS-DM 优化策略组合定义为 $(\boldsymbol{y},\ \boldsymbol{\rho})$。字体加粗表示向量，即可能对应多条路段，例如 $\boldsymbol{y}^{(\tau)}=(y_1^{(\tau)},\ y_2^{(\tau)},\ \cdots,\ y_a^{(\tau)})$。

(4) *stage* 即阶段，为每一个面临新的决策优化调整可能的规划时间节点。例如 τ 就是一个阶段。

(5) *state* 即状态，为每一个规划年需求和供给的可能的水平，也就是可能的 $D^{sk(\tau)}$ 和 $C_a^{(\tau)}$ 的组合。在每一个阶段(规划年)，可能有若干个状态，用 $state^{(\tau)}(i)$ 表示。括号中的 i 表示第 i 个状态。

(6) $Pr\{D^{sk(\tau)}\mid D^{sk(\tau-1)},C_a^{(\tau-1)}\}$ 表示在规划年 τ，实现可能的人口规模水平 $D^{sk(\tau)}$ 的概率。规划年有几个可能的人口规模，就对应几个人口状态，其对应的概率之和为 1。这体现了对需求存在随机性的考虑。$Pr\{D^{sk(\tau)} \mid D^{sk(\tau-1)}, C_a^{(\tau-1)}\}$ 是一个条件概率的定义，即括号里竖线右边的指标是对应的条件，表示是否在规划年 τ 人口有可能为 $D^{sk(\tau)}$，同时与上一年度 $\tau-1$ 的人口规模和交通系统供给水平相关。如果进一步考虑，基于 CBLUT 模型定义上一年可求解的土地利用和交通平衡状态，例如消费者剩余水平 $CS^{k(\tau-1)}$，则上面的条件概率可改写为 $Pr\{D^{sk(\tau)} \mid CS^{sk(\tau-1)}\}$。其现实意义为，人口增长水平与城市发展水平密切相关。如果居民生活水平稳步提升，那么该城市对潜在外来移民会具有更高的吸引力，同时生育率也会相对较高。这体现了对需求存在弹性的考虑。

9.2.3 优化模型建模

在本书中，自适应的 TS-DM 策略选取规划期限内每一个年度最优的道路拓宽改造 $y_a^{(\tau)}$ 以及道路收费 $\rho_a^{(\tau)}$ 的组合作为典型策略。在现实中，研究区域内往往包含成百上千条路段，而待改造的路段可以是根据决策者经验预先选定的若干条最有可能的路段集合。同理，对于每一条待改造的路段，可能的决策也是离散的，一般表示为高方案、低方案和保持现状，即 $y_a^{(\tau)} \in \{y_a^h, y_a^l, 0\}$。基于模型定义，上述假设综合考虑了计算机计算效率和现实需求。理论上可以包含任意多条路段，以及更多的方案选择。另外，道路收费的备选道路可以是任意路段且收费数值可以是连续的。这是因为现实中，复杂路网条件下，感性判断往往难以找到最适合收费的路段集合。此外，收费应考虑政治环境、社会舆论等其他方面，一般会设定一个上限水平，即 $\rho_a^{(\tau)} \in [0, \rho_a^u]$。

最终，以期望的社会福利最大化为目标，定义目标函数为：

$$TSW^* = \max_{\rho_a^{(\tau)}, y_a^{(\tau)}} \underset{D^{sk(\tau)}}{E} \left[\sum_{\tau} sw(D^{sk(\tau)}, C_a^{(\tau)})^{(\tau)} \right] \tag{9.1}$$

其中 TSW 表示整个规划期内的总体社会福利，星号表示取到最优 TS-DM 策略下的取值；$sw(D^{sk(\tau)}, C_a^{(\tau)})^{(\tau)}$ 表示在规划年（即 *stage*）τ，如果系统状态（即 *state*）为 $(D^{sk(\tau)}, C_a^{(\tau)})$ 时，当年获得的社会福利。对所有规划年求和，折算成现值，即为整个规划期内的社会福利。大写的 E 表示期望值，即综合考虑了每一年所有可能的人口发展水平 $D^{sk(\tau)}$ 和对应的概率 $Pr\{D^{sk(\tau)}\}$ 的期望值。

接下来可进一步定义 $SW(D^{sk(\tau)}, C_a^{(\tau)})^{(\tau)*}$ 为从规划年 τ 开始算，一直到规划期结束，如果采用最优的 TS-DM 策略，一共可以获得的社会福利期望值的最大值。那么，基于动态规划理念的系统最优原则，公式(9.1)可以改写为：

$$\begin{aligned} SW(D^{sk(\tau)}, C_a^{(\tau)})^{(\tau)*} = \max_{\rho_a^{(\tau)}, y_a^{(\tau)}} \underset{D^{sk(\tau+1)}}{E} \big[& sw(D^{sk(\tau)}, C_a^{(\tau)})^{(\tau)} + \\ & SW(D^{sk(\tau+1)}, C_a^{(\tau+1)})^{(\tau+1)*} \big] \end{aligned} \tag{9.2}$$

也就是说，从任何一个规划年 τ 开始算，一直到规划期结束，最优 TS-DM 策略下一共可以获得的社会福利，是当年实施的 TS-DM 策略 $\rho_a^{(\tau)}$，$y_a^{(\tau)}$ 可以获得的社会福利，加上未来的年份一共可获得的社会福利期望值的最大值。在此需要强调的是，$sw(D^{sk(\tau)}, C_a^{(\tau)})^{(\tau)}$ 的计算是基于当年某个确定的人口规模和交通供给水平的状态 *state*，因此不存在不确定性的考虑。

其中：

$$sw(D^{sk(\tau)}, C_a^{(\tau)})^{(\tau)} = \upsilon(dr, \tau) \cdot \left(\sum_{rsk} q^{rsk(\tau)} \cdot CS^{rsk(\tau)} + PS^{(\tau)}\right) \tag{9.3}$$

$$PS^{(\tau)} = (R_{\mathrm{T}}^{(\tau)} + R_{\mathrm{H}}^{(\tau)}) - (B_{\mathrm{T}}^{(\tau)} + B_{\mathrm{H}}^{(\tau)}) - (M_{\mathrm{T}}^{(\tau)} + M_{\mathrm{H}}^{(\tau)}) \tag{9.4}$$

公式(9.3)中，与上一章定义相同，社会福利是消费者剩余和生产者剩余之和。$PS^{(\tau)}$ 是综合考虑了住宅地产与交通基础设施投资成本、维护成本以及收益的生产者剩余，具体定义可参见公式(8.5)。同样，$\upsilon(dr, \tau)$ 是公式(8.5)中定义的折现系数。

最后将规划年 τ 可能的系统状态下的概率代入公式(9.2)，可得：

$$SW(D^{sk(\tau)}, C_a^{(\tau)})^{(\tau)*} = \max_{\rho_a^{(\tau)}, y_a^{(\tau)}} \left\{ sw(D^{sk(\tau)}, C_a^{(\tau)})^{(\tau)} + \sum_{\omega \in D^{sk(\tau+1)}} Pr\{\omega \mid D^{sk(\tau)}, C_a^{(\tau)}\} \cdot SW(D^{sk(\tau+1)}, C_a^{(\tau+1)})^{(\tau+1)*} \right\} \tag{9.5}$$

其中 ω 是哑变量，或称为虚拟变量(Dummy variable)，即表征规划年人口规模的若干个可能的状态。求解公式(9.5) 的难度在于，规划年的 TS-DM 策略 $\rho_a^{(\tau)}$，$y_a^{(\tau)}$ 不仅与当年的系统状态($D^{sk(\tau)}$,$C_a^{(\tau)}$) 有关，还与未来年人口规模可能的发展相关，因此整个问题的求解需要采用从后往前(Backward)的方式，从规划终年(即 $\tau = T$) 可能的各种人口规模状态，求解对应当年的双层优化模型的平衡问题。

首先，对规划终年 $\tau = T$ 每一个可能的系统状态($D^{sk(T)}$,$C_a^{(T)}$)，我们求解下述优化问题：

$$SW(D^{sk(T)}, C_a^{(T)})^{(T)*} = \max_{\rho_a^{(T)}} sw(D^{sk(T)}, C_a^{(T)})^{(T)} \tag{9.6}$$

s. t.

$$G(\boldsymbol{Z}) = 0 \tag{9.7}$$

以及公式(5.1)～(5.8)和公式(6.1)～(6.18)的模型定义

$$\rho_a^{(T)} \in [0, \rho_a^u], \ \forall a \tag{9.8}$$

需要注意的是，因为是规划终年，所以 TS-DM 策略仅包括可以立即实施的道路收费 $\rho_a^{(T)}$。ρ_a^u 指的是收费上限。对于每一个可能的系统状态($D^{sk(T)}$, $C_a^{(T)}$)，因为已经包含了可能的道路拓宽改造状态，所以整个优化问题的决策变量仅有道路收费 $\rho_a^{(T)}$。

接下来，对于上一个规划年 $\tau = T-1$，每一个可能的系统状态($D^{sk(T-1)}$, $C_a^{(T-1)}$)，我们求解下面的问题：

$$SW(D^{sk(T-1)}, C_a^{(T-1)})^{(T-1)*} = \max_{\rho_a^{(T-1)}, y_a^{(T-1)}} \left\{ sw(D^{sk(T-1)}, C_a^{(T-1)})^{(T-1)} + \sum_{\omega \in D^{sk(T)}} Pr\{\omega \mid D^{sk(T-1)}, C_a^{(T-1)}\} \cdot SW(D^{sk(T)}, C_a^{(T)})^{(T)*} \right\} \tag{9.9}$$

s. t.

$$G(\boldsymbol{Z})=0 \tag{9.10}$$

以及公式(5.1)～(5.8)和(6.1)～(6.18)的模型定义

$$y_a^{(T-1)} \in \{y_a^h,\ y_a^l,\ 0\},\ \forall a \tag{9.11}$$

$$\rho_a^{(T-1)} \in [0,\ \rho_a^u],\ \forall a \tag{9.12}$$

公式(9.7)和(9.10)中定义的间隙函数,即包含居民居住地和交通出行选择以及房地产开发商开发选择的住宅与交通平衡状态,可参见公式(6.30)。同样由于该优化问题是非线性、非凸的,需要通过常见的非线性优化算法或者软件求解。

求解完规划年 $\tau=T-1$,每一个系统状态下的最优收费和道路拓宽改造策略 $\rho_a^{(T-1)}$,$y_a^{(T-1)}$ 后,可以进一步向前递推,求解规划年 $\tau=T-2$ 的策略,直到求解到规划基年 $\tau=0$ 的策略 $\rho_a^{(0)}$,$y_a^{(0)}$,如图 9-3 所示。最终得到自适应的 TS-DM 策略组合和预期的社会福利的期望值的最大值。

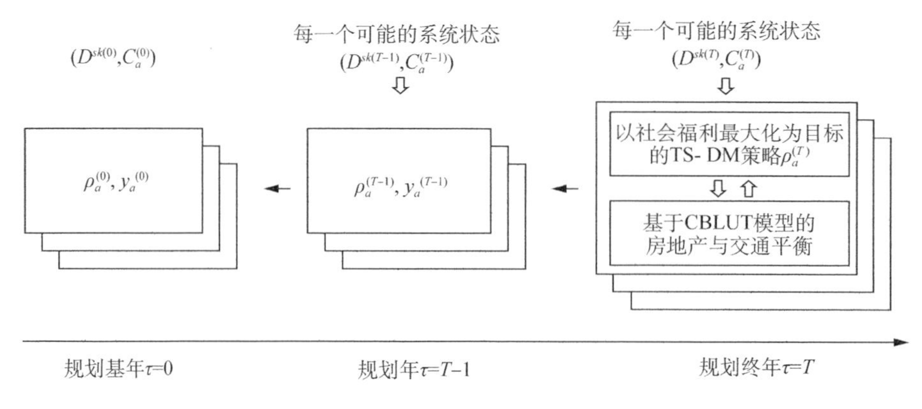

图 9-3 自适应的 TS-DM 策略求解过程

9.3 典型案例

9.3.1 场景设定

为方便进行自适应优化策略的比较,本案例土地与路网结构与上一章相同,如图 8-8 所示。规划期限为 30 年,并且每十年有一个规划决策年。

规划基年的背景条件,例如区域初始吸引力、道路路段通行能力等属性,见表 8-1 和表 8-2。

政府作为决策者,考虑到未来人口增长的不确定性,将规划目标定义为最大化整个规划周期内总体社会福利的期望值。

决策变量依然是典型的 TS-DM 策略,即同时考虑路段拓宽改造和道路收费,通过开发新的居住区 Zone 1 和工作地 Zone 5,以容纳更多的城市居民,提升城市系统总体运行水平。而居民和开发商依然是住宅地产市场和交通系统平衡中的核心行为主体。

对于道路拓宽改造，假设仅有 Link 3 和 Link 6 是预选的对象，并且为了更符合现实情况，拓宽改造的选项设定为是否提升 50% 的原始通行能力，即 $y_a^{(\tau)} \in \{0.5C_a^0, 0\}$，$C_a^{(\tau)} \leqslant 1.5C_a^0$。即假设原始路段是单向双车道，那么最低的拓宽改造是增加一条车道，即通行能力变为原始的 1.5 倍。现实中，增加两条车道就是两倍，以此类推。因此这里的决策变量不再是连续的，而是离散的。对于道路收费，依然可以在所有路段上收费，且收费金额是连续变量。

其他假设条件，例如初始居民居住地分布、收入水平和时间价值，以及交通出行方式与上一章相同。作为简单假设，每户家庭只有一位家庭成员工作，由他/她评价居住地的交通可达性。与上一章案例不同的是，每一个规划年度的人口增长水平是不确定的，存在不同概率下的若干种可能。

9.3.2 自适应策略

首先，基于 9.2 节的模型，定义受 TS-DM 的供给管理策略影响的供给状态为 $s(\tau, \bar{\omega})$。即规划年 τ 的第 $\bar{\omega}$ 个可能的道路拓宽改造状态，依次为：

- $\bar{\omega}=1$，没有任何拓宽改造；
- $\bar{\omega}=2$，仅拓宽改造 Link 3；
- $\bar{\omega}=3$，仅拓宽改造 Link 6；
- $\bar{\omega}=4$，Link 3 和 Link 6 均进行拓宽改造。

此外，模型假设任何已经完成的拓宽改造在规划期内均不会被废弃，也就是说，随着时间的推移，路段的通行能力只可能维持或者提升，不会降低。例如，状态只可能从 $s(0, 1)$ 变化为 $s(1, 2)$，即在规划年 $\tau=1$ 实现了对 Link 3 的拓宽改造。自此，到下一个规划年 $\tau=2$，状态不可能从 $s(1, 2)$ 变化为 $s(2, 3)$，因为 Link 3 已经在上一年完成了拓宽改造，并不会被废弃。整个规划周期，所有可能的道路改造状态如表 9-1 的第一列所示。事实上，表中每一行可能的道路改造状态，就对应了一个可能的系统状态演变集合，如表中第二列所示，即整个规划周期一共有六种道路改造分期实施方案。例如，某改造方案提出 Link 3 和 Link 6 需分期拓宽改造。从系统状态 $s(1, 2)$ 演变到 $s(2, 4)$，意味着 Link 3 的改造已经在 $\tau=1$ 完成，而 Link 6 的改造将在下一个规划年完成。

表 9-1 可能的道路拓宽改造状态

道路拓宽改造状态	对应的系统状态演变 $s(\tau, \bar{\omega})$
$C_3^{(0)}=C_3^{(1)}=C_3^{(2)}$，$C_6^{(0)}=C_6^{(1)}=C_6^{(2)}$ （即完全没有拓宽改造）	$s(0, 1)$，$s(1, 1)$，$s(2, 1)$
$C_3^{(1)}=C_3^{(2)}=1.5C_3^{(0)}$，$C_6^{(1)}=C_6^{(2)}=C_6^{(0)}$ （即仅在规划年 $\tau=1$ 拓宽完成 Link 3）	$s(0, 1)$，$s(1, 2)$，$s(2, 2)$
$C_3^{(1)}=C_3^{(2)}=C_3^{(0)}$，$C_6^{(1)}=C_6^{(2)}=1.5C_6^{(0)}$ （即仅在规划年 $\tau=1$ 拓宽完成 Link 6）	$s(0, 1)$，$s(1, 3)$，$s(2, 3)$
$C_3^{(1)}=C_3^{(2)}=1.5C_3^{(0)}$，$C_6^{(1)}=C_6^{(2)}=1.5C_6^{(0)}$ （即在规划年 $\tau=1$ 同时拓宽完成 Link 3 和 Link 6）	$s(0, 1)$，$s(1, 4)$，$s(2, 4)$

（续表）

道路拓宽改造状态	对应的系统状态演变 $s(\tau,\bar{\omega})$
$C_3^{(1)}=C_3^{(0)}$；$C_3^{(2)}=1.5C_3^{(0)}$，$C_6^{(1)}=C_6^{(2)}=1.5C_6^{(0)}$ （即在规划年 $\tau=1$ 拓宽完成 Link 6，而在规划年 $\tau=2$ 拓宽完成 Link 3）	$s(0,1)$，$s(1,3)$，$s(2,4)$
$C_3^{(1)}=C_3^{(2)}=1.5C_3^{(0)}$，$C_6^{(1)}=C_6^{(0)}$；$C_6^{(2)}=1.5C_6^{(0)}$ （即在规划年 $\tau=1$ 拓宽完成 Link 3，而在规划年 $\tau=2$ 拓宽完成 Link 6）	$s(0,1)$，$s(1,2)$，$s(2,4)$

其次，考虑未来人口增长的不确定性，定义 $d(\tau,\nu)$ 为规划年 τ 第 ν 个可能的需求（人口规模）状态。

如图 9-4 和表 9-2 所示。例如 $d(1,1)$ 代表在规划年 $\tau=1$ 的第一种可能的人口规模，即有 90 个高收入家庭和 130 个低收入家庭。人口规模的增长可以是仅受外部环境影响的变量，也可以是受上一年度城市系统运行表现影响的存在内部相关的变量，例如上一节中定义的 $Pr\{D^{sk(\tau)} \mid CS^{sk(\tau-1)}\}$。本案例中，假设每个规划年的人口增长概率是外部给定的，即 $Pr\{D^{sk(\tau)}\}$ 是常数。那么，系统状态就是需求状态 $d(\tau,\nu)$ 和供给状态 $s(\tau,\bar{\omega})$ 的集合。

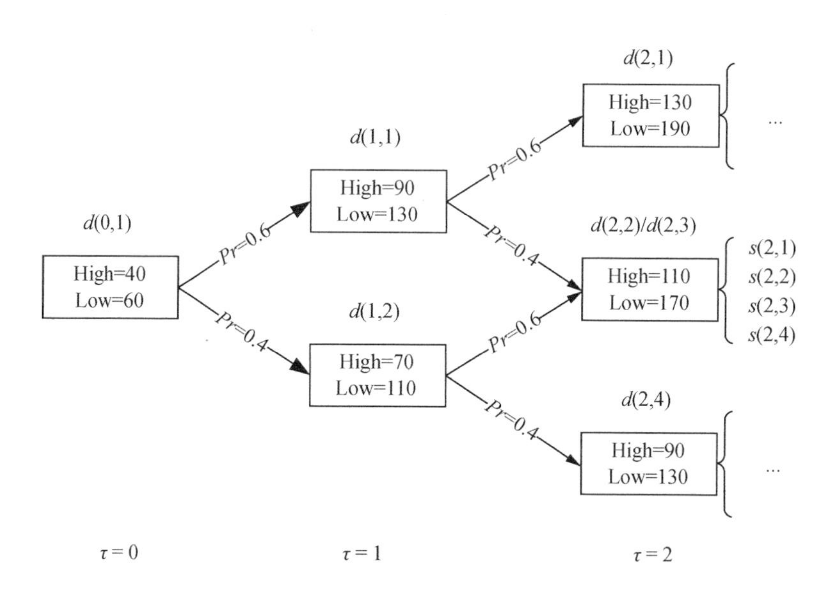

图 9-4　具有不确定性的规划年人口增长

表 9-2　具有不确定性的规划年人口规模

规划年	需求状态	高收入		低收入	
		Zone 5	Zone 6	Zone 5	Zone 6
$\tau=0$	$d(0,1)$	10	30	20	40
$\tau=1$	$d(1,1)$	35	55	60	70
	$d(1,2)$	25	45	50	60
	均值	31	51	56	66

（续表）

规划年	需求状态	高收入		低收入	
		Zone 5	Zone 6	Zone 5	Zone 6
$\tau=2$	$d(2, 1)$	55	75	90	100
	$d(2, 2)$	45	65	80	90
	$d(2, 3)$	45	65	80	90
	$d(2, 4)$	35	55	60	70
	均值	47	67	80.4	90.4

基于上一节阐述的求解方法，从规划终年 $\tau=2$ 开始，反向一步步求解出最优的 TS-DM 策略，如表 9-3 所示。对于每一个可能的系统状态，具有自适应的优化策略均给出了建议采用的方案，从而最大化当年以及接下来时间的社会福利目标。具体解读如下：

表 9-3 考虑不确定性的自适应的 TS-DM 策略组合 单位：HKD

规划年		$\tau=0$	$\tau=1$		$\tau=2$			
需求状态		$d(0, 1)$	$d(1, 1)$	$d(1, 2)$	$d(2, 1)$	$d(2, 2)$	$d(2, 3)$	$d(2, 4)$
$y_a^{(\tau)}$	Link 3	30	0	0	—	—	—	—
	Link 6	0	60	0	—	—	—	—
$\rho_a^{(\tau)}$	Link 1	6.2	45.9	30.5	68.7	61.0	70.4	46.9
	Link 2	0.0	2.0	1.8	12.4	9.3	11.1	3.7
	Link 3	0.5	0.1	0.1	10.1	0.0	23.7	12.2
	Link 4	1.5	8.6	7.1	0.0	10.7	1.6	0.0
	Link 5	0.7	1.3	0.1	7.8	0.0	25.3	0.6
	Link 6	5.7	59.2	41.5	89.4	83.6	79.3	54.9
	Link 7	0.0	3.4	2.3	18.1	17.3	18.2	4.9
最优 $SW^{(\tau)*}$ (1)		2.77×10^8	2.18×10^8	1.87×10^8	1.17×10^8	1.02×10^8	1.04×10^8	8.41×10^7

(1) 最优社会福利包含了三个规划年，因此取值为折算到规划初年 $\tau=0$ 的现值

(1) 综合来看，对于道路拓宽改造，最优策略是在规划初年 $\tau=0$ 拓宽 Link 3 以获得 30 单位的通行能力提升。而在下一个规划年 $\tau=1$，是否要拓宽 Link 6 以获得 60 单位的通行能力提升，取决于人口规模变化的情况。在规划终年 $\tau=2$，不再进行道路拓宽改造，因为本案例仅尝试最大化截止到 $\tau=2$ 的社会福利。

(2) 在每一个年份，TS-DM 策略都提出了若干条路段的收费建议。并且在规划初年并没有建议较高的收费水平，而是从下一年开始大幅提升 Link 1 和 Link 6 的收费水平。反观 Link 3 的收费水平，除非规划终年的需求状态为 $d(2, 3)$，此时收费水平较高(即 23.7)，否则在其他大部分可能的需求状态下，收费水平均较低甚至几乎不收费。这也体现出 CBLUT 模型考虑的是整个路网的系统最优，而非一定要在某条看似热门道路上收费。

(3) 由于需要考虑人口规模变化的不确定性,即规划年 $\tau=1$ 有两个可能的需求状态 $d(1, 1)$ 和 $d(1, 2)$,规划终年 $\tau=2$ 有四个可能的需求状态 $d(2, 1)$、$d(2, 2)$、$d(2, 3)$ 和 $d(2, 4)$,因此当时间推进到任何一个规划年,并且决策者发现人口规模达到了某个状态时,均可以在表 9-3 展示的策略组合中,找到对应的下一步方案。例如,如果到了规划年 $\tau=1$,人口增长速度相对比较缓慢,对应需求状态 $d(1, 2)$,那么无须拓宽 Link 6。但是要在 Link 1 和 Link 6 上收取较高的通行费,分别是 30.5 和 41.5。其他路段收费标准很低。如果到了规划终年 $\tau=2$,人口继续保持缓慢增长,对应需求状态 $d(2, 4)$,除了不再拓宽改造,还要适当提升 Link 1 和 Link 6 上的收费标准到 46.9 HKD 和 54.9 HKD,同时还要在 Link 3 上收费 12.2 HKD。

图 9-4 中展示的人口规模变化可能的状态,包含了从 $d(0, 1)$ 到 $d(1, 1)$ 到 $d(2, 1)$ 的高速增长场景,从 $d(0, 1)$ 到 $d(1, 2)$ 到 $d(2, 4)$ 的低速增长场景,以及介于两者之间的中速场景。在高速场景,即出行需求快速增加的情形下,Link 3 和 Link 6 两条路段均需要拓宽,且随着时间的推移,道路收费标准也显著上升;而在中、低速的场景,仅需要拓宽 Link 3,且总体道路收费水平也较低,这与人的感性判断相符。但是具体何时拓宽以及在哪些路段收费多少,是需要通过模型优化求解获得的。因为基础设施投资金额是巨大的,且还要考虑通货膨胀等宏观经济影响,所以可能数值上差一点,就会很大程度上影响整个系统运行效率,或者说带来社会福利的巨大改变。

需要注意的是,表 9-3 最后一行每一个单元格内社会福利最大化的取值 $SW^{(\tau)*}$,是从当年某个需求状态下开始算起到规划终年,期望获得的社会福利的最大值,不包括上一个规划年度。例如规划年 $\tau=1$,需求状态 $d(1, 2)$ 下的社会福利最大值为 1.87×10^8 HKD,并不包含规划初年 $\tau=0$ 当年获得的社会福利。因此随着时间的推移,表中显示的社会福利取值越来越小。

9.3.3 比较分析

本节比较在人口发展规模具有不确定性的条件下,采用本章提出的自适应的 TS-DM 策略(定义为场景 S1)和标准的 TS-DM 优化策略(定义为场景 S2)的表现差异。两个场景的规划目标相同,均为最大化整个规划周期的社会福利,并且均基于 CBLUT 模型。差异在于,S2 对于人口发展不确定性的考虑,直接选取了每一个规划年的人口规模的均值作为当年人口规模判断,并采用上一章定义的 TS-DM 策略优化方法。例如在本案例中,如表 9-2 所示,规划年 $\tau=1$ 的高低收入人口均值分别为 $0.6\times90+0.4\times70=82$ 和 $0.6\times130+0.4\times110=122$。因此,S2 给出的优化的 TS-DM 策略是一个方案,即在规划初年 $\tau=0$ 就预知每一年人口增长均值的条件下,提出一套确定的道路拓宽改造和道路收费方案。不管随着时间的推移,真实的人口规模到了多少,均继续采用初年就确定的方案。需要注意的是,这套方案依然考虑到了每一年的人口规模,依然需要计算每一年的住宅房地产和交通系统平衡,因此也会有针对每一年情况的实施方案。

表 9-4 和表 9-5 分别展示了在人口规模高速增长 $d(0, 1)-d(1, 1)-d(2, 1)$ 和低速增长 $d(0, 1)-d(1, 2)-d(2, 4)$ 条件下,不同策略场景的系统指标,包括消费者剩余、

生产者剩余和社会福利。将标准的 TS-DM 优化策略场景 S2 作为基准 100%，自适应性的 TS-DM 策略场景 S1 的各项指标均高于 S2。例如，折算成规划初年现值的社会福利从 2.81×10^8 HKD 增加了 4.8%到 2.94×10^8 HKD。虽然只是不到 5%的增长，现实中以金钱衡量可能就是数十亿元的差异。

为了进一步展示自适应的 TS-DM 策略的特点，继续提出两个假想的完美场景，S3a 和 S3b。S3a 场景下，假设决策者可以准确地判断出未来人口增长一定是高速的。S3b 场景下，假设决策者可以准确地判断出未来人口增长一定是低速的，即 S3a 和 S3b 均不存在人口发展的不确定性。那么分别在人口增长确定的高、低速条件下，应用前一章定义的标准的 TS-DM 策略方案，得到的优化策略应分别是两个条件下的最优解。如表 9-4 和表 9-5 所示，S3a 和 S3b 场景下的系统表现不仅全面好于基准场景 S2，而且比自适应策略的 S1 表现还略好。这充分说明，S1 场景下，自适应的 TS-DM 策略尽可能地考虑到了人口发展规模的不确定性，其实际表现非常接近于没有不确定性的完美场景 S3a 和 S3b。由于现实中几乎不存在对于未来人口完美的预测，因此不管是选择 S3a 还是 S3b 还是更多的 S3c 等，均会冒着很大的风险。只要人口发展和预期不一致，那么系统表现将迅速劣化。而如果取均值选择 S1，表现又不如 S2。因此本章提出的自适应的 TS-DM 策略优化方法，是应对人口增长等系统不确定性因素的推荐方法。

表 9-4　人口规模高速增长条件下不同方案指标对比

场景	S2	S3a	S1
CS[(1)]	8.04×10^7	8.27×10^7(+2.9%)	8.21×10^7(+2.1%)
PS[(1)]	2.01×10^8	2.13×10^8(+6.0%)	2.13×10^8(+5.9%)
SW[(1)]	2.81×10^8	2.95×10^8(+5.1%)	2.94×10^8(+4.8%)

表 9-5　人口规模低速增长条件下不同方案指标对比

场景	S2	S3b	S1
CS[(1)]	6.08×10^7	6.23×10^7(+2.5%)	6.19×10^7(+1.7%)
PS[(1)]	1.77×10^8	1.83×10^8(+3.8%)	1.84×10^8(+4.1%)
SW[(1)]	2.38×10^8	2.46×10^8(+3.5%)	2.46×10^8(+3.5%)

[(1)] 消费者剩余(*CS*)、生产者剩余(*PS*)和社会福利(*SW*)均折算为规划初年的现值

9.4　小结

本章基于上一章定义的一体化的 TS-DM 策略优化模型，进一步纳入了以人口增长不确定性为代表的系统不确定性因素的考量。借鉴动态规划思想，建立多阶段随机优化(Multi-stage stochastic program)问题，从而提出自适应性的 TS-DM 策略。通过一个典型案例的对比分析，证明了该策略方法当研究中涉及不确定性因素时的优越性。不仅全局来看主要系统指标(例如社会福利)的表现较优，而且优化方案以策略组合的形式表达，

方便决策者在任何规划时间点结合现实情况，灵活调整下一阶段的具体实施方案。

由于模型在优化求解过程中，在每一个可能的系统状态下均需要解决一次包含CBLUT模型的平衡和策略优化的双层优化问题，而现实应用中，土地利用和路网结构更加复杂，并且规划的时间节点更多，可能的人口规模状态更多，因此求解过程比较耗时。在未来的拓展研究中，可以尝试进一步学习与借鉴动态规划问题求解的先进方法，通过模型的优化，减少预期的计算量。

10 轨道交通与土地利用一体化开发策略

本书第6章建立了同时模拟居民居住地、交通出行选择以及开发商住宅开发选择的面向长期规划的土地利用和交通平衡模型。接下来的第8章，在CBLUT的基础上，建立了以缓解城市道路交通拥堵为目标的交通需求和供给管理策略优化模型，展现了不同类型的交通管理策略对交通系统运行，乃至房地产价值的影响。第9章进一步拓展到对人口发展规模等较长规划期内不确定性因素的考量，借鉴动态规划理念，提出了自适应的TS-DM策略优化方法。通过典型案例的多场景模拟分析，展现了该策略的先进性。

然而，第8章和第9章的策略均是从交通系统角度提出的。在当前城市发展背景下，愈发偏向通过更加综合且具有针对性的政策手段，提升城市系统运行效率。特别是对于土地利用和交通两个密切相关的系统，往往决策涉及的财政支出或投资金额巨大，作为规划决策者的政府部门和设施开发、运营管理者的公司企业（例如地铁公司、房地产开发商等）在项目中的角色亦可能互换或者兼任（例如轨道交通开发常见的各种PPP公私合营模式[①]）。因此有时决策者/管理者需要同时从土地利用和交通两个角度提出优化策略。

本章以近些年广受推崇的公共交通引导的土地利用开发模式，即TOD（Transit Oriented Development），作为典型的场景。通过模型的理论推导以及案例的多场景模拟，比较一体化的TOD开发策略和其他常见开发策略的优缺点，特别是对居民、开发商等参与方利益分配的影响。

10.1 TOD发展模式的评估与优化

TOD开发是公认的适用于高密度人口大城市的可持续的城市发展模式。其强调了中大运量公共交通对缓解城市中心区向心交通压力，以及在新城开发中避免城市无序蔓延与扩张的必要性。Litman(1995)指出，公共交通能够有效降低过多的道路与停车用地对城市用地资源的占用，是紧凑城市发展的催化剂。合理的中大运量公共交通网络布局，可以有效提升城市用地设施可达性，提升土地价值，促进基础设施投资。研究显示，在哥伦比亚的波哥大，每减少5 min的步行到达附近BRT[②]车站的时间，可以提升最高9.3%的房地产价值（Rodríguez et al., 2004）。而Munoz-Raskin(2007)指出，在波哥大，中等收

---

① 公私合营模式，俗称PPP模式，即Public Private Partnership。

② BRT，Bus Rapid Transit，即快速公交，属于中运量公共交通。

入水平家庭愿意为居住在 BRT 车站附近在购房预算上提升 2.3%～14.4%。

而对于以轨道交通为核心的 TOD 开发，相对来说不仅初期开发成本特别高，建成后的运营与维护成本也不是小数目，对于很多经济发展水平不够发达的城市来说，存在较大的风险和财政压力。香港是世界上极少数 TOD 开发的成功案例之一。2016 年，香港公共交通出行分担率接近 90%，而地铁的分担率又占到其中的近一半。一方面，相对较低的票价和较高的发车频率提升了地铁服务水平和竞争力。另一方面，以地铁为引导的新城开发和高强度用地规划布局，为地铁运营带来了大量的潜在客源。两者共同作用，地铁运营获得良性循环。但是支撑已经私有化的港铁公司持续进行新的线路开发并保持盈利的最大因素是其"地铁＋物业"的发展模式。也就是政府给予港铁公司一些地铁站点上盖物业的特许经营权，港铁公司能够对线路开发与营运、上盖物业开发进行统筹优化。研究表明，港铁单纯通过地铁上盖物业开发与管理获得的收入约等于 50%的非票务总收入，贡献了港铁公司总体收益中的 90%[①]（Lo et al.，2008；Tang et al.，2008；Tang et al.，2010a）。

基于 TOD 开发的上述特点，在通过城市仿真模型进行评估与优化的过程中，主要关注点如下：

（1）需要包括对决策具有影响的所有行为主体。例如居民、一体化的轨道与房地产开发商（即 TOD 开发商）、单纯的房地产开发商、单纯的轨道交通开发商，以及政府等。特别是 TOD 开发商的决策目标与其背景身份密切相关。可能是作为政府代言人的传统地铁公司，也可能是具有私有化背景的投资商。在模型中目标函数以及决策变量的定义均可能不同。

（2）能够量化轨道交通开发对房地产价值的影响。包含房地产和轨道交通在内的各项投资与收入情况，是开发商或者政府决策者最关心的内容。对于开发商，直接影响到轨道交通的服务水平和开发运营是否可持续。对于政府，直接影响到采用什么样的 PPP 模式，与私人开发商签订什么样的合约，提供多少地产开发的特许经营权等。

（3）轨道交通投资规模大、周期长。模型应能帮助开发商/决策者在长期项目投资上进行决策优化，如分期开发策略等。

（4）此外，模型应能通过多场景分析，比较不同开发方式（如是进行一体化的 TOD 开发，还是轨道交通和房地产由不同开发商开发等）在各个维度指标上的差异。特别是包括居民在内的多参与方利益分配是否均衡，是否能够有效照顾社会公平，为城市居民提供高质量且公平的多方式交通出行服务。

因此，以此为背景，本章在 CBLUT 模型的基础上，提出典型的 TOD 开发策略优化建模方法。与第 8 章以 TS-DM 策略优化为目标的模型（如图 8-7）不同的是，一体化的 TOD 开发策略的决策者需要同时确定地铁线路运营指标，以及站点周边房地产开发类型、规模，以期获得最大的收益或者最优的系统运行效能（如图 10-1）。因此 TOD 开发商同时也要参与房地产市场的竞价过程。这在现实中一些成功地引入 PPP 模式的 TOD 开发案例中比较常见。

---

① 港铁 2021 年年报显示，集团基本业务利润 111.51 亿港元，其中税后的业务发展利润就达到了 93.43 亿港元。港铁在香港投资物业 14 个商场，管理 11.4 万个住宅单位。

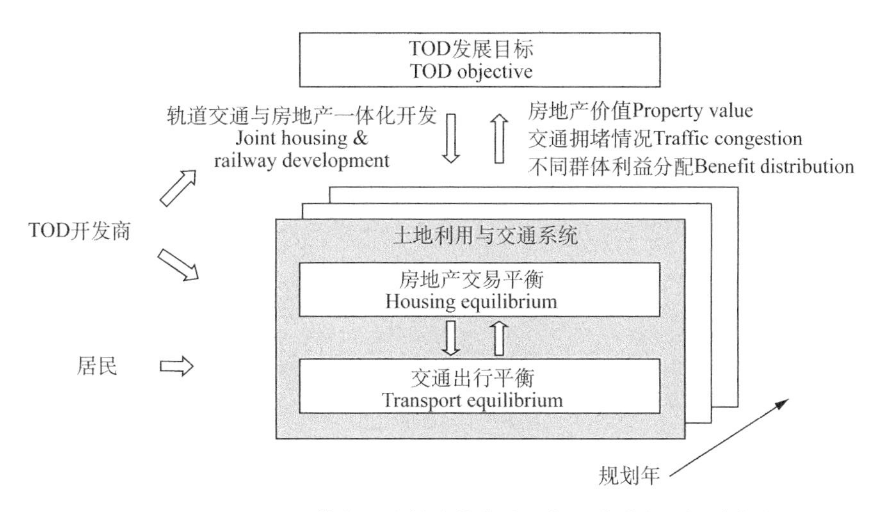

图 10-1 以 TOD 一体化开发策略优化为目标的优化问题和参与方

10.2 居民的居住地和交通出行选择

TOD 模式下居民依然需要做出居住地和交通出行的选择，并且在模型中依然是一个基于多层多项 Logit 模型的选择结构。与前述章节典型案例的差异在于，本章中居民同时要进行居住地、出行方式(小汽车或者地铁)，以及小汽车出行路径的三层选择(如图 10-2)。

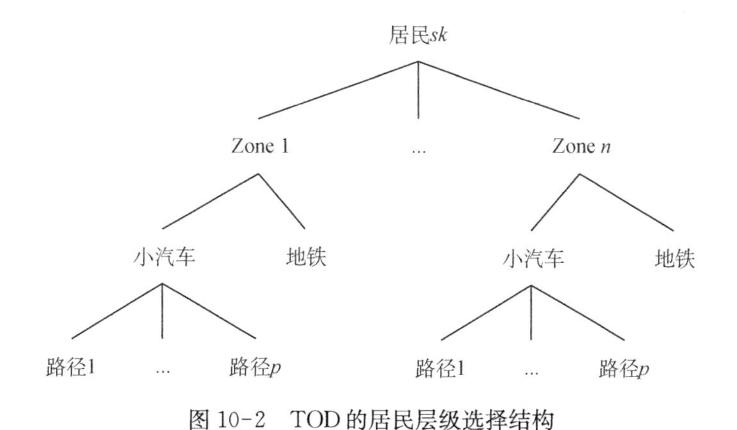

图 10-2 TOD 的居民层级选择结构

10.2.1 交通出行选择

本章中居民交通出行综合费用(效用)用等价的金钱花费来衡量。

对于地铁出行，出行费用包含了出行时间和票价两部分。由于现实中绝大部分城市轨道交通网络没有道路网络那么密集，且车辆行驶速度比较稳定，不像地面小汽车会受到道路拥堵的影响，因此起讫点之间采用地铁出行的路径可以假设为是唯一的，或者说不管如何换乘，出行时间和票价都保持不变[①]。当然，如果模型假设进一步延伸至包含地面公交和地铁的综合公共交通方式，那么可以进一步拓展公共交通方式的下一层级方式与路径模型选择。这既不会改变CBLUT模型的底层逻辑架构，也不会显著增加额外的模型求解难度。

在此，将居民类型 k 使用地铁出行往返于起讫点 rs 的综合出行费用的效用方程定义为：

$$c_{\text{rail}}^{rsk} = (ct\_i^{rs} + ct\_w^{rs}) \cdot vot^{k} + cp^{rs}, \tag{10.1}$$

其中 ct_i^{rs} 是起讫点 rs 之间的地铁行驶时间，ct_w^{rs} 是等候地铁的时间。vot^{k} 是居民类型 k 的时间价值。cp^{rs} 是起讫点 rs 之间地铁票价。

需要注意的是，为方便公式理解，本章简化了所有变量和常量的时间维度的表达，即省略了反映所处规划年的上标（τ）。

在现实中，地铁在两个车站间的行驶时间 ct_i^{rs} 与站间距离和地铁运营速度直接相关。在绝大多数情况下，一旦地铁线路建成并投入正常运营，行驶距离和运营速度将保持稳定。因此在模型中，行驶时间被看成可直接计算出的定值。而两点间乘坐地铁的等候时间 ct_w^{rs} 与地铁运行服务水平的主要指标，即与发车间隔 hw^{rs} 直接相关。发车间隔，即每隔多少时间（分钟）发出一班地铁，或者说前后两辆地铁到达某个车站月台的时间差。发车频率越高，发车间隔越短，需要投入运营的地铁车辆就越多，地铁投资与运营成本就越高。因此发车间隔是很多情况下兼任地铁运营管理者的TOD开发商可以结合现实进行调整的决策变量。等候时间 ct_w^{rs} 是发车间隔 hw^{rs} 的因变量，可被定义为：

$$ct\_w^{rs} = \kappa_{cti} \cdot hw^{rs} \tag{10.2}$$

其中 κ_{cti} 是反映发车间隔和平均等候时间关系的参数。当不存在严重的地铁拥堵，即等候的乘客挤不上地铁的情况时，κ_{cti} 是一个大于0小于1的常数，一般取0.5。在现实中，如果涉及地铁换乘，且不同地铁线路的发车间隔不同，那么每一对起讫点 rs 之间的平均等候时间 ct_w^{rs} 可以预先估计出来。

同理，地铁票价 cp^{rs} 因为不涉及地铁线路站点调整和车辆增减等因素，票价水平的调整也更为灵活，同样是TOD开发商运营管理中的决策变量之一。

对于小汽车出行，同样考虑出行时间和金钱花费两部分，效用方程可直接参考公式(5.6)，将居民类型 k 使用小汽车（公式中用auto表示）沿着路径 p 往返于起讫点 rs 的综合出行费用的效用方程定义为：

$$c_{p|\text{auto}}^{rsk} = \sum_{a} \delta_{a,p}^{rs} (vot^{k} \cdot t_{a} + \rho_{a}) \tag{10.3}$$

为反映交通拥堵效应，同样引入BPR方程作为路阻函数，计算实际的路段出行时间 t_a。

基于Logit模型，居民类型 k 使用小汽车选择路径 p 的概率可被定义为：

① 以地铁观光为目的的故意多次换乘或者延长地铁出行时间的出行行为，数量占比极少，且效用影响因子将不再单纯包括时间和金钱，在这里不做考虑。

$$Pr_{p|\text{auto}}^{rsk} = \frac{\exp(-\beta_p^k \cdot c_{p|\text{auto}}^{rsk})}{\sum_{p' \in P^{rs}} \exp(-\beta_p^k \cdot c_{p'|\text{auto}}^{rsk})} \tag{10.4}$$

相应地，居民类型 k 使用小汽车出行的综合出行费用的期望值可被定义为：

$$c_{\text{auto}}^{rsk} = -\frac{1}{\beta_p^k} \cdot \ln\left[\sum_{p' \in P^{rs}} \exp(-\beta_p^k \cdot c_{p'|\text{auto}}^{rsk})\right] \tag{10.5}$$

那么，居民类型 k 选择出行方式 m（其中 $m \in \{\text{rail}, \text{auto}\}$）往返于起讫点 rs 的概率可被定义为：

$$Pr_m^{rsk} = \frac{\exp(-\beta_m^k \cdot c_m^{rsk})}{\sum_{m' \in \{\text{rail}, \text{auto}\}} \exp(-\beta_m^k \cdot c_{m'}^{rsk})} \tag{10.6}$$

相应地，工作在 s 的居民类型 k 对居住在地点 r 的综合交通可达性判断，可被定义为：

$$\mu^{rsk} = -\frac{1}{\beta_m^k} \ln \sum_m \exp(-\beta_m^k \cdot c_m^{rsk}) \tag{10.7}$$

最终，可以计算出起讫点 rs 之间的地铁客流 q_{rail}^{rs} 为：

$$q_{\text{rail}}^{rvsk} = q^{rvsk} \cdot Pr_{\text{rail}}^{rsk} \tag{10.8}$$

$$q_{\text{rail}}^{rs} = \sum_v \sum_k q^{rvsk} \cdot Pr_{\text{rail}}^{rsk} \tag{10.9}$$

而使用小汽车出行并选择路径 p 的居民数量 $f_{p|\text{auto}}^{rs}$ 为：

$$f_{p|\text{auto}}^{rvsk} = q^{rvsk} \cdot Pr_{\text{auto}}^{rsk} \cdot Pr_{p|\text{auto}}^{rsk} \tag{10.10}$$

$$f_{p|\text{auto}}^{rs} = \sum_v \sum_k q^{rvsk} \cdot Pr_{\text{auto}}^{rsk} \cdot Pr_{p|\text{auto}}^{rsk} \tag{10.11}$$

其中 q^{rvsk} 表示选择工作在 s、居住在 r 的住宅类型为 v 的居民类型 k 的数量。v 指的是 TOD 开发商所开发的住宅类型，例如大户型或者小户型，超高层或者多层等。每一种类型对应着不同的开发成本。因此，在每一个住宅区 r 开发什么样的户型组合，也是 TOD 开发商的决策变量，将在后续小节介绍具体模型定义。此外，需要注意的是，居民数量 q^{rvsk} 是居民参与住宅房地产交易的结果，详见下一节的公式定义。

10.2.2　居住地选择

基于第 6 章的 CBLUT 模型，在级差地租理论和 Logit 模型框架下，定义工作在 s 的居民类型 k 对居住地 r 的住宅类型 v 的出价意愿 $WP^{sk/rv}$ 为：

$$WP^{sk/rv} = b^{sk} - \mu^{rsk} + \alpha^k \cdot ls^v + wp \tag{10.12}$$

其中 b^{sk} 是居民购房获得的效用指数。

μ^{rsk} 是居民对居住地 r 的交通可达性判断，参见公式(10.7)。

ls^v 代表基于特征价格法(Hedonic pricing method)的住宅类型 v 的各项属性,例如住宅面积。

α^k 是居民类型 k 对住宅类型的偏好参数。例如对于住宅面积,一般来说房型越大居民获得的效用越高,因此 α^k 是大于 0 的实数。

其他居住地周边外部影响因素在此不做一一列举,可参见第 6 章 CBLUT 模型中的定义。

wp 是待标定的模型参数,反映了居民购房竞标意愿和实际观测的住宅成交价之间的差异。基于 Logit 模型特性,因为 wp 是一个常数,所以其具体取值不影响级差地租模型居民选择不同类型住宅的概率(Martínez et al., 2007)。在土地利用平衡模型的总体住宅供给等于总体住宅需求的基本假设下,居民类型 k 在竞价过程中,通过调整他们的效用指数 b^{sk},最终会居住在某一个居住地 r 的住宅类型 v 中,即:

$$\sum_{r' \in R}\sum_{v' \in V}\Psi^{r'v'} = \sum_{s' \in S}\sum_{k' \in K}D^{s'k'} \tag{10.13}$$

其中 Ψ^{rv} 是由 TOD 开发商住宅开发决策确定的、在居住地 r 开发的住宅类型 v 的数量(将在下一节中介绍)。D^{sk} 是在市场中寻求住宅的工作在 s 的居民类型 k 的数量,假设是模型外部给定的。因此,效用指数 $\boldsymbol{b}^{sk}$ 是一个 $S \times K$ 的矩阵,反映了工作在不同地点的不同类型居民在进行居住地选择时的偏好差异(Ma et al., 2012)。

相应地,某套在居住地 r 开发的类型 v 住宅被工作在 s 的居民类型 k 成功竞价获得的概率可被定义为:

$$Pr^{sk/rv} = \frac{\exp(\beta \cdot WP^{sk/rv})}{\sum_{s'k' \in SK}\exp(\beta \cdot WP^{s'k'/rv})} \tag{10.14}$$

如果 TOD 开发商决定在居住地 r 开发类型 v 的住宅数量为 Ψ^{rv},那么将有 q^{rvsk} 个居民最终居住在这些住宅中,定义为:

$$q^{rvsk} = \Psi^{rv} \cdot Pr^{sk/rv} \tag{10.15}$$

此外,经过居民与开发商之间的竞价,最终居住地 r 类型 v 的住宅成交价,也就是考虑了住宅供应量 Ψ^{rv} 的,所有 $S \times K$ 类竞价居民最高出价意愿的期望值的最大值,可被定义为:

$$\varphi^{rv} = \frac{1}{\beta} \cdot \ln\Big[\sum_{s'k' \in SK}\exp(\beta \cdot WP^{s'k'/rv})\Big] - \frac{1}{\beta} \cdot \ln(\Psi^{rv}) \tag{10.16}$$

有关公式(10.16)的具体解释和相关特性讨论,可参见章节 6.1。

相应地,选择工作在 s 居住在 r 处类型 v 的住宅的居民类型 k 最终获得的消费者剩余可被定义为:

$$CS^{rvsk} = WP^{sk/rv} - \varphi^{rv} \tag{10.17}$$

基于第 6 章 CBLUT 模型的讨论,消费者剩余 CS^{rvsk} 也就成为居民视角下,基于效用最大化原则的居住地以及房型选择的效用。

10.2.3 平衡模型的求解

基于章节 6.1 的 CBLUT 模型的求解方法，在此定义等价的非线性互补 NCP 问题为：找到 $\boldsymbol{Z}^* \geqslant \boldsymbol{0}$，使得

$$F(\boldsymbol{Z}^*) \geqslant \boldsymbol{0} \tag{10.18}$$

$$\boldsymbol{Z}^{*\mathrm{T}} \cdot F(\boldsymbol{Z}^*) = 0 \tag{10.19}$$

其中 $\boldsymbol{Z} = \begin{pmatrix} f_{p|\text{auto}}^{rvsk}, & \forall r, v, s, p, k \\ q_{\text{rail}}^{rvsk}, & \forall r, v, s, k \\ b^{sk}, & \forall s, k \end{pmatrix}$ 是一个包含小汽车路径流量、地铁客流，以及居民居住效用指数的列向量，参见公式(10.1)～(10.17)。相应地

$$\boldsymbol{F}(\boldsymbol{Z}) = \begin{pmatrix} f_{p|\text{auto}}^{rvsk} - \Psi^{rv} \cdot Pr^{sk/rv} \cdot Pr_{\text{auto}}^{rsk} \cdot Pr_{p|\text{auto}}^{rsk}, & \forall r, v, s, p, k \\ q_{\text{rail}}^{rvsk} - \Psi^{rv} \cdot Pr^{sk/rv} \cdot Pr_{\text{rail}}^{rsk}, & \forall r, v, s, k \\ \sum_{rv} \Psi^{rv} \cdot Pr^{sk/rv} - D^{sk}, & \forall s, k \end{pmatrix}$$

也是一个列向量。

非线性互补条件可被写为：

$$f_{p|\text{auto}}^{rvsk}(f_{p|\text{auto}}^{rvsk} - \Psi^{rv} \cdot Pr^{sk/rv} \cdot Pr_{\text{auto}}^{rsk} \cdot Pr_{p|\text{auto}}^{rsk}) = 0, \ \forall r, v, s, p, k \tag{10.20}$$

$$f_{p|\text{auto}}^{rvsk} - \Psi^{rv} \cdot Pr^{sk/rv} \cdot Pr_{\text{auto}}^{rsk} \cdot Pr_{p|\text{auto}}^{rsk} \geqslant 0, \ \forall r, v, s, p, k \tag{10.21}$$

$$q_{\text{rail}}^{rvsk}(q_{\text{rail}}^{rvsk} - \Psi^{rv} \cdot Pr^{sk/rv} \cdot Pr_{\text{rail}}^{rsk}) = 0, \ \forall r, v, s, k \tag{10.22}$$

$$q_{\text{rail}}^{rvsk} - \Psi^{rv} \cdot Pr^{sk/rv} \cdot Pr_{\text{rail}}^{rsk} \geqslant 0, \ \forall r, v, s, k \tag{10.23}$$

$$b^{sk}\left(\sum_{rv} \Psi^{rv} \cdot Pr^{sk/rv} - D^{sk}\right) = 0, \ \forall s, k \tag{10.24}$$

$$\sum_{rv} \Psi^{rv} \cdot Pr^{sk/rv} - D^{sk} \geqslant 0, \ \forall s, k \tag{10.25}$$

$$f_{p|\text{auto}}^{rvsk} \geqslant 0, \ \forall r, v, s, p, k \tag{10.26}$$

$$q_{\text{rail}}^{rvsk} \geqslant 0, \ \forall r, v, s, k \tag{10.27}$$

$$b^{sk} \geqslant 0, \ \forall s, k \tag{10.28}$$

公式(10.20)～(10.21)和公式(10.22)～(10.23)模拟了居民的小汽车与地铁的方式选择，和小汽车的路径选择行为，以及对应的交通出行平衡。公式(10.24)～(10.25)模拟了居民的居住地选择行为以及对应的住宅房地产交易平衡，并保证在住宅总体供给等于总体需求的前提下，每一个居民都能最终居住在研究区域内的某处住宅内。

上述问题可以进一步改写成一个等价的无约束的非线性优化问题。目标为使最小化间隙函数取值为 0，定义为：

$$\begin{aligned}\min G(\mathbf{Z}) = & \sum_{rvskp} \vartheta(f_{p|\text{auto}}^{rvsk}, f_{p|\text{auto}}^{rvsk} - \Psi^{rv} \cdot Pr^{sk/rv} \cdot Pr_{\text{auto}}^{rsk} \cdot Pr_{p|\text{auto}}^{rsk}) + \\ & \sum_{rvsk} \vartheta(q_{\text{rail}}^{rvsk}, q_{\text{rail}}^{rvsk} - \Psi^{rv} \cdot Pr^{sk/rv} \cdot Pr_{\text{rail}}^{rsk}) + \\ & \sum_{sk} \vartheta(b^{sk}, \sum_{rv} \Psi^{rv} \cdot Pr^{sk/rv} - D^{sk})\end{aligned} \tag{10.29}$$

其中 $\vartheta(\cdot)$ 被定义为：

$$\vartheta(c, d) = \frac{1}{2}\varphi^2(c, d) \tag{10.30}$$

$$\varphi(c, d) = \sqrt{c^2 + d^2} - (c + d) \tag{10.31}$$

相关解释和求解方法可参见章节 6.1.4。

10.3 TOD 开发商决策

在很多 TOD 开发场景下，其决策者 TOD 开发商，不仅要决定地铁线路运营服务水平，还要决定地铁站点周边住宅开发的规模和类型。因此在城市政策的双层优化模型中，住宅供应量也成为决策者的上层决策变量。而在模型下层，只包含居民的交通出行平衡，以及居民和开发商之间的房地产交易平衡。

本章中，TOD 开发商的决策包括地铁运行的发车间隔 hw^{rs} 和票价 cp^{rs}，以及地铁站点周边居住地 r 的不同类型住宅 v 的供给数量 Ψ^{rv}。

对于 TOD 开发目标的确定，一方面，如同本章开始所说，由于 TOD 开发商既可以是国有公司也可以是私人公司，因此不同性质的公司制定的开发目标会有差异。例如私人开发商总体以利益最大化为目标，而国有公司需要在维持收支平衡甚至部分依赖政府补贴的前提下，兼顾城市系统运行效率等目标。另一方面，在 CBLUT 和双层决策优化模型架构下，TOD 开发的决策理论上可以模拟多个决策者的决策场景。例如可以是仅有一个独立的 TOD 开发商同时进行住宅开发和地铁运营管理决策。也可以类似第 9 章，地铁运营决策由代表政府的国有地铁公司负责，而地铁站点附近的房地产开发由其他私人房地产甚至国有房地产公司负责。后者的建模方法可以直接参考第 8 章的 TS-DM 策略优化方法。本章将重点模拟由独立 TOD 开发商负责的一体化的轨道和房地产开发（Joint housing and rail development）决策过程。

10.3.1 开发成本与收益

本节定义一体化的轨道和房地产开发中涉及的成本与收益。包括：

1）地铁开发与运营成本

定义 $B_{\tilde{T}}$ 为地铁开发与运营的总成本，包括初始地铁线路、站点基础设施建设成本 $B_{\tilde{T}C}$，以及建成投入使用后的运营成本 $st \cdot b_{\tilde{T}O}$，公式表达为：

$$B_{\tilde{T}} = B_{\tilde{T}C} + st \cdot b_{\tilde{T}O} \tag{10.32}$$

其中 st 是为了维持目标运营服务水平，需要购买的地铁车辆数。作为简单假设，$b_{\tilde{T}O}$ 是平均每一辆地铁车辆的购置成本和运维成本，即购置费用也根据平均服役年限折算到每一辆车的运维成本中。假设在给定的地铁网络(线路＋站点)中，地铁车辆数 st 和地铁发车间隔 hw^{rs} 呈负相关的关系，即投入运营的车辆越多发车频率越高，时间间隔越短，公式表达为：

$$\partial st / \partial hw^{rs} < 0 \tag{10.33}$$

2) 地铁运营收益

定义 $R_{\tilde{T}}$ 为地铁运营的收益，其主要来源是票价收入，即：

$$R_{\tilde{T}} = \sum_{rs} q_{\text{rail}}^{rs} \cdot cp^{rs} \tag{10.34}$$

其中 q_{rail}^{rs} 是起讫点 rs 间的地铁客流量，见公式(10.8)～(10.9)。cp^{rs} 是起讫点 rs 间的票价水平，是 TOD 开发商的决策变量之一。

3) 住宅房地产开发成本

定义 B_{H} 为住宅房地产的开发成本，假设有 r 处居住地，v 种住宅房型，那么可定义为：

$$B_{\mathrm{H}} = \sum_{v} \sum_{r} b_{\mathrm{H}}^{v} \cdot \Psi^{rv} \tag{10.35}$$

其中 b_{H}^{v} 是房型 v 的单位开发成本。因此，b_{H}^{v} 随着每套住宅户型面积 ls^{v}[参见公式(10.12)]的增大而等比例增大。Ψ^{rv} 是居住地 r 的不同类型住宅 v 的供给数量。

基于 CBLUT 模型，假设住宅总体供给等于总体需求。在本章中不考虑人口增长规模的不确定性，因此每一年的住宅总需求是给定的常数，住宅供给总数 Ψ 也是给定的常数。所以 TOD 开发商的住宅开发决策，可以通过其在不同地点 r 开发的不同房型 v 的概率 Pr^{rv} 来定义，公式表达为：

$$\Psi^{rv} = \Psi \cdot Pr^{rv} \tag{10.36}$$

4) 住宅房地产开发收益

定义 R_{H} 为住宅房地产的开发收益，也就是经过了与居民的房地产交易过程后，所有地点所有类型住宅的销售总收入，定义为：

$$R_{\mathrm{H}} = \sum_{v} \sum_{r} \varphi^{rv} \cdot \Psi^{rv} \tag{10.37}$$

其中 φ^{rv} 是每一套住宅的成交价。

10.3.2 一体化的轨道和房地产开发决策

本节通过模型定义以香港港铁公司(MTRC)为代表的一体化的轨道和房地产开发决策过程。作为现实中逐渐从"国有"转向私有化的公司，将港铁的开发目标假设为投资收益最大化。而政府部门决策者的目标考量，将通过规划以及开发的限制条件反映在模型中。例如每一个居住地都有住宅开发容积率的上限和下限，开发的住宅房型(例如户均面积)需要考虑中低收入水平居民的支付能力，考虑社会公平。此外，地铁票价也不可定得过高。

将港铁公司 MTRC 作为独立的决策者，其在一体化的轨道和房地产开发中的总收益为：

$$\begin{aligned}\Pi &= R_{\mathrm{H}} + R_{\widetilde{\mathrm{T}}} - B_{\mathrm{H}} - B_{\widetilde{\mathrm{T}}} \\ &= \sum_{v}\sum_{r}\varphi^{rv}\cdot\Psi^{rv} + \sum_{rs} q_{\mathrm{rail}}^{rs}\cdot cp^{rs} - \sum_{v}\sum_{r} b_{\mathrm{H}}^{v}\cdot\Psi^{rv} - B_{\widetilde{\mathrm{T}}\mathrm{C}} - st\cdot b_{\widetilde{\mathrm{T}}\mathrm{O}}\end{aligned} \tag{10.38}$$

那么以收益最大化为目标的最优开发决策可以定义为一个包含平衡条件的双层优化问题：

$$\underset{Pr^{rv},hw^{rs},cp^{rs}}{\text{Maximize}}\,\Pi = R_{\mathrm{H}} + R_{\widetilde{\mathrm{T}}} - B_{\mathrm{H}} - B_{\widetilde{\mathrm{T}}} \tag{10.39}$$

s. t.

$$G(\boldsymbol{Z}) = 0 \tag{10.40}$$

以及公式(10.1)～(10.17)的定义

$$\sum_{r}\sum_{v} Pr^{rv} = 1 \tag{10.41}$$

$$B_{\mathrm{H}} + B_{\widetilde{\mathrm{T}}} \leqslant B \tag{10.42}$$

$$Pr^{rv} \geqslant 0,\ \forall r,\ v \tag{10.43}$$

$$\underline{hw} \leqslant hw^{rs} \leqslant \overline{hw},\ \forall r,\ s \tag{10.44}$$

$$\underline{cp} \leqslant cp^{rs} \leqslant \overline{cp},\ \forall r, s \tag{10.45}$$

其中：

(1) MTRC 有三个实现收益最大化的手段(决策变量)，即选择在居住地 r 开发房型 v 的概率 Pr^{rv}，地铁运营发车间隔 hw^{rs}，以及票价水平 cp^{rs}。

(2) $G(\boldsymbol{Z})=0$ 是 CBLUT 模型中定义的土地利用与交通平衡条件。

(3) 公式(10.42)定义了 MTRC 的总体预算上限。即考虑 MTRC 自身投融资水平，住宅房地产和地铁开发运营投资上限不能超过一个常量 B。

(4) 公式(10.44)定义了地铁运营发车间隔的上下限。其中下限的制定依据是政府对于城市公共交通基本服务水平的要求。而上限的制定依据是当前技术水平下，在保证车辆运营安全的基础上，地铁公司能实现的最高的发车频率①。

(5) 公式(10.45)定义了地铁票价的上下限。其中下限的制定依据是政府对于地铁参与地面公交等其他出行服务公平竞争的考量。而上限的制定依据是政府对于地铁这种公共服务设施公益性以及公平性的考量。

与前述章节定义的政策优化模型类似，公式(10.39)～(10.45)定义的包含平衡条件的双层优化问题是非线性以及非凸的。所以在包含了复杂交通网络和用地结构的现实应

① 地铁最高发车频率和维持一定的运营车速下站点间的行车闭塞相关。即运行中的前后两辆车之间的最短时间间隔必须高于一个值，才能保证在遇到前车突然制动等突发事件时，避免后车追尾的情况发生。目前最高的发车频率已经可以做到 1.5 min/班次。

用中，需要通过常见的非线性优化算法或者软件来求解。然而，本书基于简单的网络假设条件，通过模型的数学推导，得到了一些定性的发现，这将在下一节中展开讨论。

10.4　一体化的轨道和房地产开发影响分析

公式(10.1)～(10.17)定义的是在给定的土地利用与交通(即地铁运营与住宅分布)系统中，居民的居住地和交通出行选择，以及房地产市场互动。在研究和现实应用中，比较值得探讨的是在不同的轨道交通和房地产开发策略下，居民、开发商等参与方的利益分配，以及系统总体运行效率。本节定义了一个最简单的网络，即只有一个居住地、一个工作地，通过模型的数学推导，得到了一些定性的结论，并且进一步通过敏感性分析进行了验证。

10.4.1　模型性质推导

因为只有一个居住地和一个工作地，为方便理解，以下推导中，将省略代表居住地和工作地的上标 r 和 s。此外，定义地铁这种出行方式为 $\tilde{m}$，小汽车出行方式为 $\bar{m}$。一体化的轨道和房地产开发决策变量分别为 Pr^v、hw 和 cp。其他初始条件假设如下：

(H_0)：路网只有一个居住地和一个工作地。进行居住地和交通出行选择的居民根据不同的收入水平被划分为 $k(k=1, 2, \cdots, K)$ 种类型。每种类型的居民数量是给定的，为 H^k。

(H_1)：TOD 开发商可以在若干种不同户型面积 ls^v 的住宅类型 v 中进行开发选择，户均面积由小到大为 $ls^1 < ls^2 < \cdots < ls^V$。每种户型的开发量由 TOD 开发商决定，即 $\Psi^v = \Psi \cdot Pr^v$。总体住宅供给等于总体居民数量，即 $\Psi = H = \sum_k H^k$。

(H_2)：有小汽车和轨道交通两种出行方式选择。每种出行方式之间仅有一条路径连接居住地和工作地。对于小汽车交通，需要通过 BPR 函数考虑道路交通拥堵的影响。

(H_3)：居民根据其收入水平不同，拥有不同的时间价值，从低到高分别为 $vot^1 < vot^2 < \cdots < vot^K$。

【命题 10.1】　在 (H_0) ～ (H_3) 的假设条件下，改变轨道交通的开发决策，例如调整发车间隔或者改变票价水平，不会影响居民对于住宅类型的选择。

证明：

定义轨道交通发车间隔的改变为 Δhw，票价水平的改变为 Δcp，那么可以根据公式(10.1) ～ (10.7)，计算出相应的不同类型居民感受到的交通可达性的改变为 $\Delta\mu^k$，$k=1, 2, \cdots, K$。根据假设，不同类型居民由于时间价值不同，因此感受到的可达性变化不同，但是都不会因选择的住宅房型 v 的改变而改变。

要证明命题 10.1，也就等价于证明相应的由公式(10.14)定义的居民最终住在住宅房型 v 的概率不发生改变，即：

$$\Delta Pr^{k/v}=\frac{\exp[\beta\cdot(WP^{k/v}+\Delta WP^{k/v})]}{\sum_{k'\in K}\exp[\beta\cdot(WP^{k'/v}+\Delta WP^{k'/v})]}-\frac{\exp(\beta\cdot WP^{k/v})}{\sum_{k'\in K}\exp(\beta\cdot WP^{k'/v})}=0 \quad (10.46)$$

将公式(10.46)进行简化,可以得到:

$$\Delta WP^{k/v}=\frac{1}{\beta}\ln\left\{\frac{\sum_{k'\in K}\exp[\beta\cdot(WP^{k'/v}+\Delta WP^{k'/v})]}{\sum_{k'\in K}\exp(\beta\cdot WP^{k'/v})}\right\} \quad (10.47)$$

公式(10.47)意味着所有居民对于不同房型的出价意愿的改变是相同的,也就是:

$$\Delta WP^{1/v}=\Delta WP^{2/v}=\cdots=\Delta WP^{K/v} \quad (10.48)$$

根据公式(10.12),上式可以写成:

$$\Delta WP^{k/v}=\Delta b^{k}-\Delta\mu^{k},\ \forall k,\ v \quad (10.49)$$

基于 Logit 模型的特性,两个选择对象之间概率的差异,只与这两个对象效用的差异有关。那么通过将公式(10.12)中定义的居民类型 $k=1$ 的效用指数 b^1 设定为0,即 $b^1=0$,我们可以通过求解 CBLUT 模型找到在给定的住宅和交通设施供给条件下,一个确定的效用指数集 b^k, $k=1, 2, \cdots, K$,实现住宅选择的平衡(Briceño et al., 2008; Ma et al., 2012)。因此,本定理也就是要证明,当发车间隔改变后存在一组平衡解 b^k, $k=1, 2, \cdots, K$,使得公式(10.46)成立。

假设居民类型 $k=1$ 的效用指数 b^1 在发车间隔改变前后均不改变,并将此作为参照,即 $\Delta b^1=b^{1(1)}-b^{1(0)}=0$,可以得到:

$$\Delta WP^{1/v}=\Delta b^{1}-\Delta\mu^{1}=-\Delta\mu^{1},\ \forall v \quad (10.50)$$

$$\Delta WP^{k/v}=\Delta b^{k}-\Delta\mu^{k}=b^{k(1)}-b^{k(0)}-\Delta\mu^{k},\ \forall v \quad (10.51)$$

令公式(10.50)等于(10.51),可以得到:

$$b^{k(1)}=b^{k(0)}+\Delta\mu^{k}-\Delta\mu^{1},\ \forall v \quad (10.52)$$

其中 $b^{k(0)}$ 和 $b^{k(1)}$ 指的是居民类型 k 在发车间隔改变前后,通过求解平衡模型得到的效用指数。将公式(10.52)代入公式(10.51),可以得到:

$$\Delta WP^{k/v}=-\Delta\mu^{1},\ \forall v \quad (10.53)$$

由于所有类型居民效用指数的改变 $\Delta\mu^k$ 相对于同一个地点的住宅房型是一样的,因此不管发车间隔如何调整,调整前后实现系统平衡时,公式(10.46)和(10.48)是成立的。变化的是居民对于效用指数的调整 $b^{k(1)}$,参见公式(10.52)。所以居民对于住宅房型选择的相对偏好不会改变,也就是发车间隔调整前后居住在不同房型 v 中的居民数量 q^{vk} 不会发生改变,用公式表达为:

$$\Delta q^{vk}=\Psi^{v}\cdot\Delta Pr^{k/v}=0 \quad (10.54)$$

此外,我们可以进一步推算发车间隔调整前后,住宅成交价的变化。基于公式

(10.16),可以推导出房型 v 的房价 φ^v 变化为:

$$\Delta\varphi^v = \frac{1}{\beta}\ln\left(\frac{\sum_{k'\in K}\exp[\beta\cdot(WP^{sk'/v}+\Delta WP^{sk'/v})]}{\sum_{k'\in K}\exp(\beta\cdot WP^{sk'/v})}\right) = \Delta WP^{k/v} = -\Delta\mu^1 \quad (10.55)$$

也就是说,房价的变化等于居民出价意愿 $WP^{k/v}$ 的变化,也等于居民类型 $k=1$ 在发车间隔调整之后交通可达性的变化 $\Delta\mu^1$。进一步说,根据可达性计算公式(10.7),如果本命题的假设条件 $(H_2)\sim(H_3)$ 被简化为只有一种交通方式以及一种时间价值,那么任何由于交通供给改善带来的出行费用降低,都会带来相同水平房价的提升,也就是命题 6.1 (Ma et al., 2012)。

对于票价水平调整情况下的证明过程是类似的,在此不再赘述。

需要注意的是,目前仅证明了命题 10.1 在只有一个居住地和一个工作地的情况下是成立的。当有多个居住地和工作地时,命题不再成立,因为对于不同类型居民其感受到的交通可达性的改变 $\Delta\mu^{rk}$,对于所有居住地 r 未必相同。也就是说,对于居民类型 k, $\Delta\mu^{r'k} \neq \Delta\mu^{r''k}$, $\forall r' \neq r''$, $r' \in R$, $r'' \in R$。所以,根据公式(10.50)~(10.52),我们无法找到一组居民的效用指数调整集合 $b^{k(1)}$, $k=1, 2, \cdots, K$ 使得他们对每一处居住地的出价意愿变化都相同。

证明结束

【推论 10.1】 在 $(H_0)\sim(H_3)$ 的假设条件下,改变轨道交通的开发决策,例如调整发车间隔或者改变票价水平,不会影响居民的消费者剩余,也就是居民的个体和总体收益都不会发生改变。

证明:

根据公式(10.17)和公式(10.50)~(10.55),可以把居住在房型 v 的居民的消费者剩余写为:

$$\Delta CS^{vk} = \Delta WP^{k/v} - \Delta\varphi^v = 0 \quad (10.56)$$

也就是说,无论发车间隔和票价如何调整,都不会引起居民消费者剩余的变化。由于居民参与了房地产市场的竞价,交通供给改善带来的好处都被房价吸收,居民个体自身没有获得额外的好处。当然,居民的总体消费者剩余或者说收益也没有发生变化。

上述结论也可以通过下面的证明得到:

基于命题 10.1,可以推导出不同类型居民的出价意愿相对于发车间隔和票价水平调整的变化情况:

$$\frac{\partial WP^{1/v}}{\partial hw} = \frac{\partial WP^{2/v}}{\partial hw} = \cdots = \frac{\partial WP^{K/v}}{\partial hw} = \frac{\partial WP^{k'/v}}{\partial hw},\ \forall k' \in \{1, 2, \cdots, K\} \quad (10.57)$$

$$\frac{\partial WP^{1/v}}{\partial cp} = \frac{\partial WP^{2/v}}{\partial cp} = \cdots = \frac{\partial WP^{K/v}}{\partial cp} = \frac{\partial WP^{k'/v}}{\partial cp},\ \forall k' \in \{1, 2, \cdots, K\} \quad (10.58)$$

相应地，可以得到：

$$\frac{\partial\varphi^{v}}{\partial hw}=\frac{1}{\sum_{k}\exp(\beta\cdot WP^{k/v})}\cdot\sum_{k}\left[\exp(\beta\cdot WP^{k/v})\cdot\frac{\partial WP^{k/v}}{\partial hw}\right]$$
$$=\frac{\partial WP^{k'/v}}{\partial hw},\ \forall k'\in\{1,2,\cdots,K\} \tag{10.59}$$

$$\frac{\partial\varphi^{v}}{\partial cp}=\frac{1}{\sum_{k}\exp(\beta\cdot WP^{k/v})}\cdot\sum_{k}\left[\exp(\beta\cdot WP^{k/v})\cdot\frac{\partial WP^{k/v}}{\partial cp}\right]$$
$$=\frac{\partial WP^{k'/v}}{\partial cp},\ \forall k'\in\{1,2,\cdots,K\} \tag{10.60}$$

$$\frac{\partial CS^{vk}}{\partial hw}=\frac{\partial WP^{k/v}}{\partial hw}-\frac{\partial\varphi^{v}}{\partial hw}=0 \tag{10.61}$$

$$\frac{\partial CS^{vk}}{\partial cp}=\frac{\partial WP^{k/v}}{\partial cp}-\frac{\partial\varphi^{v}}{\partial cp}=0 \tag{10.62}$$

$$\frac{\partial Pr^{k/v}}{\partial hw}=\beta\cdot Pr^{k/v}\cdot\frac{\partial WP^{k/v}}{\partial hw}-\beta\cdot Pr^{k/v}\cdot\sum_{k}\left(Pr^{k/v}\cdot\frac{\partial WP^{k/v}}{\partial hw}\right)=0 \tag{10.63}$$

$$\frac{\partial Pr^{k/v}}{\partial cp}=\beta\cdot Pr^{k/v}\cdot\frac{\partial WP^{k/v}}{\partial cp}-\beta\cdot Pr^{k/v}\cdot\sum_{k}\left(Pr^{k/v}\cdot\frac{\partial WP^{k/v}}{\partial cp}\right)=0 \tag{10.64}$$

定义所有居民的消费者剩余 CS 为：

$$CS=\sum_{k}\sum_{v}[(\Psi\cdot Pr^{v}\cdot Pr^{k/v})\cdot CS^{vk}] \tag{10.65}$$

那么居民总体消费者剩余相对于发车间隔 hw 和票价水平 cp 调整的变化情况为 0。计算过程如下：

$$\frac{\partial CS}{\partial hw}=\sum_{v}\sum_{k}\Psi\cdot\left(\frac{\partial CS^{vk}}{\partial hw}\cdot Pr^{v}\cdot Pr^{k/v}+CS^{vk}\cdot Pr^{v}\cdot\frac{\partial Pr^{k/v}}{\partial hw}\right)$$
$$=\Psi\cdot\sum_{v}Pr^{v}\cdot\sum_{k}\left(\frac{\partial CS^{vk}}{\partial hw}\cdot Pr^{k/v}\right)+\Psi\cdot\sum_{v}Pr^{v}\cdot\sum_{k}\left(CS^{vk}\cdot\frac{\partial Pr^{k/v}}{\partial hw}\right)$$
$$=0 \tag{10.66}$$

$$\frac{\partial CS}{\partial cp}=\sum_{v}\sum_{k}\Psi\cdot\left(\frac{\partial CS^{vk}}{\partial cp}\cdot Pr^{v}\cdot Pr^{k/v}+CS^{vk}\cdot Pr^{v}\cdot\frac{\partial Pr^{k/v}}{\partial cp}\right)$$
$$=\Psi\cdot\sum_{v}Pr^{v}\cdot\sum_{k}\left(\frac{\partial CS^{vk}}{\partial cp}\cdot Pr^{k/v}\right)+\Psi\cdot\sum_{v}Pr^{v}\cdot\sum_{k}\left(CS^{vk}\cdot\frac{\partial Pr^{k/v}}{\partial cp}\right)$$
$$=0 \tag{10.67}$$

证明结束

【命题 10.2】 在 $(H_0) \sim (H_3)$ 的假设条件下，所有类型居民的交通出行费用会随着发车频率的降低或者票价水平的提高而单调递增。而不同类型的房价会随着发车频率的降低或者票价水平的提高而单调递减。

证明：

首先证明发车间隔 hw 调整的影响。

对于使用轨道交通的出行费用随着发车间隔调整的变化情况，根据公式(10.1)～(10.2)，我们可以计算出：

$$\frac{\partial c_{\tilde{m}}^{k}}{\partial hw} = vot^{k} \cdot \kappa_{cti} > 0 \tag{10.68}$$

对于使用小汽车的出行费用随着发车间隔调整的变化情况，根据公式(10.3)～(10.5)和假设条件 (H_2)，我们可以计算出：

$$\frac{\partial c_{\bar{m}}^{k}}{\partial hw} = vot^{k} \cdot \frac{\partial t_{a}}{\partial hw} = vot^{k} \cdot \frac{\partial t_{a}}{\partial q_{\bar{m}}} \cdot \frac{\partial q_{\bar{m}}}{\partial hw} \tag{10.69}$$

其中 $q_{\bar{m}}$ 是使用小汽车出行的居民数量，可以表达为：

$$q_{\bar{m}} = \Psi - q_{\tilde{m}} = \Psi - \sum_{v} \sum_{k} q^{vk} \cdot Pr_{\tilde{m}}^{k} \tag{10.70}$$

将公式(10.70)代入公式(10.69)，可以得到：

$$\frac{\partial c_{\bar{m}}^{k}}{\partial hw} = -vot^{k} \cdot \frac{\partial t_{a}}{\partial q_{\bar{m}}} \cdot \sum_{v} \sum_{k} \left(\frac{\partial q^{vk}}{\partial hw} \cdot Pr_{\tilde{m}}^{k} + \frac{\partial Pr_{\tilde{m}}^{k}}{\partial hw} \cdot q^{vk} \right) \tag{10.71}$$

在公式(10.71)中，首先，基于假设条件 (H_2)，考虑拥堵的影响，小汽车出行时间会随着小汽车需求的增长而增加，也就是 $\partial t_a / \partial q_{\bar{m}} > 0$；其次，在公式的括号里，第一个一阶导项的取值为 0，也就是 $\partial q^{vk} / \partial hw = 0$；此外，根据公式(10.6)，提升轨道交通的出行费用，将有一部分居民转向使用小汽车出行，也就是说使用轨道交通的概率会随着发车间隔的增加而降低，也就是括号里第二个一阶导项取值是负的，即：

$$\frac{\partial Pr_{\tilde{m}}^{k}}{\partial hw} < 0 \tag{10.72}$$

综上，公式(10.71)的取值是正的，也就是 $\partial c_{\bar{m}}^{k} / \partial hw > 0$。

最终，根据公式(10.7)、(10.12)和(10.16)，可以得到本命题关于居民出行费用、出价意愿以及房价，相对于发车间隔变化的结论，也就是：

$$\frac{\partial \mu^{k}}{\partial hw} = Pr_{\tilde{m}}^{k} \cdot \frac{\partial c_{\tilde{m}}^{k}}{\partial hw} + Pr_{\bar{m}}^{k} \cdot \frac{\partial c_{\bar{m}}^{k}}{\partial hw} > 0 \tag{10.73}$$

$$\frac{\partial WP^{k/v}}{\partial hw} < 0 \tag{10.74}$$

$$\frac{\partial \varphi^v}{\partial hw}=\sum_k\left(Pr^{k/v}\cdot\frac{\partial WP^{k/v}}{\partial hw}\right)<0 \tag{10.75}$$

发车间隔 hw 取值越高,出行费用越高,对于住房的出价意愿越低,房价也就越低。

同样地,我们可以经过推导得出,在票价水平发生调整的情况下,本命题的相关结论,表达为:

$$\frac{\partial Pr_{\widetilde{m}}^k}{\partial cp}<0 \tag{10.76}$$

$$\frac{\partial \mu^k}{\partial cp}>0 \tag{10.77}$$

$$\frac{\partial WP^{k/v}}{\partial cp}<0 \tag{10.78}$$

$$\frac{\partial \varphi^v}{\partial cp}=\sum_k\left(Pr^{k/v}\cdot\frac{\partial WP^{k/v}}{\partial cp}\right)<0 \tag{10.79}$$

票价水平越高,使用轨道交通的居民越少,居民总体出行费用越高,对于住房的出价意愿越低,房价也就越低。

证明结束

【推论 10.2】 在 $(H_0)\sim(H_3)$ 的假设条件下,存在一个最优的发车间隔或者说发车间隔,使得一体化的轨道交通和房地产开发商可以实现利益最大化。此外,在一个存在多种交通方式竞争的出行环境中,其对应的生产者剩余随着票价的提升而单调下降。

证明:

首先,对于公式(10.38)中定义的以 MTRC 为例的开发商的生产者剩余的每一项成本与收益,检视其受到发车间隔 hw 变化的影响。根据公式(10.32)~(10.37)和公式(10.72),可以得到:

$$\frac{\partial R_{\mathrm{H}}}{\partial hw}=\frac{\partial\left(\sum_v \varphi^v\cdot\Psi^v\right)}{\partial hw}=\Psi\cdot\frac{\partial WP^{k'/v}}{\partial hw}<0,\ \forall k'\in\{1,2,\cdots,K\} \tag{10.80}$$

$$\frac{\partial R_{\widetilde{\mathrm{T}}}}{\partial hw}=\sum_v\Psi^v\cdot cp\cdot\sum_k\left(\frac{\partial Pr_{\widetilde{m}}^k}{\partial hw}\cdot Pr^{k/v}\right)<0 \tag{10.81}$$

$$\frac{\partial B_{\mathrm{H}}}{\partial hw}=\frac{\partial\left(\sum_v b_{\mathrm{H}}^v\cdot\Psi^v\right)}{\partial hw}=0 \tag{10.82}$$

$$\frac{\partial B_{\widetilde{\mathrm{T}}}}{\partial hw}=b_{\widetilde{\mathrm{T}}\mathrm{O}}\cdot\frac{\partial st}{\partial hw}<0 \tag{10.83}$$

公式(10.80)～(10.83)表明,运营轨道交通的成本和收益,都会随着发车间隔的增加而单调递减,这是因为虽然需要买的车辆少了,但是出行费用却增加了。而住宅房地产的投资,并不会随发车间隔的改变而改变,但是住宅房地产的收益会随发车间隔的增加而单调递减。因此,应该存在一个最优的发车间隔,使得综合了轨道交通和房地产成本与收益的生产者剩余达到最大化。

相似地,可以检视生产者剩余受到票价水平 cp 改变的影响,表达为:

$$\frac{\partial R_{\mathrm{H}}}{\partial cp}=\frac{\partial\left(\sum_{v}\varphi^{v}\cdot\Psi^{v}\right)}{\partial cp}=-\sum_{v}\left[\Psi^{v}\cdot\sum_{k}\left(Pr^{k/v}\cdot Pr_{\widetilde{m}}^{k}\right)\right]=-q_{\widetilde{m}}<0 \quad (10.84)$$

$$\frac{\partial R_{\widetilde{\mathrm{T}}}}{\partial cp}=q_{\widetilde{m}}+\sum_{v}\Psi^{v}\cdot cp\cdot\sum_{k}\left(\frac{\partial Pr_{\widetilde{m}}^{k}}{\partial cp}\cdot Pr^{k/v}\right) \quad (10.85)$$

$$\frac{\partial B_{\mathrm{H}}}{\partial cp}=\frac{\partial\left(\sum_{v}b_{\mathrm{H}}^{v}\cdot\Psi^{v}\right)}{\partial cp}=0 \quad (10.86)$$

$$\frac{\partial B_{\widetilde{\mathrm{T}}}}{\partial cp}=\frac{\partial\left(B_{\widetilde{\mathrm{T}}\mathrm{C}}+st\cdot b_{\widetilde{\mathrm{T}}\mathrm{O}}\right)}{\partial cp}=0 \quad (10.87)$$

因此,结合公式(10.76)和(10.84)～(10.87)可知,票价水平的改变不影响轨道交通和房地产的成本,但是房地产收益会随着票价提升而下降。综合来看,总体生产者剩余相对于票价改变的情况,可以表示为:

$$\begin{aligned}\frac{\partial \Pi}{\partial cp}&=\frac{\partial R_{\mathrm{H}}}{\partial cp}+\frac{\partial R_{\widetilde{\mathrm{T}}}}{\partial cp}-\frac{\partial B_{\mathrm{H}}}{\partial cp}-\frac{\partial B_{\widetilde{\mathrm{T}}}}{\partial cp}\\&=\sum_{v}\Psi^{v}\cdot cp\cdot\sum_{k}\left(\frac{\partial Pr_{\widetilde{m}}^{k}}{\partial cp}\cdot Pr^{k/v}\right)<0\end{aligned} \quad (10.88)$$

也就是说,当存在其他交通方式竞争时,轨道交通和房地产一体化的开发商的收益或者说生产者剩余会随着票价水平的提升而单调递减。因此,MTRC 的典型决策就是保持一个相对较低的地铁票价,并通过房地产投资的收益来弥补一定程度上地铁运营票价收益的损失。

需要注意的是,基于 Logit 模型的架构,当系统中只有轨道交通一种出行方式时,也就是 $Pr_{\widetilde{m}}^{k}=1$,开发商的生产者剩余将不会随着票价水平的改变而改变,这是因为都通过房地产市场的竞价,反映在了房地产价值的变化中。

证明结束

10.4.2 敏感性分析

本节通过一个以港铁 MTRC 为代表的具体算例的敏感性分析,验证上一节模型推导得到的若干命题和推论。因此,基本假设与命题相同,即:

(1) 只有一个居住地和一个工作地。

(2) 存在地铁和小汽车两种交通方式,且路径都是唯一的。

(3) 居民等候地铁的时间,假设为发车间隔的一半。

(4) 小汽车出行考虑拥堵,采用 BPR 方程作为路阻函数,无拥堵时出行时间为 10 min,路段通行能力为 40 veh/h。

(5) 总共有两种房型供开发商选择,大户型(Big unit)和小户型(Small unit)。通过户型面积区分房型,一定程度上也体现了现实中 MTRC 开发的地铁上盖住宅单位面积相对较小,能够在一定的居住用地开发强度限制下,容纳更多的居民,为地铁运营以及其他相关物业创造良好的背景条件。

(6) 居民根据收入水平划分为高收入(High)和低收入(Low)两类。因为只有两类人群,所以在 CBLUT 模型求解后,假设低收入群体的效用指数保持不变,为 0。

(7) 不同收入阶层对户型面积大小的偏好不同。

(8) 人口规模、收入水平和时间价值见表 10-1。

表 10-1 敏感性分析中的人口等社会经济指标

居民类型	人口	收入/(HKD/d)	时间价值 VOT/(HKD/min)
高收入	30	200	3
低收入	70	100	2

(9) 待开发的住宅房型面积与开发成本属性见表 10-2。

表 10-2 敏感性分析中的住宅房型属性

户型	户型面积/m^2	开发成本/(HKD/a)
大户型	90	30 000
小户型	60	21 000

(10) 地铁线路站点的开发成本折算到年均成本为 200 000 HKD/a,车辆购置等成本为 20 000 HKD/(a · 车)。

(11) 所有开发相关的成本和收益每年统计一次。

由于人口规模不变,因此总体的住房需求确定。对于房地产开发决策,MTRC 只需要决定开发的房型比例。即开发多少比例的大户型,多少比例的小户型。对于地铁运营决策,包括调整发车间隔和票价两种。

总共进行两组敏感性分析。第一组 Test 1,假设 MTRC 的决策手段为选择开发的大户型的比例(the proportion of Big housing unit, %)以及地铁发车间隔(headway, min)。此时地铁票价保持不变;第二组 Test 2,假设 MTRC 的决策手段为选择开发的大户型的比例(the proportion of Big housing unit, %)以及地铁票价(Fare, HKD)。此时发车间隔保持不变。

以下按照主要输出指标，将两组敏感性对应结果并列在一起，如图 10-3～图 10-12，分别进行讨论。

1）对房地产价值的影响

图 10-3 和图 10-4 分别是 Test 1 和 Test 2 两组敏感性分析下，不同户型成交单价和房地产总收入的等高线图。横坐标均为开发决策大户型的占比，从 10%到 90%。纵坐标分别为发车间隔，从 2 min 到 18 min，以及票价从 1 HKD 到 9 HKD。图中虚线代表的是大户型的房价在不同的策略组合下的变化趋势，实线代表的是小户型的房价在不同的策略组合下的变化趋势。每一根线均代表一个相同的房价水平，而线段上的数字即为单位房价的具体数值。需要注意的是，图中显示的等高线间距只是程序默认的可视化输出样式，不代表真实的敏感性分析取样密度。本案例是按照大约 17×17＝289 的等间距策略组合进行的敏感性分析。即大户型比例以 5%递进，发车间隔以 1 min 递进，票价以 1 HKD 递进。

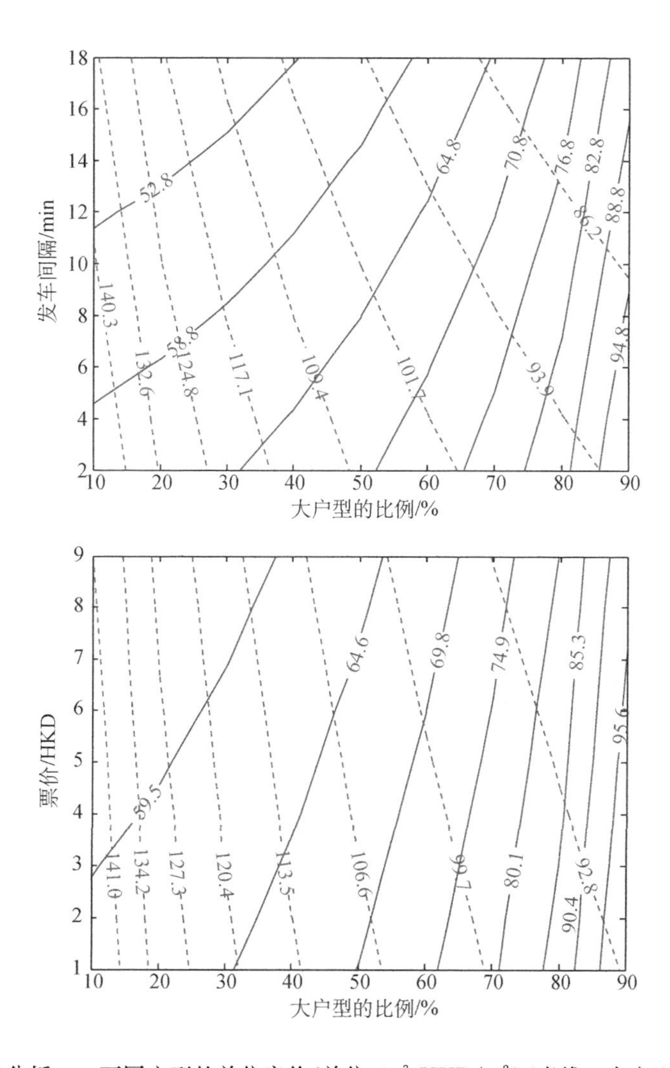

图 10-3　敏感性分析——不同户型的单位房价（单位：10^3 HKD/m^2）（虚线—大户型，实线—小户型）

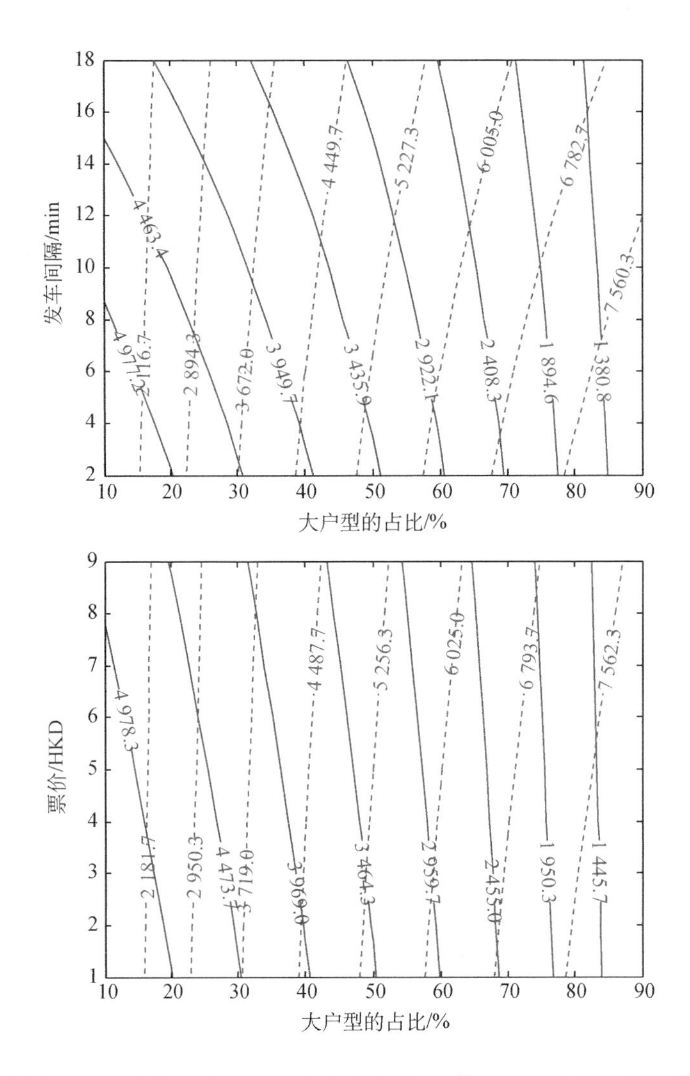

图 10-4　敏感性分析——不同户型的房地产总收入(单位:10^3 HKD)(虚线—大户型,实线—小户型)

举例来说,如果开发决策组合是{50%大户型,2 min 发车间隔},那么大、小户型成交单价分别约为 1.08×10^5 HKD/m^2 和 6.9×10^4 HKD/m^2。如果开发决策组合是{30%大户型,18 min 发车间隔},那么大户型成交单价依然约为 1.08×10^5 HKD/m^2,小户型成交单价则约为 4.9×10^4 HKD/m^2。

可见不管是大户型还是小户型,单位房价和总体销售收入,都随着发车间隔的缩短或者票价的降低而提升。此外,如果提高开发的大户型比例,小户型的房价会上升,而大户型的房价会下降。由图 10-3 两张图的右下角可知,当大户型比例很高时,其单位房价甚至有可能低于小户型。从模型定义角度看,这是因为某类住宅的房价也和其供应量相关,可见公式(10.16)。其现实意义也可以解释为供需关系的改变,一定程度上产生了某类住宅商品的供大于求的现象。虽然通过户型面积区分房型,在本例中造成单位房价倒置,但是当通过其他住宅属性划分房型时,现实中是有可能发生类似的现象的。其实,现实中一个小区内的超大户型往往每平方米的价格是低于小户型的。对于不同户型的房地产总收入，如图 10-4，很明显大户型比例越高，开发的套数越多，其总收入也就越多。但是其变化幅度和小户型收入比较起来，更加显著。可见开发更多的大户型总体上会带来更多房地产总收入。

2）对居民居住地选择和消费者剩余的影响

图 10-5 和图 10-6 展示了两组敏感性分析下，高、低收入居民个体消费者剩余的变化趋势。首先，和前一节的命题结论一致，不论是哪一种收入水平的居民，其个体消费者剩余都不会随着发车间隔、票价等交通供给水平的调整而改变，等高线呈现垂直状态。因此，个体消费者剩余只与户型比例相关。敏感性分析显示，大户型比例越高，居住在大户型住宅里的高、低收入居民的个体消费者剩余越多，而居住在小户型住宅里的高、低收入居民的个体消费者剩余越低，并且随着大户型比例的增加，其变化趋势不是线性的。

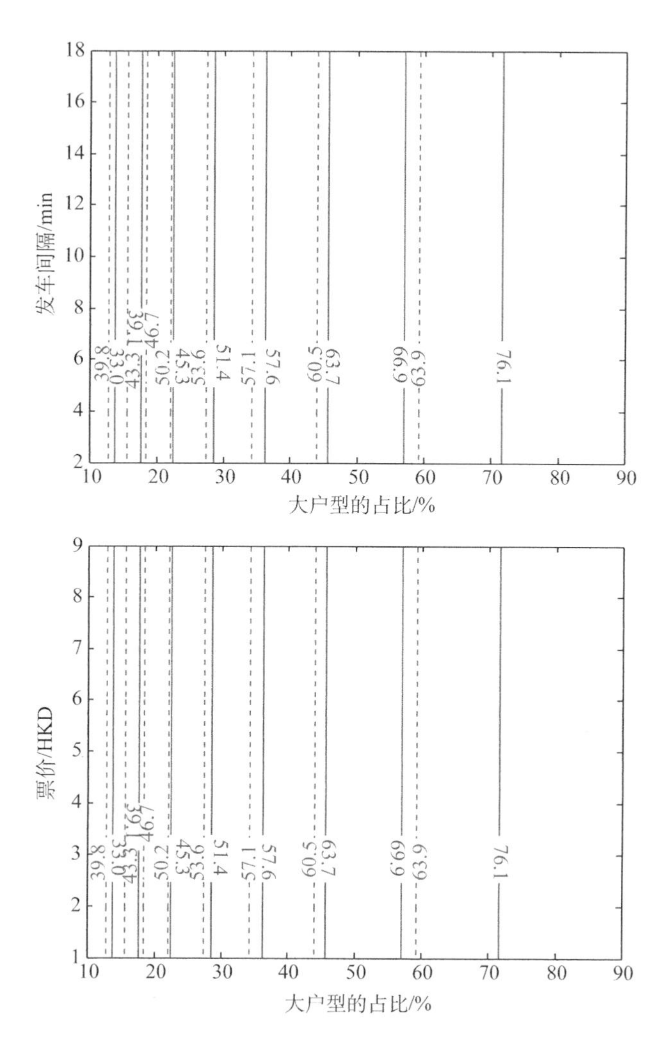

图 10-5 敏感性分析——住在大户型里的居民的个体消费者剩余(单位：10^3 HKD)

(虚线—高收入，实线—低收入)

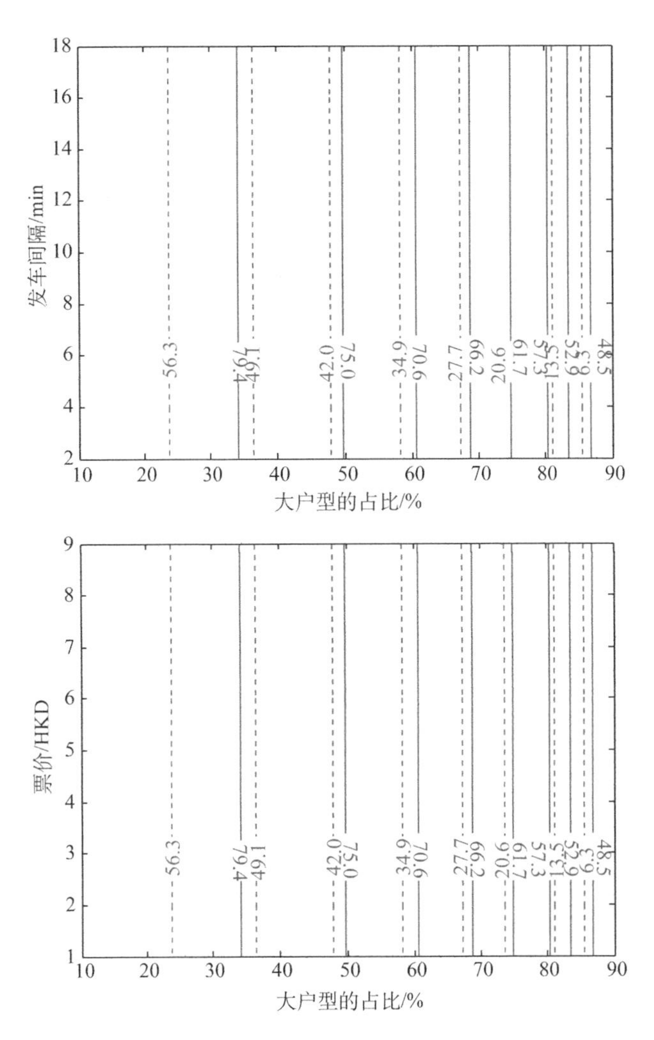

图 10-6　敏感性分析——住在小户型里的居民的个体消费者剩余(单位:10^3 HKD)

(虚线—高收入,实线—低收入)

图 10-7 展示了高收入居民的效用指数变化趋势。需要注意的是,由于只有两种居民类型,因此低收入居民的效用指数被固定为 0,所以这里可以通过高收入居民效用指数的变化,判断不同策略组合下两组居民生活水平相对变化的趋势。例如高收入居民的效用指数越高,说明他/她在某策略组合影响下,可用于日常生活等其他领域的费用越多,某种意义上总体生活水平上的改善相对低收入更多一些。结果可见,当房地产市场中同时存在不同收入竞价居民时,相对高收入的居民更倾向较大的户型、较短的发车间隔和较低的票价,并且他们从这些较好的系统服务水平中获得的好处比低收入居民更多。

图 10-8 展示了不同策略组合下总体消费者剩余的变化趋势。很明显两组测试均显示,总体消费者剩余存在一个最低点,即大约在开发 50%大户型的策略组合下。这一个发现是之前的命题和推论中没有提到和证明的。这是因为如本书多次提及的,由于在

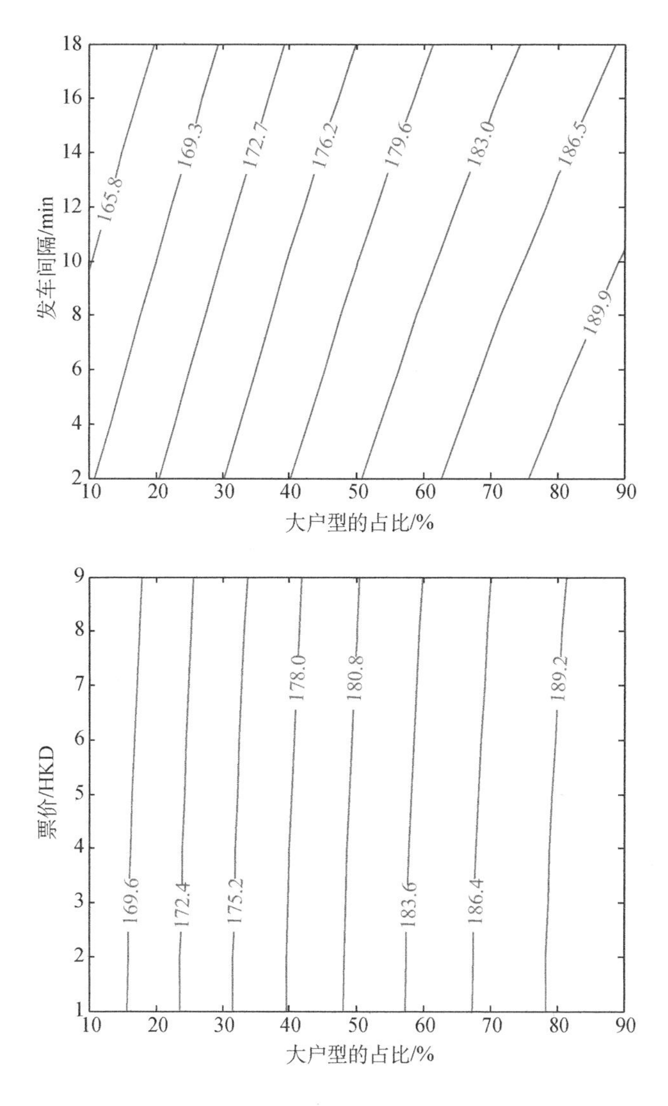

图 10-7　敏感性分析——高收入群体效用指数

CBLUT 模型基础上进行的政策策略优化问题的本质是双层优化问题，因此难以通过对模型的数学推导直接找到定性的结论。

3）对开发商的成本与收益的影响

接下来，分析不同策略组合对一体化的开发商 MTRC 的成本与收入的影响。

首先，观察图 10-9 展示的房地产开发的成本（虚线）与收入（实线）的变化趋势。显而易见的是，开发成本随着大户型比例的增加而提升，不受地铁运营决策的影响。而对于某一个确定的户型比例组合，房地产的收入会随着发车间隔或者票价的增加而下降。这是因为总体出行费用的上升，降低了居民对于房地产的出价意愿，也就降低了房地产价格。此外，通过观察收入（实线）的变化趋势，不难发现在两组敏感性分析中均存在一个房地产收入的最大值点。大约均发生在大户型比例接近 80%，以及最短的发车间隔和最低的票

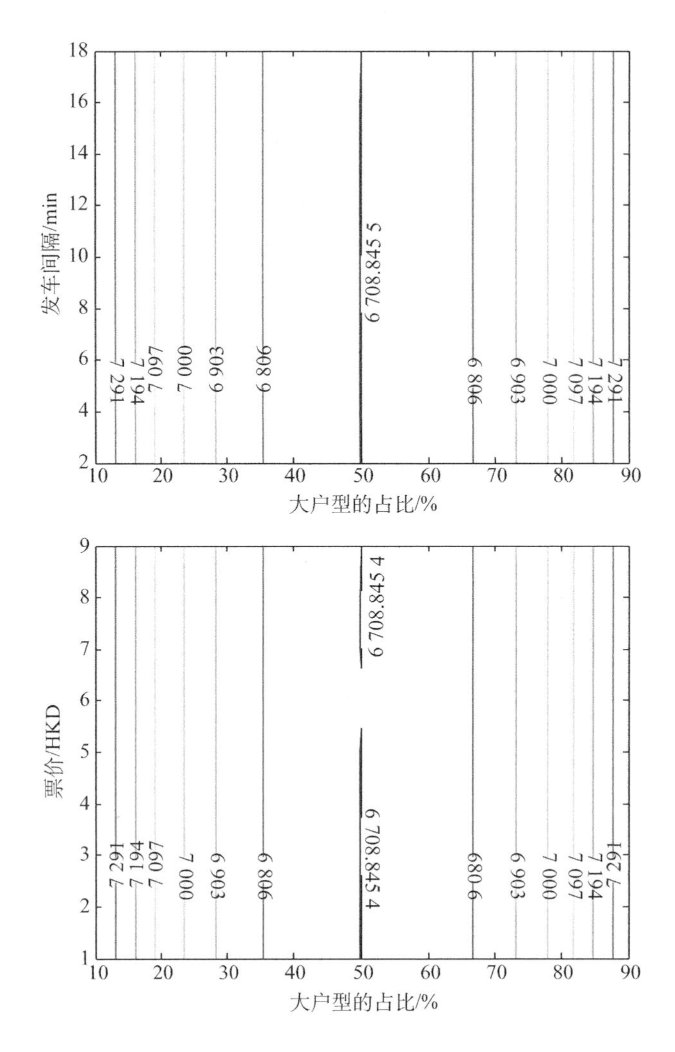

图 10-8　敏感性分析——所有居民的总体消费者剩余(单位:10^3 HKD)

价附近。当然,MTRC 是以包含地铁和房地产在内的总投资收益来选择最优策略组合的,单纯看房地产开发收益还为时过早。

其次,观察图 10-10 展示的地铁运营成本(虚线)与收入(实线)的变化趋势。显而易见的是,成本与收入和户型比例无关,这是因为总体出行需求保持不变,居民只是在地铁和小汽车出行方式中根据出行费用做出方式选择。

对于 Test 1,发车间隔越短,需要投入运营的车辆越多,成本越高。而因为较短的发车间隔降低了地铁的总体出行费用,所以吸引了更多的居民选择地铁出行,因此提升了地铁收入。如果单纯看地铁的收益,票价收入的提升不足以弥补运营成本的增加,得不偿失。因此,在现实中,在其他外部条件不变的情况下,开发商要单纯依赖地铁运营实现盈利甚至收支平衡往往是很困难的。

对于 Test 2,随着单位票价的提升,地铁收入也获得了提升。但是需要注意的是,此时因为个体出行费用增加,地铁总体客流量是降低的。在这里存在一个潜在的平衡。只

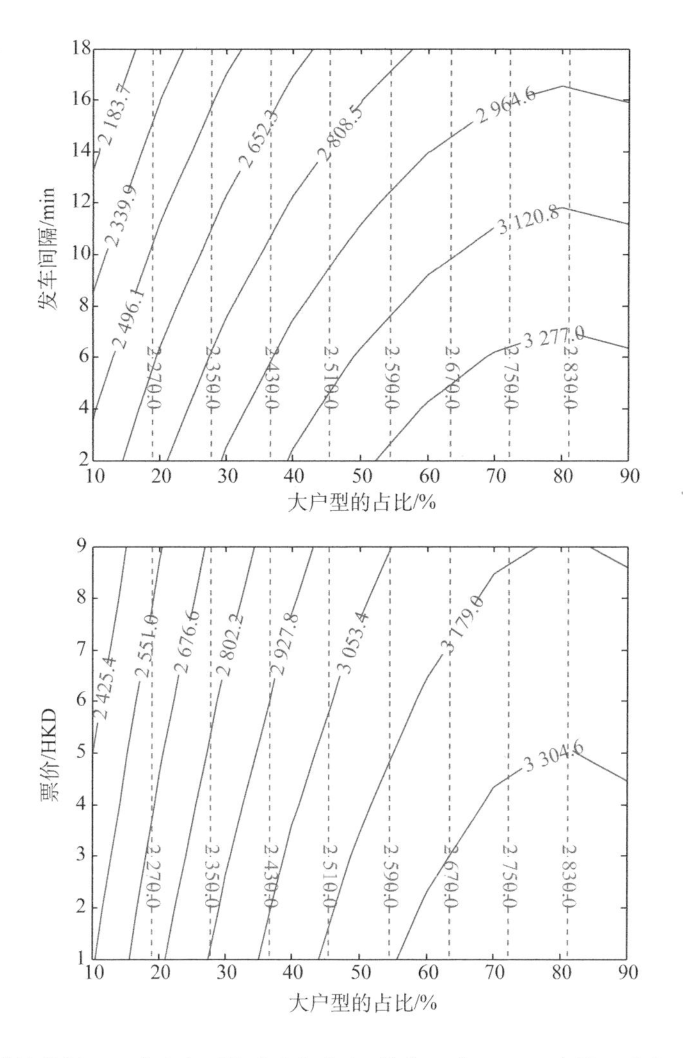

图 10-9　敏感性分析——房地产开发成本与收入(单位：10^3 HKD)(虚线—成本，实线—收入)

是基于本例的假设条件，单位票价提升更加有利。

通过将地铁和房地产的成本与收入进行整合，可以得到 MTRC 的总体收益情况，这也是其做出最终决策时考虑的核心因素，如图 10-11 所示。有价值的发现是，在两组敏感性分析中，均找到了对 MTRC 来说最优的策略组合。

对于 Test 1，当策略组合是{55%大户型，6 min 发车间隔}时，MTRC 获得了最大收益。对于 Test 2，当策略组合是{55%大户型，1 HKD 甚至更低票价}时，MTRC 获得了最大收益。这也反映了上一节命题的结论，即任何交通决策中的收益损失一定程度上能被房地产收益的额外提升所弥补。此外，对比图 10-9 可知，虽然单纯看房地产开发收益，最优点可能在 80%的大户型上，但是从总体收益来看，55%的大户型比例更加有效。

4) 不同目标导向下的差异分析

最后，结合图 10-12 展示的社会福利指标的变化趋势，以及图 10-8 展示的消费者剩

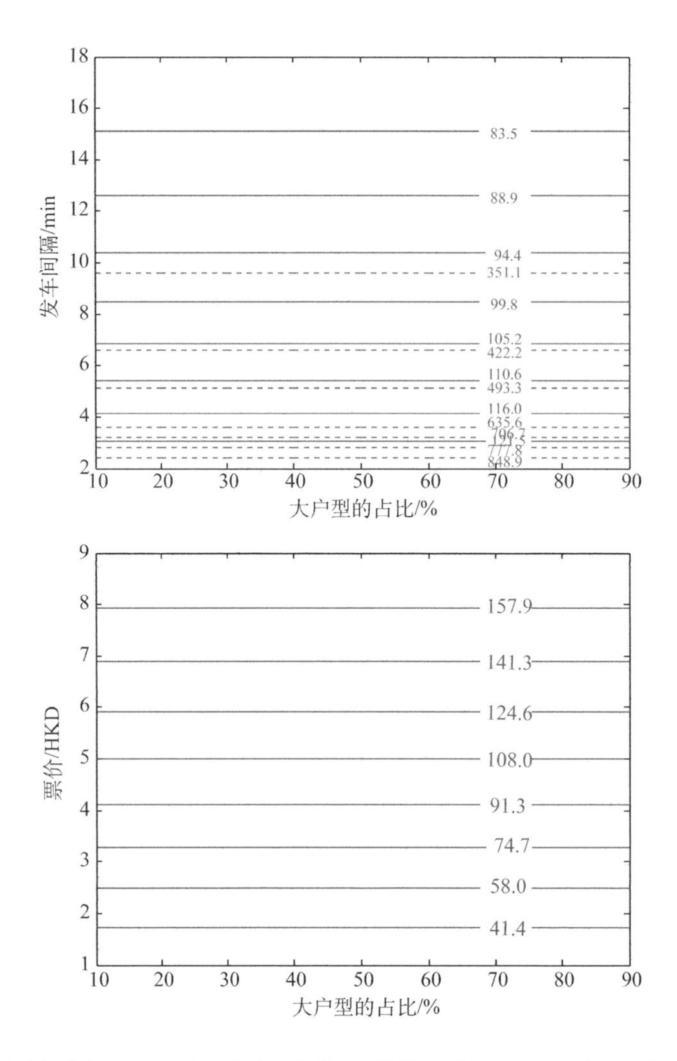

图 10-10　敏感性分析——地铁运营成本与收入(单位:10^3 HKD)(虚线—成本,实线—收入)

余和图 10-11 展示的生产者剩余,讨论不同策略组合下,社会视角的利益分配问题。

其一,如果站在政府或者规划者的视角,以社会福利最大化为目标,两种策略组合的最优点分别在{最多的大户型,6 min 发车间隔}、{最多的大户型,最低的票价}上,与 MTRC 作为一体化开发商的最优决策考虑的生产者剩余不尽相同。因此,政府需要基于量化的分析预测,结合社会背景等多种因素,比如对社会公平(如低收入居民的消费者剩余)的考量,通过规划限制条件,对以逐利为目标的开发商行为加以约束。

其二,现实中,并不是所有的地铁和房地产开发都是由一个独立的私人开发商或者政府代表进行开发的。当存在多个开发商,特别是分别进行房地产开发和地铁运营决策时,他们基于各自利益最大化的目标得到的方案可能是不同的。如果对互相之间的决策行为视角不够清晰,最终的房地产和交通系统供给,很可能存在不可预知的矛盾和问题。例如独立的房地产开发商通过引入项目周边地铁线路,期待房地产价值能够显

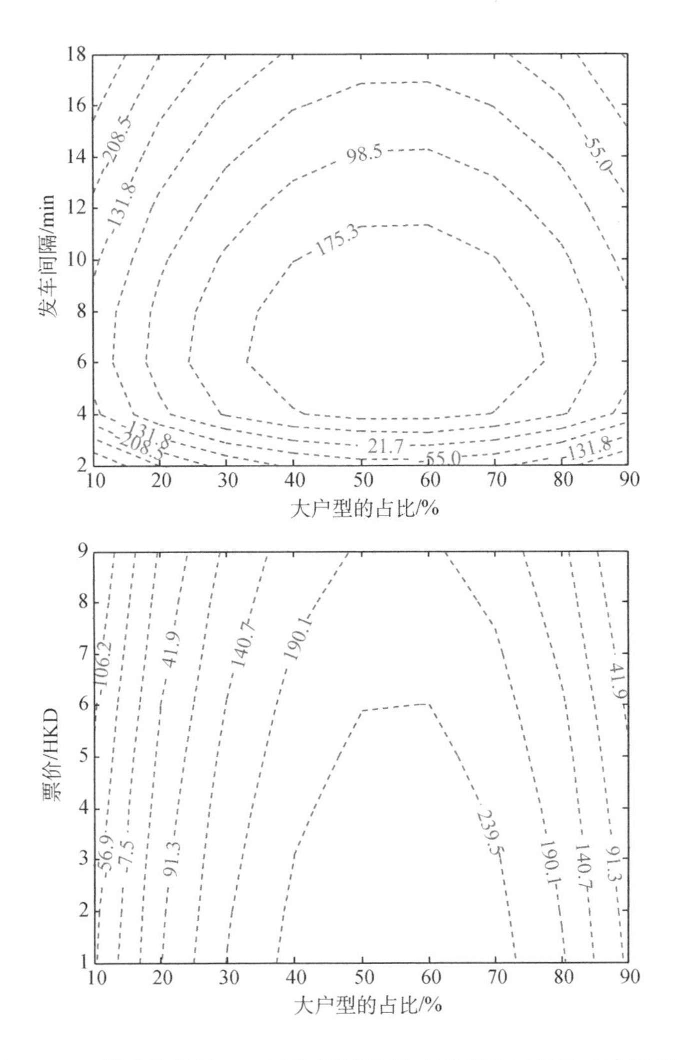

图 10-11　敏感性分析——开发商利润(生产者剩余)(单位:10^3 HKD)

著提升。因此不惜以天价拍卖获得土地,并以高成本开发设施豪华、户均面积非常大的住宅小区,最终每套住宅以超高的价格售出。那么也只有高收入水平的居民才能买得起,并且他们也愿意为地铁买单。除了已经拥有的私家车,谁不想拥有更多更好的公共交通福利呢?结果就是地铁楼盘附近,依然道路交通拥堵。而低收入群体只能支付得起城市边缘地区的区位条件和配套设施较差的(廉价)商品房。某种程度上,这违背了TOD 模式开发的初衷。

面对以上可能的问题,目前从政府决策者视角,可能相对有效的手段,一方面是引入有针对性的规划限制条件,例如 TOD 片区的人口规模、必须配套的公共服务设施;另一方面,当独立完成 TOD 开发存在资金困难时,引入恰当的 PPP 模式(如 BOT、BFOO 等),通过合约时限以及开发权利范围(例如只拥有一定百分比的房地产开发权利)的优化,将私人开发商预期获得的收益控制在一个合理的范围。

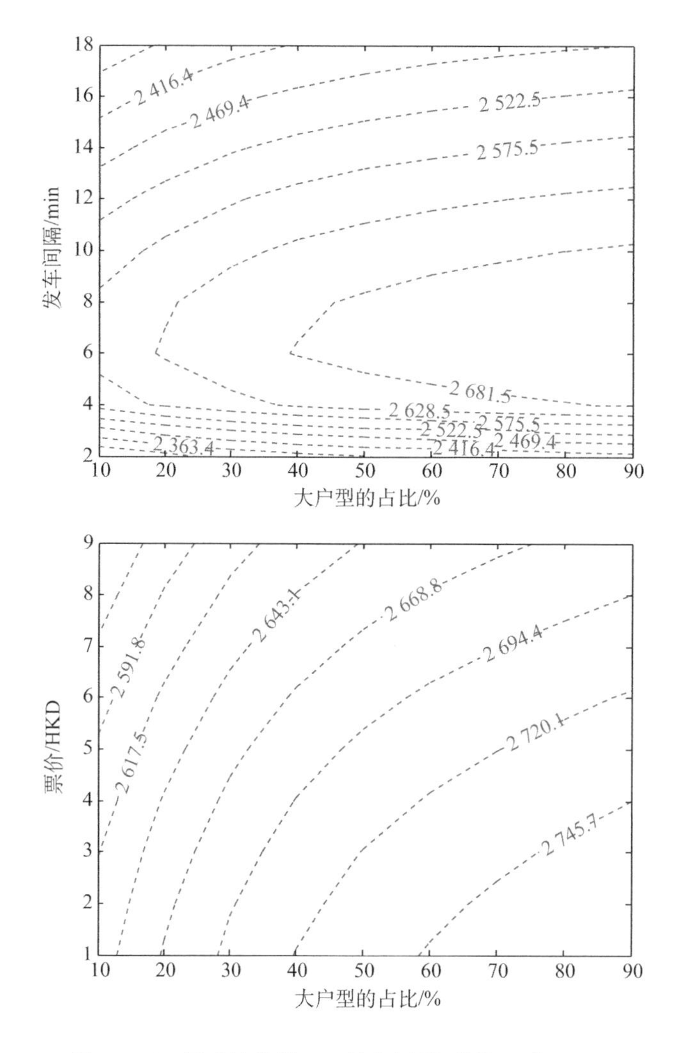

图 10-12　敏感性分析——社会福利(单位:10^3 HKD)

10.5　典型案例

在上一节的敏感性分析的基础上,本节进一步通过一个单中心发展的城市用地与交通结构的案例,进行包含一体化的轨道交通与房地产开发在内的多方案比较分析,如图 10-13 所示。

案例基本假设如下:

(1) 这是一个只有一个 CBD 的单中心发展城市。城市里有四个居住片区。其中 Zone 1 和 Zone 2 是既有的老住区,Zone 3 和 Zone 4 是规划中待开发的新住区。

(2) 存在地铁和小汽车两种交通方式。

(3) 小汽车行驶的道路网络如图 10-13 中较细的虚线所示,共有六条路段,已建成。道路路段属性见表 10-3。此外,所有驶入 CBD 的小汽车都要缴纳固定的 15 HKD 的停车费。

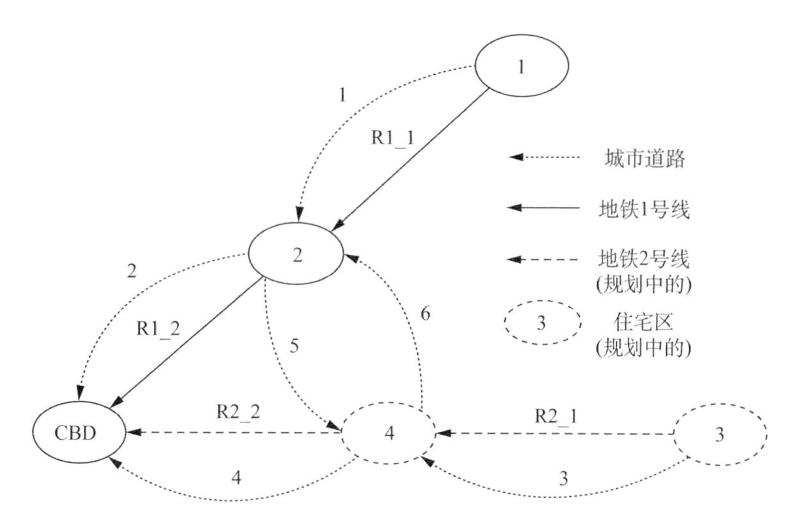

图 10-13　TOD 开发案例的城市用地与交通结构

表 10-3　TOD 案例的道路路段属性

路段 ID	长度/km	无拥堵行驶时间/min	通行能力/(1 000 veh/h)
1	2	2	20
2	2	2	20
3	2	2	20
4	2	2	20
5	0.5	0.5	20
6	0.5	0.5	20

(4) 地铁线路是图 10-13 中较粗的线。其中，实线表示现状已建成的地铁线 R1，连接两个老住区和 CBD，发车间隔为 5 min。虚线表示规划中的地铁线 R2，连接两个新住区和 CBD。R2 的建设成本折算到每年是 2 亿 HKD，车辆购置等相关成本是 80 万 HKD/(a·车)。其他地铁线段属性见表 10-4。

表 10-4　TOD 案例的轨道交通线路与运营属性

地铁线段 ID	长度/km	车上行驶时间/min
R1_1	2	3
R1_2	2	3
R2_1	2	3
R2_2	2	3

(5) 现状老住区 Zone 1 和 Zone 2 总共容纳高低收入两种类型居民 5 万人。规划总人口为 10 万人，即新增人口为 5 万人。规划与现状的人口分布和其他社会经济属性见表 10-5 和表 10-6。此外，假设每个居民独立构成一个家庭，购买一套住宅，在 CBD 上班。

表 10-5　TOD 案例的既有/规划住宅属性与分布

户型	户型面积/m²	开发成本/(HKD/a)	Zone 1 既有数量/万户	Zone 2 既有数量/万户	新住区待开发数量/万户
大户型	90	40 000	1.5	1	5
小户型	75	34 000	1	1.5	

表 10-6　TOD 案例的人口等社会经济属性

居民类型	现状+规划人口/万户	收入水平/(HKD/d)	时间价值 VOT/(HKD/min)
高收入	5	150	3
低收入	5	125	2

(6) 新住区有两种待开发的房型，即大户型和小户型，户均面积和开发成本见表 10-5。

(7) 作为开发商的 MTRC 以最大化开发收益为目标，需要进行决策的内容可能包括：其一，Zone 3 和 Zone 4 两个新住区的房地产开发决策，即在每个住区开发多少套不同类型的房型；其二，新建地铁线 R2 的发车间隔，注意旧地铁线 R1 的发车间隔不可更改；其三，两条地铁线的票价均可调整，但是票价水平需要保持相同。

(8) 经过 MTRC 的开发，城市里所有居民都可以自由选择新的居住地与出行方式，不论是老住区的既有 5 万居民，还是新迁入的 5 万居民。

10.5.1　一体化的轨道交通与房地产开发策略

经过程序运行①，模型输出了一体化的轨道交通与房地产开发优化策略，见表 10-7 和表 10-8。总体来看，对新建地铁 R2，策略选择购买更多的车辆，以获得相对已有地铁 R1 更短的发车间隔；对新建住区 Zone 3 和 Zone 4 的住宅数量，策略选择在距离 CBD 相对较近的 Zone 4 开发更多的住宅；对新建住区的房型比例，策略均偏向开发更多比例的小户型住宅。

表 10-7　TOD 案例的地铁开发决策

决策变量	单位	地铁线 R1	地铁线 R2
发车间隔	min	5(固定)	1.7
票价	HKD/km	1.8	1.8

表 10-8　TOD 案例的房地产开发决策

户型	单位	Zone 3	Zone 4	合计
大户型	万户	0.28(5.6%)	0.33(6.6%)	0.61(12.2%)

① 本案例在一台 CPU 为 Intel Q9450，内存为 4 GB 的台式电脑上，使用 MATLAB 的“fminunc”优化算法包，单次运行时间为 30～60 s，具体时间长短取决于算法优化每次选取的初始可行解的位置。

（续表）

户型	单位	Zone 3	Zone 4	合计
小户型	万户	2.03(40.6%)	2.36(47.2%)	4.39(87.8%)
合计	万户	2.31(46.2%)	2.69(54.8%)	5(100%)

10.5.2 居民的选择以及对房地产和交通的影响

表 10-9～表 10-12 总结了不同类型居民最终的居住地和交通出行方式选择，以及对城市道路交通和房地产价值的影响。

对于交通方式选择，如表 10-9 所示，发现在如下几种情况下居民会相对更偏向于选择地铁出行：① 低收入居民相对更倾向于选择地铁出行，虽然出行时间较长，但是总体花费较低；② 在新开发的住区 Zone 3 和 Zone 4 更多人愿意选择地铁出行，这是因为 R2 更高的发车频率(1.7 min)换来了更短的出行时间；③ 居住在 Zone 2 和 Zone 4，也就是距离 CBD 更近的居民更愿意乘坐地铁，这是因为如表 10-10 所示，Link 2 和 Link 4 的路段饱和度(V/C)均超过了 1，也就是说越靠近 CBD 道路越拥挤。

表 10-9　TOD 案例的不同住区居民出行方式选择

居民类型	出行方式	Zone 1	Zone 2	Zone 3	Zone 4
高收入	小汽车	69%	42%	50%	22%
	地铁	31%	58%	50%	78%
低收入	小汽车	56%	32%	43%	20%
	地铁	44%	68%	57%	80%

表 10-10　TOD 案例的道路交通拥堵情况(V/C)

路段 ID	1	2	3	4	5	6
V/C	0.77	1.04	0.53	1.02	0.55	0.35

对于居住地选择，如表 10-11 所示，有如下几点观察：居住在 Zone 2 和 Zone 4，以及大户型住宅的高收入居民比例相对低收入居民更高，显示了较高的收入水平有能力为更好的区位条件和偏好的住宅属性(如户均面积)提出更高的出价意愿，从而最终能够成功入住的可能性也越大。这一点从表 10-12 所示的最终住宅成交单价也可以看出来，即 Zone 2 和 Zone 4 相比其他两个区，以及大户型相比小户型，单价更高。此外，Zone 3 和 Zone 4 作为新的住区，其成交单价相对旧住区也更高。这也体现出交通系统服务水平的改善，例如运营效率更高的地铁线路 R2，对居民的居住地和房地产价值都起到了显著的影响。需要注意的是，在本例中，旧住区的房屋供应总量是不变的(即 5 万户，如表 10-5 所示)，因此在住宅总体供给(10 万户)等于总体需求(10 万户)的供需平衡条件下，结论无法直观体现出居民对新住区的偏爱。

表 10-11 TOD 案例的居民居住地和房型选择分布

房型	居民类型	Zone 1	Zone 2	Zone 3	Zone 4
大户型	高收入/万户	0.7(47%)	0.54(54%)	0.13(48%)	0.19(58%)
	低收入/万户	0.8(53%)	0.46(46%)	0.14(52%)	0.14(42%)
小户型	高收入/万户	0.44(44%)	0.77(51%)	0.93(46%)	1.3(55%)
	低收入/万户	0.56(56%)	0.73(49%)	1.1(54%)	1.06(45%)

表 10-12 TOD 案例的不同住区不同房型价格

房型	单位	Zone 1	Zone 2	Zone 3	Zone 4
大户型	HKD/d	109	120	123	131
小户型	HKD/d	108	114	106	114

10.5.3 系统总体服务水平

为了体现 TOD 一体化开发决策的特点，本节比较三种不同的方案场景下总体系统服务水平的差异。其中：方案 1，MTRC 的轨道交通与房地产一体化开发决策；方案 2，无优化策略方案，即新住区 Zone 3 和 Zone 4 的住宅户型比例和分布，与旧住区 Zone 1 和 Zone 2 完全一致，同样新建地铁 R2 的发车间隔和票价水平，也与既有地铁 R1 完全一致；方案 3，单纯优化地铁运营服务水平，即 MTRC 是一家仅能通过调整发车间隔和票价水平来最大化他的收益目标的纯交通基础设施开发与运营商，新住区的住宅户型比例和分布，与旧住区一致。

表 10-13 展示了三个方案的多项系统服务水平指标，以方案 1 为基准。第一，总体上来看，方案 1 的消费者剩余（第 4 行）、生产者剩余（第 13 行），以及总体社会福利（第 14 行）均最高。也就是说，不管是从开发商自身视角，还是从政府或者居民视角，方案 1 均优于其余两个方案。而方案 3 哪怕仅能优化地铁运营水平，也能比方案 2 什么都不做要有价值。第二，如前三行指标所示，从交通系统运行效率视角看，方案 1 和方案 3 均尽可能降低了所有居民的总出行时间，特别是地铁出行时间相对于方案 2 显著下降。第三，单纯观察 MTRC 的各项指标。房地产开发上，方案 1 虽然总体住宅销售收入稍低于其余两个方案（第 6 行），但是由于开发的小户型比例较多，开发成本相对更低（第 5 行），因此房地产收益（第 9 行）反而远超其他两个方案。在地铁开发与运营上，方案 1 的开发成本（第 7 行）和票价收入（第 8 行）均较高。虽然三个方案地铁运营均亏本（第 10 行），但是方案 1 和方案 3 都尽可能做了一定的优化。特别是方案 3，因为是单纯地以地铁运营收益最大化为目标，所以它的亏本金额也相对最少，也就是每年亏本 1.23 亿 HKD。

表 10-13 TOD 案例的多方案系统服务水平比较

序号	评价指标	单位	方案 1	方案 2		方案 3	
1	总出行时间（小汽车）	10^3 min/d	196.3	187.0	5.0%	202.9	−3.3%
2	总出行时间（地铁）	10^3 min/d	336.2	401.8	−16.3%	335.8	0.1%

(续表)

序号	评价指标	单位	方案 1	方案 2		方案 3	
3	总出行时间合计	10^3 min/d	532.5	588.9	−9.6%	538.7	−1.2%
4	总体消费者剩余	百万 HKD/d	1 340.2	1 237.4	8.3%	1 238.0	8.3%
5	房地产开发成本	百万 HKD/a	1 736.2	1 880.0	−7.6%	1 880.0	−7.6%
6	房地产收入	百万 HKD/a	2 049.0	2 092.4	−2.1%	2 105.0	−2.7%
7	地铁开发成本	百万 HKD/a	234.0	211.5	10.6%	232.8	0.5%
8	地铁票价收入	百万 HKD/a	106.6	61.7	72.8%	110.0	−3.1%
9	房地产开发收益	百万 HKD/a	312.7	212.4	47.2%	225.0	39.0%
10	地铁开发收益	百万 HKD/a	−127.4	−150.0	−15.1%	−122.9	3.7%
11	总成本	百万 HKD/a	1 970.3	2 091.5	−5.8%	2 112.8	−6.7%
12	总收入	百万 HKD/a	2 155.6	2 154.1	0.1%	2 214.8	−2.7%
13	总收益(生产者剩余)	百万 HKD/a	185.3	62.5	196.5%	102.1	81.5%
14	社会福利	百万 HKD/a	186.6	63.8	192.5%	103.3	80.6%

综上,本案例一方面体现了一体化的 TOD 开发决策在多项系统服务水平上的优势;另一方面体现了,与绝大部分现实中的城市一样,地铁公司往往难以单纯通过地铁运营优化实现盈亏平衡。其巨大的投资成本,需要通过获取一定的房地产开发的权利,获取适当的收益,以实现 TOD 开发的可持续发展。需要强调的是,方案 1 的决策是基于 MTRC 这一独立 TOD 开发商利益(生产者剩余)最大化的目标,得到的优化策略。如果将 MTRC 转变为政府部门,以社会福利最大化为目标,结论很可能会不一样。孰优孰劣留给读者去分析评价。

10.6 小结

本章借鉴现实中以港铁 MTRC 为代表的轨道交通与房地产一体化开发经验,基于第 6 章建立的 CBLUT 模型和第 9 章提出的城市发展策略双层优化建模方法,通过模型拓展与理论推导,定性分析了 TOD 一体化开发对于居民居住地以及交通出行选择,和房地产价值的影响,并通过一个抽象的单中心城市的 TOD 开发案例,展现了一体化开发策略的优势。

由于该问题仍然是一个 MPEC 问题,因此推导并证明的命题和推论是基于最简单的用地和交通网络结构。笔者期待有一天,相关学科的研究进展,可以帮助实现本问题在更复杂网络结构场景下的定性结论的推导与证明。

11 附录

11.1 变量解释

与土地利用相关的变量：

变量	解释
τ	规划年，取值为 $\tau=0, 1, 2, \cdots, T$，覆盖整个规划周期；
$D^{sk(\tau)}$	规划年 τ 工作在 s 的居民类型 k 的数量；
$l^{rk(\tau)}(l_0^{rk(\tau)})$	规划年 τ 居民类型 k 对于居住地 r 的（初始）区域吸引力的判断；
$\theta_1^{rk(\tau)}, \theta_2^{rk(\tau)}$	规划年 τ 居民类型 k 对于居住地 r 的区域吸引力的判断的待标定参数；
$K^{r(\tau)}$	规划年 τ 居住地 r 的用地承载力；
α_i^k	居民类型 k 对住宅自身属性 i 的偏好，属于待标定参数；
v	住宅类型；
ls^v	住宅类型 v 的单位面积大小；
$WP^{sk/r(\tau)}$	规划年 τ 工作在 s 的居民类型 k 对于居住在 r 的最大出价意愿；
$I^{k(\tau)}$	规划年 τ 居民类型 k 的收入；
$\mu^{rk(\tau)}(\mu^{rsk(\tau)})$	规划年 τ（工作在 s 的）居民类型 k 对于居住在 r 的交通可达性的判断，一般用考虑所有可选出行方式和出行路径的综合出行费来量化；
wp	出价意愿方程中待标定的参数；
$b^{k(\tau)}(b^{sk(\tau)})$	规划年 τ（工作在 s 的）居民类型 k 在竞价过程中，自行调整的效用指数；
$\beta^{(\tau)}$	规划年 τ 房地产竞价模型中待标定的尺度参数；
$CS^{rsk(\tau)}$	规划年 τ 工作在 s 的居民类型 k 居住在 r 可以获得的消费者剩余；
$\varphi^{r(\tau)}(\varphi^{rv(\tau)})$	规划年 τ 居住地 r（的住宅类型 v）的单位房价；
$Pr^{sk/r(\tau)}$	规划年 τ 居住地 r 被工作在 s 的居民类型 k 获得的概率；
$Pr^{rsk(\tau)}$	规划年 τ 工作在 s 的居民类型选择居住在居住地 r 的概率；
$q^{rsk(\tau)}$	规划年 τ 往返于居住地 r 和工作地 s 的居民类型 k 的数量；
n_2	完成住宅房地产投资需要的规划年区间，取值为整数；
$\Psi^{r(\tau)}(\Psi^{rv(\tau)})$	规划年 τ 开发商开发的居住地 r（的住宅类型 v）的房产数量；
$\Psi^{(\tau)}$	规划年 τ 整个研究区域的房产总数；

$bh^{r(\tau)}(bh^{rv(\tau)})$ 规划年 τ 开发商开发的居住地 r(的住宅类型 v) 的单位投资成本;
$\pi^{r(\tau)}(\pi^{rv(\tau)})$ 规划年 τ 开发商销售居住地 r(的住宅类型 v) 的一套住宅的收益;
$\lambda^{(\tau)}$ 规划年 τ 开发商决策模型中待标定的尺度参数;
$Pr^{r(\tau)}(Pr^{rv(\tau)})$ 规划年 τ 开发商在居住地 r 开发(住宅类型 v) 的概率;
$\upsilon(dr, \tau)$ 规划年 τ 考虑折现率 dr 的折现系数;
B_{H} 住宅房地产总体投资成本;
M_{H} 住宅房地产总体维护成本;
R_{H} 住宅房地产销售总收入;
NPV 净现值;
PS 总体生产者剩余,主要指代道路设施投资和/或房地产投资的开发商;
CS 总体消费者剩余;
SW 总体社会福利;
$SW^{(\tau)*}$ 从规划年 τ 起到规划终年,期望获得的社会福利的最大值。

与城市交通相关的变量:

n_1 完成交通基础设施投资需要的规划年区间,取值为整数;
r 居住地,或者通勤出行的起点,集合用 R 表示,$r \in R$;
s 工作地,或者通勤出行的终点,集合用 S 表示,$s \in S$;
a 道路交通路段;
$t_a^{(\tau)}(t_a^{0(\tau)})$ 规划年 τ 行驶通过路段 a 所需要的(自由流,即不考虑拥堵)时间,单位一般为 min;
$C_a^{(\tau)}$ 规划年 τ 路段 a 的通行能力,单位一般为 veh/ h;
$y_a^{(\tau)}$ 规划年 τ 对路段 a 进行道路拓宽,带来的通行能力提升,单位一般为 veh/ h;
$x_a^{(\tau)}$ 规划年 τ 路段 a 上的(高峰时)道路交通量,单位一般为 veh/ h;
$\alpha_1^{(\tau)}, \alpha_2^{(\tau)}$ 规划年 τ 路阻函数 BPR 的两个待标定参数,一般是大于 0 的实数;
$\delta_{a,p}^{rs}$ 定义 OD 点对 rs 之间路径 p 和路段 a 关系的标识,取值为 0 或者 1;
$\rho_a^{(\tau)}$ 规划年 τ 在路段 a 上收取的通行费;
$cf_a^{(\tau)}$ 规划年 τ 行驶通过路段 a 需要的油费;
$vot^{k(\tau)}$ 规划年 τ 居民类型 k 的时间价值,单位一般为元 /min;
$c_p^{rsk(\tau)}$ 规划年 τ 居民类型 k 沿着路径 p 从起点 r 到终点 s 的综合出行费用;
$c_m^{rsk(\tau)}$ 规划年 τ 居民类型 k 使用出行方式 m 从起点 r 到终点 s 的综合出行费用;
$f_p^{rsk(\tau)}$ 规划年 τ 居民类型 k 沿着路径 p 从起点 r 到终点 s 的流量;
$O^{r(\tau)}$ 规划年 τ 居住在 r 的居民数量;
B_{T} 交通基础设施总体投资成本;
M_{T} 交通基础设施总体维护成本;
R_{T} 总体道路交通收费收入;

$ct\_i_m^{rs}$	使用出行方式 m 往返于 rs 的车上行驶时间；
$ct\_w_m^{rs}$	使用出行方式 m 往返于 rs 的等车时间，常见于公共交通方式；
$ct\_l_m^{rs}$	使用出行方式 m 往返于 rs 的步行时间，常见于公共交通方式；
cp_m^{rs}	使用出行方式 m 往返于 rs 需要支付的票价，常见于公共交通方式；
β_m	出行方式选择模型中的待标定的尺度参数；
$q_m^{rsk}(\tilde{q}_m^{rsk})$	（观察到的）使用出行方式 m 从起点 r 到终点 s 的居民类型 k 的数量；
Pr_m^{rsk}	规划年 τ 居民类型 k 选择使用出行方式 m 居住在 r 工作在 s 的概率；
hw^{rs}	往返于 rs 的（公共交通）线路的发车间隔；
κ_{cti}	反映发车间隔和平均等候时间关系的参数；
st	某条地铁线路投入运营的地铁车辆数；
$b_{\widetilde{T}O}$	平均每辆车的运营成本；
$B_{\widetilde{T}C}$	某条地铁线路的初期投资成本。

11.2 常用名词中英文对照

A

Accessibility	可达性
Activity	活动
Adaptative planning	自适应规划
Adjacency matrix	邻接矩阵
Agent	行为主体，个体
Agent-based	基于个体的
Agglomeration Economies	集聚经济效应
Aggregated	积集
Alternative specific constant	备择常数

B

Benefit distribution	利益分配
Bid-rent	级差地租
Bi-level optimization problem	双层优化问题

C

Closed form	封闭形式
Closed loop control	闭环控制
Combined equilibrium	聚合平衡
Commercial real estate market	商业房地产市场
Consumer response model	消费者响应模型

Consumer surplus 消费者剩余
Continous variable 连续变量
Continuum modeling 连续介质模型
Contract period 合约期
Cost benefit analysis 成本效益分析

D

Data model 数据模型
Data standardization 数据标准化
Decision variable 决策变量
Demand elasticity 需求弹性
Deterministic choice 确定性的选择行为
Deterministic part 确定项
Determinant (矩阵)行列式
Developer 开发商
Disaggregated 非积集
Discount factor 折现系数
Discount rate 折现率
Discrete choice 离散选择
Discrete variable 离散变量
Disutility 负效用
Dummy variable 哑变量,虚拟变量
Dynamic programming 动态规划

E

Elastic demand function 弹性需求函数
Empirical study 实证研究
Endogenous 内生的
Entropy-maximization model 最大熵模型
Equivalence condition 等价条件
Externality 外部性

F

First-best solution 最优解
First-order optimality conditions 一阶导优化条件
Fixed-point approach 不动点法
Flow conservation condition 流量守恒条件
Four-step transport forecast model 四阶段交通预测模型

G

Global optimum 全局最优

Group decision making mechanism 群体决策机制

Gravity model 重力模型

Gumbel distribution 甘布尔分布

H

Hedonic pricing method 特征价格法

Hessian matrix 黑塞矩阵

Heterogeous 异质的

Heuristic approach 启发式的(建模)方式

Homogenous 同质的

Household 家庭

Housing equilibrium 房地产交易平衡

Housing market 住宅房地产交易市场

I

Individual 个人

Inversely proportional 负相关

J

K

L

Labor market 劳动力市场

Land market 土地交易市场

Land sale model 土地交易模型

Leading principal minors 前主子式

Link 路段

Link flow 路段流量

Link impedance function 路阻函数

Link time 路段行驶时间

Local optimum 区域最优

Location externalities 区域外部性

M

Markovian traffic equilibrium	马尔可夫交通均衡
Metaverse	元宇宙
Model formulation	模型建立
Monopoly supply	供给垄断
Multi-criteria analysis	多标准分析
Multi-linear	多元线性
Multi-objective	多目标性
Multi-scenario	多场景
Multi-source data fusion	多源数据融合
Multi-stage stochastic program	多阶段随机优化问题

N

Net present value	净现值
Node	节点
Non-stationary geometric Brownian motion	非定常的几何布朗运动
Nonlinear Complementarity Problem	非线性互补问题

O

Off-diagonal entry	对角元素
OD demand	OD 出行需求

P

Parameter estimation	参数估计
Pareto efficiency	帕累托效率
Pareto frontier	帕累托边界
Path	路径
Path flow	路径流量
Path cost	路径费用
Positive definite	正定
Point feature	点要素
Policy instruments	政策手段
Polygon feature	面要素
Polyline feature	线要素
Producer surplus	生产者剩余
Profit maximization	效益最大化

Q

Quasi-dynamic structure	半动态结构

R

Residential location	居住地
Residents	居民
Revenue neutral	税收中性

S

Scale parameter	尺度参数
Scenario	场景
Second-best solution	次优解
Sensitivity analysis	敏感性分析
Shadow price	影子价格
Solution uniqueness	解的唯一性
Solution uniqueness conditions	解的唯一性条件
Stage	阶段
Standard deviation	标准差
State	状态
Stochastic choice	随机性选择
Stochastic part	随机项
Stochasticity	随机性
Symmetric diagonally dominant matrix	对称对角占优矩阵

T

Time adaptability	时间适应性
Transport equilibrium	交通平衡
Trip	出行

U

Uncertainty	不确定性
Unconstrained optimization problem	无约束的优化问题
Utility	效用
Utility function	效用函数
Utility maximization	效用最大化

V

W

Workplace 工作地

X

Y

Z

Zonal attractiveness 区域吸引力

11.3 常用缩写中英文对照

ALS Area Licensing Scheme 区域通行券

BOT Build Operate Transfer 建造运营移交，一种公私合营 PPP 模式

CBD Central Business District 中央商务区

CBLUT Combined bid-rent and nested multinomial Logit land use and transport equilibrium model 一体化的土地利用与交通平衡模型

COE Certificate of Entitlement 新加坡的拥车证

CS Consumer Surplus 消费者剩余

ERP Electronic Road Pricing 新加坡的电子道路收费

FUM Future Urban Mobility MIT 新加坡研究中心面向未来的机动化研究项目组

LUT Land Use and Transport 土地利用与交通

MLE Maximum Likelihood Estimation 最大似然估计

MPEC Mathematical Program with Equilibrium Constraints 包含平衡条件的数学优化问题

MTRC Mass Transit Railway Corporation（香港）港铁公司

NMNL Nested Multinomial Logit Model 多层多项 Logit 模型

NPV Net Present Value 净现值

OD Origin-destination 起讫点

PPP Public Private Partnership 公私合营

PRH Public Rental Housing（香港）政府公屋

PS Producer Surplus 生产者剩余

RUM Random Utility Model 随机效用模型

SMART Singapore-MIT Alliance for Research and Technology 麻省理工学院新加坡研究中心

SO System Optimal 系统最优

SUE Stochastic User Equilibrium 随机用户均衡

SW	Social Welfare 社会福利
TAP	Traffic Assignment Problem 交通出行分配问题
TAZ	Traffic Analysis Zone 交通小区
TOD	Transit Oriented Development 公共交通引导的土地利用开发
TS-DM	Transport Supply and Demand Management 交通供给与需求管理
VOT	Value of Time 时间价值
VR	Virtual Reality 虚拟现实
WP	Willingness-to-pay 出价意愿

11.4 CBLUT 模型的相关推导过程

本节展示了 CBLUT 模型建立的相关推导过程。第一小节介绍与 CBLUT 模型中居民居住地选择行为模型和开发商开发选择行为模型等价的数学优化问题(Equivalent mathematical formulation)。第二小节介绍其等价条件(Equivalence condition)的推导。第三小节讨论该问题的解的唯一性(Solution uniqueness)。第四小节推导说明为什么 CBLUT 模型可以分别从居民视角和开发商视角模拟竞价过程,并保证其一致性。需要注意的是,本节的一些模型推导和证明过程,涉及较多的线性代数、矩阵运算的知识。其主要名词定义和基本原理不做过多解释,读者可以直接参考通用的参考书。

11.4.1 与 CBLUT 等价的数学优化模型

所谓等价,亦即是说两个模型的求解可以得到相同的结论。在每一个规划年 τ,公式(5.1)~(5.8),以及公式(6.1)~(6.18)定义的 CBLUT 模型可以被写为两个等价的数学优化问题,如下:

优化问题 1——房地产与交通供需平衡问题

$$\min_{b^{sk(\tau)},\varphi^{r(\tau)},x_a^{(\tau)}} Z_1=\sum_a x_a^{(\tau)}\cdot t_a^{(\tau)}-\sum_a\int_0^{x_a^{(\tau)}} t_a^{(\tau)}(\omega)\mathrm{d}\omega-\sum_{sk}D^{sk(\tau)}\cdot b^{sk(\tau)}+\sum_r\Psi^{r(\tau)}\cdot\varphi^{r(\tau)}+\frac{1}{\beta^{(\tau)}}\cdot\sum_{sk,r}\exp[\beta^{(\tau)}\cdot(WP^{sk/r(\tau)}-\varphi^{r(\tau)})] \tag{11.1}$$

s. t.

$$b^{sk(\tau)}\geqslant 0,\ \forall s,k,\tau \tag{11.2}$$

$$\varphi^{r(\tau)}\geqslant 0,\ \forall r,\tau \tag{11.3}$$

$$x_a^{(\tau)}\geqslant 0,\ \forall a,\tau \tag{11.4}$$

优化问题 2——开发商开发决策问题

$$\min_{\Psi^{r(\tau)}} Z_2=\frac{1}{\lambda^{(\tau-n_2)}}\sum_r(\Psi^{r(\tau)}\cdot\ln\Psi^{r(\tau)}-\Psi^{r(\tau)})-\sum_r\Psi^{r(\tau)}\cdot\pi^{r(\tau-n_2)} \tag{11.5}$$

s. t.

$$\Psi^{r(\tau)} = \Psi^{r(0)}, \ \forall 0 \leqslant \tau < n_2 \tag{11.6}$$

$$\Psi^{r(\tau)} \geqslant 0, \ \forall \tau \geqslant n_2 \tag{11.7}$$

首先，以公式(11.1)为目标函数的优化问题1，模拟的是在规划年 τ，基于给定的土地利用和交通系统供给，居民的居住地和交通出行选择，当然也包含了内生的房地产交易市场，和最终实现的交通和房地产供需平衡。居民的交通出行选择通过公式的前两项表征，是路段交通流量 $x_a^{(\tau)}$ 的函数。这个定义和基于 Logit 模型的随机用户均衡(Stochastic User Equilibrium, SUE)问题类似(Sheffi, 1985)。包含竞价过程的居民的居住地选择行为，通过公式的第三和第四项表征，是居民期望获得的效用指数 $b^{sk(\tau)}$ 和最终的住宅成交单价 $\varphi^{r(\tau)}$ 的函数。公式的最后一项，包含了上述所有的决策变量，表征土地利用和交通系统之间的关联。

其次，以公式(11.5)为目标函数的优化问题2，模拟的是房地产开发商的住宅开发决策。两个优化问题，通过 CBLUT 模型建立的半动态的模型架构建立起关联。如图11-1所示，在此架构下，在规划基年，居民基于给定的房地产供给情况 $\Psi^{r(0)}$，进行居住地选择。同时房地产开发商根据当年的房地产市场竞价获得的房产价值，进行总体收益评估，从而决定下一个规划年如何进行开发。换句话说，在每一个规划年，居民做出的居住地和交通出行选择是基于上一个规划年确定的房地产开发决策 $\Psi^{r(\tau)}$。因此，上述两个优化问题在同一个规划年内，不会产生交集，或者说互动关系。需要注意的是，CBLUT 模型只包括图中虚线框内的部分，政府作为决策者在每一个规划年对交通设施的供给对于 CBLUT 来说是给定的。如果存在相关的策略优化，那么就类似第8章定义的 TS-DM 策略，在 CBLUT 模型确定的居住地和交通出行平衡的基础上，额外进行策略优化，成为一个双层优化问题。

事实上，在这个半动态结构下，公式(11.1)～(11.4)和公式(11.5)～(11.7)这两个优化问题是交替先后求解的。也就是，在住宅总体供给等于总体需求的假设前提下，从

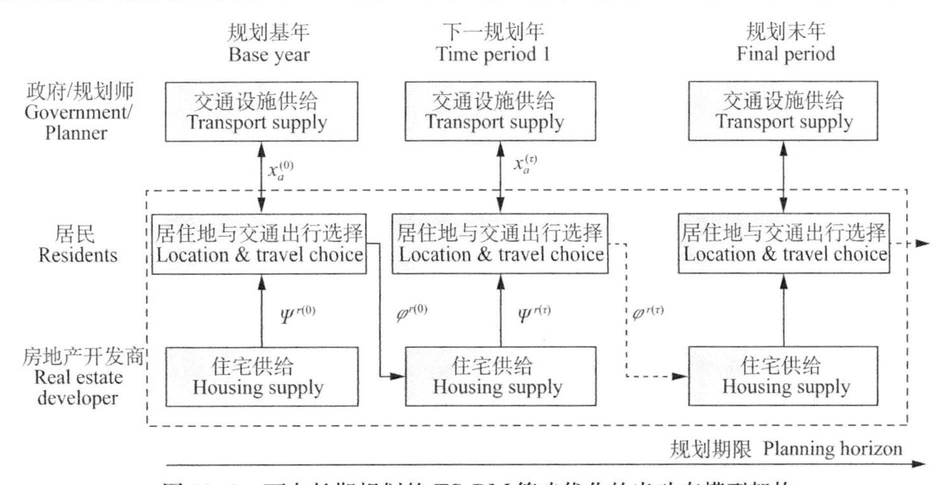

图11-1 面向长期规划的 TS-DM 策略优化的半动态模型架构

规划基年开始，先求解问题 1，再求解问题 2，然后进入下一个规划年，再先后求解问题 1 和问题 2，如此往复下去。此外，优化问题 1 与 Briceño 等(2008)和 Bravo 等(2010)定义的房地产竞价模型是有区别的。后两者基于马尔可夫交通均衡(Markovian Traffic Equilibrium，MTE)构建了一个等价的只有一种居民类型的随机效用均衡问题(Baillon et al.，2008)。他们使用路段出行时间 $t_a^{(\tau)}$ 作为决策变量，不考虑额外的出行费用，并且居民的时间价值是相同的。而本书定义的优化问题 1，在公式(11.1)中，包含了一个等价的以时间为单位统计的多用户类型的随机用户均衡问题，并且使用路段交通流量 $x_a^{(\tau)}$ 作为决策变量。

11.4.2 等价条件

本节讨论第 6 章定义的 CBLUT 模型，即公式(5.1)～(5.8)，以及公式(6.1)～(6.18)，和上一节定义的等价的两个优化问题，即公式(11.1)～(11.7)之间的等价条件(Equivalence conditions)，可以通过两个问题的一阶导优化条件(First-order optimality conditions)去讨论。

(1) 对于优化问题 1 的目标函数，定义其对决策变量 $b^{s_1k_1(\tau)}$ 的一阶导优化条件为：

$$b^{s_1k_1(\tau)}\frac{\partial Z_1}{\partial b^{s_1k_1(\tau)}}=b^{s_1k_1(\tau)}\left\{-D^{s_1k_1(\tau)}+\sum_{r'\in R}\exp[\beta^{(\tau)}\cdot(WP^{s_1k_1/r'(\tau)}-\varphi^{r'(\tau)})]\right\}=0 \tag{11.8}$$

基于 Logit 模型，$b^{sk(\tau)}>0$，因此有 $D^{sk(\tau)}=\sum_{r'\in R}\exp[\beta^{(\tau)}\cdot(WP^{sk/r'(\tau)}-\varphi^{r'(\tau)})]$。定义规划年 τ，居民类型 k 在 OD 起讫点 r 和 s 的需求为：

$$q^{rsk(\tau)}=\exp[\beta^{(\tau)}\cdot(WP^{sk/r(\tau)}-\varphi^{r(\tau)})] \tag{11.9}$$

则可以得到下面的土地利用和交通平衡条件：

$$D^{sk(\tau)}=\sum_{r'\in R}q^{r'sk(\tau)} \tag{11.10}$$

将公式(11.9)和(11.10)代入居民的居住地选择概率 $Pr^{rsk(\tau)}$ 公式，可以得到：

$$Pr^{rsk(\tau)}=\frac{q^{rsk(\tau)}}{D^{sk(\tau)}}=\frac{\exp[\beta^{(\tau)}\cdot(WP^{sk/r(\tau)}-\varphi^{r(\tau)})]}{\sum_{r'\in R}\exp[\beta^{(\tau)}\cdot(WP^{sk/r'(\tau)}-\varphi^{r'(\tau)})]} \tag{11.11}$$

这个结果和 CBLUT 模型公式(6.7)～(6.9)的定义一致。公式(11.10)～(11.11) 保证了，当住宅总体供给等于总体需求时，每一个居民都可以通过调整自己的效用指数 $b^{sk(\tau)}$，经过竞价过程，最终居住在某一个居住地。

(2) 对于优化问题 1 的目标函数，定义其对决策变量 $\varphi^{r_1(\tau)}$ ($\varphi^{r(\tau)}>0$)的一阶导优化条件为：

$$\frac{\partial Z_1}{\partial \varphi^{r_1(\tau)}}=\Psi^{r_1(\tau)}-\sum_{s'\in S}\sum_{k'\in K}\exp[\beta^{(\tau)}\cdot(WP^{s'k'/r_1(\tau)}-\varphi^{r_1(\tau)})]=0 \tag{11.12}$$

将公式(11.9)代入公式(11.12),可以得到:

$$\Psi^{r(\tau)} = \sum_{s' \in S} \sum_{k' \in K} q^{rs'k'(\tau)} \tag{11.13}$$

也就是说,在每一个居住地 r,所有居民的住宅需求等于住宅供给。进一步将公式(11.9)代入公式(6.4)定义的开发商视角的概率 $Pr^{sk/r(\tau)}$ 公式,可以得到:

$$Pr^{sk/r(\tau)} = \frac{q^{rsk(\tau)}}{\Psi^{r(\tau)}} = \frac{\exp(\beta^{(\tau)} \cdot WP^{sk/r(\tau)})}{\sum_{s' \in S} \sum_{k' \in K} \exp(\beta^{(\tau)} \cdot WP^{s'k'/r(\tau)})} \tag{11.14}$$

可见公式(11.14)和 CBLUT 模型公式(6.4)是一致的。此外,通过转变公式(11.12),可以得到:

$$\varphi^{r(\tau)} = \frac{1}{\beta^{(\tau)}} \ln\left[\sum_{s' \in S} \sum_{k' \in K} \exp(\beta^{(\tau)} \cdot WP^{s'k'/r(\tau)})\right] - \frac{1}{\beta^{(\tau)}} \cdot \ln(\Psi^{r(\tau)}) \tag{11.15}$$

这个公式和 CBLUT 模型公式(6.6)是一致的。综上,公式(11.13)～(11.15)完全体现了 CBLUT 模型的相关定义。

(3) 对于优化问题 1 的目标函数,其对决策变量 $x_{a_1}^{(\tau)}$ ($x_{a_1}^{(\tau)} > 0$)的一阶导数优化条件可以进行如下推导:

首先,目标函数 Z_1 对路段流量 $x_{a_1}^{(\tau)}$ 的一阶导数可以表示为:

$$\frac{\partial Z_1}{\partial x_{a_1}^{(\tau)}} = x_{a_1}^{(\tau)} \cdot \frac{\partial t_{a_1}^{(\tau)}}{\partial x_{a_1}^{(\tau)}} + \sum_{r' \in R} \sum_{s' \in S} \sum_{k' \in K} \exp[\beta^{(\tau)} \cdot (WP^{s'k'/r'(\tau)} - \varphi^{r'(\tau)})] \cdot \frac{\partial WP^{s'k'/r'(\tau)}}{\partial x_{a_1}^{(\tau)}} \tag{11.16}$$

公式(11.16)右边的第一项是通过对公式(11.1)的前两项 求导得到的。而第二项是通过对公式(11.1)的第五项求导得到的。基于公式(5.7),(5.14)和公式(6.1)居民出价意愿对 $x_{a_1}^{(\tau)}$ 求一阶导数可得:

$$\frac{\partial WP^{sk/r(\tau)}}{\partial x_{a_1}^{(\tau)}} = -\sum_{p' \in P} Pr_p^{rsk(\tau)} \cdot \delta_{a,p}^{rs(\tau)} \cdot \frac{\partial t_{a_1}^{(\tau)}}{\partial x_{a_1}^{(\tau)}} \tag{11.17}$$

将公式(11.9)和(11.17)代入(11.16),并且令公式(11.16)等于 0,可以得到优化问题 1 的第三组,即对于路段交通流量 $x_{a_1}^{(\tau)}$ 的等价优化条件:

$$\left(x_{a_1}^{(\tau)} - \sum_{r' \in R} \sum_{s' \in S} \sum_{k' \in K} \sum_{p' \in P} q^{r's'k'(\tau)} \cdot Pr_p^{r's'k'(\tau)} \cdot \delta_{a_1,p}^{r's'(\tau)}\right) \cdot \frac{\partial t_{a_1}^{(\tau)}}{\partial x_{a_1}^{(\tau)}} = 0 \tag{11.18}$$

其中,路段时间 $t_a^{(\tau)}$ 可以是通过任何路阻函数定义的,即路段时间是随着路段流量单调递增的函数,例如 BPR 函数。

(4) 对于优化问题 2 的目标函数,其对决策变量 $\Psi^{r_1(\tau)}$ 的一阶导优化条件为:

$$\frac{\partial Z_2}{\partial \Psi^{r_1(\tau)}}=\frac{1}{\lambda^{(\tau-n_2)}}\cdot \ln \Psi^{r_1(\tau)}-\pi^{r_1(\tau-n_2)}=0 \tag{11.19}$$

其中

$$\Psi^{r(\tau)}=\begin{cases}\Psi^{r(0)}, & \forall 0\leqslant \tau < n_2;\\ \exp(\lambda^{(\tau-n_2)}\cdot \pi^{r(\tau-n_2)}), & \forall \tau \geqslant n_2\end{cases} \tag{11.20}$$

$$Pr^{r(\tau)}=\frac{\Psi^{r(\tau)}}{\Psi^{(\tau)}}=\frac{\exp(\lambda^{(\tau-n_2)}\cdot \pi^{r(\tau-n_2)})}{\sum_{r'\in R}\exp(\lambda^{(\tau-n_2)}\cdot \pi^{r'(\tau-n_2)})} \tag{11.21}$$

公式(11.20)～(11.21)和CBLUT模型定义的开发商决策问题相关公式(6.13)～(6.16)一致。

综上所述,公式(11.1)～(11.7)定义的两个优化问题,和CBLUT模型定义是等价的。

11.4.3 解的唯一性条件

上述两个优化问题的最优解的唯一性条件(Solution uniqueness conditions)可以通过检视相关决策变量的二阶导数来讨论。

1) 优化问题1

对于优化问题1,即公式(11.1)～(11.4),在每一个规划年,存在三组决策变量,即 $b^{sk(\tau)}$, $\varphi^{r(\tau)}$ 和 $x_a^{(\tau)}$。为了简化表达,以下推导不再包含表达规划年份的上标 τ。基于公式(5.3),(6.9),(11.9)～(11.10),(11.13)和(11.17),可以分别推出它们的二阶导数,表示为:

$$\frac{\partial^2 Z_1}{\partial b^{s_ik_i}\cdot \partial b^{s_jk_j}}=\begin{cases}\beta\cdot \sum_{r'\in R}\exp[\beta\cdot (WP^{s_1k_1/r'}-\varphi^{r'})]=\beta\cdot D^{s_1k_1}>0, & \forall s_i=s_j, k_i=k_j;\\ 0, & \forall s_i\neq s_j, k_i\neq k_j\end{cases} \tag{11.22}$$

$$\begin{aligned}\frac{\partial^2 Z_1}{\partial b^{s_ik_i}\cdot \partial \varphi^{r_i}}&=-\beta\cdot \exp[\beta\cdot (WP^{s_ik_i/r_i}-\varphi^{r_i})]\\ &=-\beta\cdot q^{r_is_ik_i}<0,\ \forall r_i\in R,\ s_i\in S,\ k_i\in K\end{aligned} \tag{11.23}$$

$$\begin{aligned}\frac{\partial^2 Z_1}{\partial b^{s_ik_i}\cdot \partial x_{a_i}}&=\beta\cdot \sum_{r'\in R}\exp[\beta\cdot (WP^{s_ik_i/r'}-\varphi^{r'})]\cdot \frac{\partial WP^{s_ik_i/r'}}{\partial x_{a_i}}\\ &=-\beta\cdot \sum_{r'\in R}\sum_{p'\in P} f_{p'}^{r's_ik_i}\cdot \delta_{a_i,p'}^{r's_i}\cdot \frac{\partial t_{a_i}}{\partial x_{a_i}}<0,\ \forall s_i\in S,\ k_i\in K,\ a_i\in A\end{aligned} \tag{11.24}$$

$$\frac{\partial^2 Z_1}{\partial\varphi^{r_i}\cdot\partial\varphi^{r_j}}=\begin{cases}\beta\cdot\sum_{s'\in S}\sum_{k'\in K}\exp[\beta\cdot(WP^{s'k'/r_i}-\varphi^{r_i})]=\beta\cdot\Psi^{r_i}>0, & \forall r_i=r_j;\\ 0, & \forall r_i\neq r_j\end{cases}\tag{11.25}$$

$$\frac{\partial^2 Z_1}{\partial\varphi^{r_i}\cdot\partial x_{a_i}}=\beta\cdot\sum_{s'\in S}\sum_{k'\in K}\sum_{p'\in P}f_{p'}^{r_is'k'}\cdot\delta_{a_i,p'}^{rs'}\cdot\frac{\partial t_{a_i}}{\partial x_{a_i}}>0,\ \forall r_i\in R,\ a_i\in A\tag{11.26}$$

$$\frac{\partial^2 Z_1}{\partial x_{a_i}\cdot\partial x_{a_j}}=\begin{cases}\left(1-\sum_{r'\in R}\sum_{s'\in S}\sum_{k'\in K}\sum_{p'\in P}\delta_{a_i,p'}^{r's'}\cdot\frac{\partial f_{p'}^{r's'k'}}{\partial x_{a_i}}\right)\cdot\frac{\partial t_{a_i}}{\partial x_{a_i}}+\\ \left(x_{a_i}-\sum_{r'\in R}\sum_{s'\in S}\sum_{k'\in K}\sum_{p'\in P}f_{p'}^{r's'k'}\cdot\delta_{a_i,p'}^{r's'}\right)\cdot\frac{\partial^2 t_{a_i}}{\partial x_{a_i}\cdot\partial x_{a_i}}, & \forall a_i=a_j;\\ -\sum_{r'\in R}\sum_{s'\in S}\sum_{k'\in K}\sum_{p'\in P}\delta_{a_i,p'}^{r's'}\cdot\frac{\partial f_{p'}^{r's'k'}}{\partial x_{a_j}}\cdot\frac{\partial t_{a_i}}{\partial x_{a_i}}, & \forall a_i\neq a_j\end{cases}\tag{11.27}$$

定义由结果的二阶偏导构成的黑塞矩阵(Hessian matrix)为:

$$\boldsymbol{H}=\begin{pmatrix}\boldsymbol{H}_{11}=\left(\frac{\partial^2 Z_1}{\partial b^{s_ik_i}\cdot\partial b^{s_jk_j}}\right), & \boldsymbol{H}_{12}=\left(\frac{\partial^2 Z_1}{\partial\varphi^{r_i}\cdot\partial b^{s_ik_i}}\right), & \boldsymbol{H}_{13}=\left(\frac{\partial^2 Z_1}{\partial x_{a_i}\cdot\partial b^{s_ik_i}}\right)\\ \boldsymbol{H}_{21}=\left(\frac{\partial^2 Z_1}{\partial b^{s_ik_i}\cdot\partial\varphi^{r_i}}\right), & \boldsymbol{H}_{22}=\left(\frac{\partial^2 Z_1}{\partial\varphi^{r_i}\cdot\partial\varphi^{r_j}}\right), & \boldsymbol{H}_{23}=\left(\frac{\partial^2 Z_1}{\partial x_{a_i}\cdot\partial\varphi^{r_i}}\right)\\ \boldsymbol{H}_{31}=\left(\frac{\partial^2 Z_1}{\partial b^{s_ik_i}\cdot\partial x_{a_i}}\right), & \boldsymbol{H}_{32}=\left(\frac{\partial^2 Z_1}{\partial\varphi^{r_i}\cdot\partial x_{a_i}}\right), & \boldsymbol{H}_{33}=\left(\frac{\partial^2 Z_1}{\partial x_{a_i}\cdot\partial x_{a_j}}\right)\end{pmatrix}_{(|S|\times|K|+|R|+|A|)\times(|S|\times|K|+|R|+|A|)}\tag{11.28}$$

其中,根据公式(11.22),有:

$$\boldsymbol{H}_{11}=\beta\cdot\begin{pmatrix}D^{11} & \cdots & 0\\ \vdots & \ddots & \vdots\\ 0 & \cdots & D^{|S||K|}\end{pmatrix}_{(|S|\times|K|)\times(|S|\times|K|)}\tag{11.29}$$

根据公式(11.25),有:

$$\boldsymbol{H}_{22}=\beta\cdot\begin{pmatrix}\Psi^{1} & \cdots & 0\\ \vdots & \ddots & \vdots\\ 0 & \cdots & \Psi^{|R|}\end{pmatrix}_{|R|\times|R|}\tag{11.30}$$

根据公式(11.27),有:

$$\boldsymbol{H}_{33}=\begin{bmatrix}\dfrac{\partial^2 Z_1}{\partial x_1^2} & \cdots & \dfrac{\partial^2 Z_1}{\partial x_1\cdot\partial x_{|A|}}\\ \vdots & \ddots & \vdots \\ \dfrac{\partial^2 Z_1}{\partial x_{|A|}\cdot\partial x_1} & \cdots & \dfrac{\partial^2 Z_1}{\partial x_{|A|}^2}\end{bmatrix}_{|A|\times|A|} \tag{11.31}$$

由于黑塞矩阵是方形对称的结构，因此根据公式(11.23)，有：

$$\boldsymbol{H}_{21}=\boldsymbol{H}_{12}^{\mathrm{T}}=\beta\cdot\begin{pmatrix}-q^{111} & \cdots & -q^{1|S||K|}\\ \vdots & \ddots & \vdots \\ -q^{|R|11} & \cdots & -q^{|R||S||K|}\end{pmatrix}_{|R|\times(|S|\times|K|)} \tag{11.32}$$

类似地，根据公式(11.24)和(11.26)，有：

$$\boldsymbol{H}_{31}=\boldsymbol{H}_{13}^{\mathrm{T}}$$
$$=\beta\cdot\begin{bmatrix}-\sum_{r'\in R}\sum_{p'\in P}f_{p'}^{r'11}\cdot\delta_{1,p'}^{r'1}\cdot\dfrac{\partial t_1}{\partial x_1} & \cdots & -\sum_{r'\in R}\sum_{p'\in P}f_{p'}^{r'|S||K|}\cdot\delta_{1,p'}^{r'|S|}\cdot\dfrac{\partial t_1}{\partial x_1}\\ \vdots & \ddots & \vdots \\ -\sum_{r'\in R}\sum_{p'\in P}f_{p'}^{r'11}\cdot\delta_{|A|,p'}^{r'1}\cdot\dfrac{\partial t_{|A|}}{\partial x_{|A|}} & \cdots & -\sum_{r'\in R}\sum_{p'\in P}f_{p'}^{r'|S||K|}\cdot\delta_{|A|,p'}^{r'|S|}\cdot\dfrac{\partial t_{|A|}}{\partial x_{|A|}}\end{bmatrix}_{|A|\times(|S|\times|K|)} \tag{11.33}$$

$$\boldsymbol{H}_{32}=\boldsymbol{H}_{23}^{\mathrm{T}}$$
$$=\beta\cdot\begin{bmatrix}\sum_{s'\in S}\sum_{k'\in K}\sum_{p'\in P}f_{p'}^{1s'k'}\cdot\delta_{1,p'}^{1s'}\cdot\dfrac{\partial t_1}{\partial x_1} & \cdots & \sum_{s'\in S}\sum_{k'\in K}\sum_{p'\in P}f_{p'}^{|R|s'k'}\cdot\delta_{1,p'}^{|R|s'}\cdot\dfrac{\partial t_1}{\partial x_1}\\ \vdots & \ddots & \vdots \\ \sum_{s'\in S}\sum_{k'\in K}\sum_{p'\in P}f_{p'}^{1s'k'}\cdot\delta_{|A|,p'}^{1s'}\cdot\dfrac{\partial t_{|A|}}{\partial x_{|A|}} & \cdots & \sum_{s'\in S}\sum_{k'\in K}\sum_{p'\in P}f_{p'}^{|R|s'k'}\cdot\delta_{|A|,p'}^{|R|s'}\cdot\dfrac{\partial t_{|A|}}{\partial x_{|A|}}\end{bmatrix}_{|A|\times|R|} \tag{11.34}$$

要证明优化问题1，也就是公式(11.1)～(11.4)，是严格的凸函数并且存在唯一的全局最优解，只需要证明公式(11.28)定义的黑塞矩阵是正定(Positive definite)的。基于公式(11.29)～(11.30)，矩阵 $\boldsymbol{H}_{11}$ 和 $\boldsymbol{H}_{22}$ 是对角的、正定的。由于公式(11.18)就是基于路段(Link-based)的随机用户均衡分配(SUE)的等价条件，因此基于公式(11.27)，矩阵 $\boldsymbol{H}_{33}$ 一般情况下不是正定的，只有当 $x_{a_i}-\sum_{r'\in R}\sum_{s'\in S}\sum_{k'\in K}\sum_{p'\in P}f_{p'}^{r's'k'}\cdot\delta_{a_i,p'}^{r's'}$ 这一项趋近于0，或者说满足SUE的平衡条件时，矩阵 $\boldsymbol{H}_{33}$ 在平衡点才是正定的(Sheffi，1985)。基于公式(11.32)～(11.34)，矩阵 $\boldsymbol{H}_{21}$，$\boldsymbol{H}_{12}$，$\boldsymbol{H}_{31}$，$\boldsymbol{H}_{13}$，$\boldsymbol{H}_{23}$ 和 $\boldsymbol{H}_{32}$ 中包含很多非0项。然而我们可以通过下面的矩阵变换，证明黑塞矩阵的行列式(the determinant of the Hessian matrix)是0。

固定矩阵 $\boldsymbol{H}_{12}$ 的任意行，基于公式(11.10)，矩阵 $\boldsymbol{H}_{12}$ 每一列的求和等于矩阵 $\boldsymbol{H}_{11}$ 同一

行非零元素的负值。基于公式(11.13),(11.30),和(11.32)～(11.34),对于矩阵 $\boldsymbol{H}_{21}$ 和 $\boldsymbol{H}_{22}$,矩阵 $\boldsymbol{H}_{31}$ 和 $\boldsymbol{H}_{32}$ 可以有相同的结论。所以,顺着任一行,如果对矩阵 $\boldsymbol{H}_{11}$ 和 $\boldsymbol{H}_{12}$,矩阵 $\boldsymbol{H}_{21}$ 和 $\boldsymbol{H}_{22}$,矩阵 $\boldsymbol{H}_{31}$ 和 $\boldsymbol{H}_{32}$ 每一列的元素求和到黑塞矩阵的第一列,也就是公式(11.28)第一列的每一个元素取值变为 0。换句话说,可以通过变换将黑塞矩阵的某一列全部变为 0,也就是行列式为 0。

所以,公式(11.28)定义的黑塞矩阵不是严格正定的。也就是说,通常情况下,公式(11.1)～(11.7)定义的优化问题 1 和优化问题 2,不是严格的凸函数。

然而,如果我们进一步,令某一个居民类型的效用指数为 0,也就是 $b^{s1}=0$,与此同时,维持住宅总体供给等于总体需求的限制条件,那么优化问题 1 和优化问题 2 存在唯一的平衡解。证明如下:

证明:

首先,假设居民的居住地选择过程不需要考虑交通拥堵效应,也就是交通出行费用是确定的。那么优化问题 1 的目标函数(11.1)可以简化为:

$$\min_{b^{sk},\varphi^r}\widetilde{Z}_1=-\sum_{sk}D^{sk}\cdot b^{sk}+\sum_r\Psi^r\cdot\varphi^r+\frac{1}{\beta}\cdot\sum_{sk,r}\exp[\beta\cdot(WP^{sk/r}-\varphi^r)] \tag{11.35}$$

s. t.

$$b^{sk}\geqslant 0,\ \forall s\in S,\ k\neq 1,\ k\in K \tag{11.36}$$

$$\varphi^r\geqslant 0,\ \forall r \tag{11.37}$$

接下来,可以比较容易地找到与决策变量 $b^{sk}(\forall k\neq 1)$ 和 φ^r 对应的优化条件是不变的。此时黑塞矩阵(Hessian matrix)变为:

$$\widetilde{\boldsymbol{H}}=\begin{bmatrix}\widetilde{\boldsymbol{H}}_{11}=\left(\dfrac{\partial^2 Z_1}{\partial b^{s_ik_i}\cdot\partial b^{s_jk_j}}\right), & \widetilde{\boldsymbol{H}}_{12}=\left(\dfrac{\partial^2 Z_1}{\partial\varphi^{r_i}\cdot\partial b^{s_ik_i}}\right)\\ \widetilde{\boldsymbol{H}}_{21}=\left(\dfrac{\partial^2 Z_1}{\partial b^{s_ik_i}\cdot\partial\varphi^{r_i}}\right), & \widetilde{\boldsymbol{H}}_{22}=\left(\dfrac{\partial^2 Z_1}{\partial\varphi^{r_i}\cdot\partial\varphi^{r_j}}\right)\end{bmatrix}_{(|S|\times|K|-1+|R|)\times(|S|\times|K|-1+|R|)} \tag{11.38}$$

其中

$$\widetilde{\boldsymbol{H}}_{11}=\beta\cdot\begin{pmatrix}D^{12} & \cdots & 0\\ \vdots & \ddots & \vdots\\ 0 & \cdots & D^{|S||K|}\end{pmatrix}_{(|S|\times|K|-1)\times(|S|\times|K|-1)} \tag{11.39}$$

$$\widetilde{\boldsymbol{H}}_{22}=\boldsymbol{H}_{22}=\beta\cdot\begin{pmatrix}\Psi^1 & \cdots & 0\\ \vdots & \ddots & \vdots\\ 0 & \cdots & \Psi^{|R|}\end{pmatrix}_{|R|\times|R|} \tag{11.40}$$

$$\widetilde{\boldsymbol{H}}_{21}=\widetilde{\boldsymbol{H}}_{12}^{\mathrm{T}}=\beta\cdot\begin{pmatrix}-q^{112} & \cdots & -q^{1|S||K|}\\ \vdots & \ddots & \vdots\\ -q^{|R|12} & \cdots & -q^{|R||S||K|}\end{pmatrix}_{|R|\times(|S|\times|K|-1)} \tag{11.41}$$

要证明黑塞矩阵 $\widetilde{\boldsymbol{H}}$ 是正定的，只需要证明矩阵 $\widetilde{\boldsymbol{H}}$ 中所有的前主子式(Leading principal minors)是正的。首先，通过基本行变换，变换矩阵 $\widetilde{\boldsymbol{H}}$ 左下部分的子矩阵 $\widetilde{\boldsymbol{H}}_{21}$ 为零矩阵，则变换后的矩阵为：

$$\widetilde{\boldsymbol{H}}'=\begin{bmatrix}\widetilde{\boldsymbol{H}}_{11}, & \widetilde{\boldsymbol{H}}_{12}\\ \widetilde{\boldsymbol{H}}'_{21}, & \widetilde{\boldsymbol{H}}'_{22}\end{bmatrix}_{(|S|\times|K|-1+|R|)\times(|S|\times|K|-1+|R|)} \tag{11.42}$$

其中

$$\widetilde{\boldsymbol{H}}'_{21}=\beta\cdot\begin{pmatrix}0 & \cdots & 0\\ \vdots & \ddots & \vdots\\ 0 & \cdots & 0\end{pmatrix}_{|R|\times(|S|\times|K|-1)} \tag{11.43}$$

$$\widetilde{\boldsymbol{H}}'_{22}=\beta\cdot\begin{pmatrix}\Psi^{1}-\sum_{sk}\dfrac{q^{1sk}}{D^{sk}}\cdot q^{112} & \cdots & -\sum_{sk}\dfrac{q^{1sk}}{D^{sk}}\cdot q^{|R|12}\\ \vdots & \ddots & \vdots\\ -\sum_{sk}\dfrac{q^{|R|sk}}{D^{sk}}\cdot q^{1|S||K|} & \cdots & \Psi^{|R|}-\sum_{sk}\dfrac{q^{|R|sk}}{D^{sk}}\cdot q^{|R||S||K|}\end{pmatrix}_{|R|\times|R|} \tag{11.44}$$

在矩阵 $\widetilde{\boldsymbol{H}}'_{22}$ 中，对任何行 r'，$\forall r'\in R$，其对角元素(Off-diagonal entry)行 r''，$\forall r''\in R$，可以表达为：

$$-\sum_{sk}\frac{q^{r'sk}}{D^{sk}}\cdot q^{r''sk},\ \forall r'\neq r'',\ s\in S,\ k\in K,\ k\neq 1 \tag{11.45}$$

对角元素可以表达为：

$$\Psi^{r'}-\sum_{sk}\frac{q^{r'sk}}{D^{sk}}\cdot q^{r''sk},\ \forall r'=r'',\ s\in S,\ k\in K,\ k\neq 1 \tag{11.46}$$

根据公式(11.10)和(11.13)，通过比较对角元素和任意行 r' 对角元素绝对值之差 $diff^{r'}$，矩阵 $\widetilde{\boldsymbol{H}}'_{22}$ 可以被证明是一个包含正的对角元素的对称对角占优矩阵(Symmetric diagonally dominant matrix)，表达为：

$$\begin{aligned}diff^{r'}&=\Psi^{r'}-\sum_{r''}\sum_{sk}\left|\frac{q^{r'sk}}{D^{sk}}\cdot q^{r''sk}\right|\\ &=\Psi^{r'}-\sum_{sk}\left(\frac{q^{r'sk}}{D^{sk}}\cdot\sum_{r''}q^{r''sk}\right)\\ &=\Psi^{r'}-\sum_{sk}q^{r'sk}\end{aligned}$$

$$=q^{r's1}>0,\ \forall r''\in R,\ s\in S,\ k\in K,\ k\neq 1 \tag{11.47}$$

基于与之前类似的矩阵初等变换过程,矩阵 $\widetilde{\boldsymbol{H}}'_{22}$ 可被进一步转换为一个正的上三角矩阵(An upper triangular matrix with positive diagonal entries)。根据公式(11.39),(11.41)和(11.42),因为矩阵 $\widetilde{\boldsymbol{H}}_{11}$ 是一个正对角矩阵(Positive diagonal matrix),而矩阵 $\widetilde{\boldsymbol{H}}'_{21}$ 是一个零矩阵,所以最终黑塞矩阵 $\widetilde{\boldsymbol{H}}$ 可以被变换成一个正的上三角矩阵。由于 $\widetilde{\boldsymbol{H}}$ 的每一个前主子式都是正的,因此 $\widetilde{\boldsymbol{H}}$ 是正定的。也就是说公式(11.35)~(11.37)定义的优化问题是严格的凸函数,有唯一解。

其次,检视在给定的居住地和工作地条件下,居民的交通出行选择。此时的问题也就是将优化问题 1 定义的目标函数(11.1)简化为:

$$\min_{x_a}\bar{Z}_1=\sum_a x_a\cdot t_a-\sum_a\int_0^{x_a}t_a(\omega)\mathrm{d}\omega+\frac{1}{\beta}\cdot\sum_{sk,r}\exp[\beta\cdot(WP^{sk/r}-\varphi^r)] \tag{11.48}$$

其对应的黑塞矩阵与公式(11.27)和(11.31)定义的 $\boldsymbol{H}_{33}$ 相同。基于前述结论,$\boldsymbol{H}_{33}$ 只在交通出行平衡点处,即 $x_a=\sum_{r'\in R}\sum_{s'\in S}\sum_{k'\in K}\sum_{p'\in P}f_{p'}^{r's'k'}\cdot\delta_{a,p'}^{r's'}$,是正定的。根据 Sheffi(1985),对应解的唯一性可以通过路阻函数 t_a 的变换获得,也就是将目标函数(11.48)的决策变量从路段交通流量 x_a 变换为路段通行时间 t_a,也就是:

$$\min_{t_a}\bar{Z}_1=\sum_a\int_{t_a^0}^{t_a}x_a(\omega)\mathrm{d}\omega+\frac{1}{\beta}\cdot\sum_{sk,r}\exp[\beta\cdot(WP^{sk/r}-\varphi^r)] \tag{11.49}$$

根据 Sheffi(1985),目标函数(11.49)是严格的凸函数。所以,分别看居民的居住地选择和交通出行选择对应的问题,即公式(11.35)和公式(11.49),它们分别具有唯一解。

证明结束

2) 优化问题 2

对于公式(11.5)~(11.7)定义的等价的优化问题 2,决策变量是 $\Psi^{r(\tau)}$,对应的二阶导数可以推导为:

$$\frac{\partial^2 Z_2}{\partial\Psi^{r_i(\tau)}\cdot\partial\Psi^{r_j(\tau)}}=\begin{cases}\dfrac{1}{\lambda^{(\tau-1)}\cdot\Psi^{r_i(\tau)}}>0, & \forall r_i=r_j;\\ 0, & \forall r_i\neq r_j\end{cases} \tag{11.50}$$

根据公式(11.50),对应的黑塞矩阵是对角正定的。因此,公式(11.5)~(11.7)定义的优化问题 2,在每一个规划年都存在唯一解,使房地产开发决策得到了优化。

11.4.4 开发商视角和居民视角的选择一致性

CBLUT 模型中,定义了两组选择概率的表达,分别从开发商卖房视角,即公式(6.4),和居民买房视角,即公式(6.8),描述房地产竞价的过程。两个视角下的定义,都会产生相同的竞价结果,并且两个概率定义之间存在一个确定的关系,即公式(6.10)。在此,将证明过程列举如下,类似的证明也可参见 Martínez 和他的合作者的一些研究成果

(Martínez，1992；Martínez et al.，2007)。

首先，从开发商视角看，公式(6.4)定义的居住地 r 被在 s 工作的居民类型 k 竞拍获得的概率，基于居民的出价意愿 $WP^{sk/r(\tau)}$，通过变换公式(6.6)，可以得到：

$$\frac{1}{\beta^{(\tau)}}\ln\left[\sum_{s'\in S}\sum_{k'\in K}\exp(\beta^{(\tau)}\cdot WP^{s'k'/r(\tau)})\right]=\varphi^{r(\tau)}+\frac{1}{\beta^{(\tau)}}\cdot\ln(\Psi^{r(\tau)})$$

或
$$\sum_{s'\in S}\sum_{k'\in K}\exp(\beta^{(\tau)}\cdot WP^{s'k'/r(\tau)})=\exp[\beta^{(\tau)}\cdot\varphi^{r(\tau)}+\ln(\Psi^{r(\tau)})] \tag{11.51}$$

将公式(11.51)代入公式(6.4)，可以得到：

$$\begin{aligned}Pr^{sk/r(\tau)}&=\frac{\exp(\beta^{(\tau)}\cdot WP^{sk/r(\tau)})}{\sum_{s'\in S}\sum_{k'\in K}\exp(\beta^{(\tau)}\cdot WP^{s'k'/r(\tau)})}=\frac{\exp(\beta^{(\tau)}\cdot WP^{sk/r(\tau)})}{\exp[\beta^{(\tau)}\cdot\varphi^{r(\tau)}+\ln(\Psi^{r(\tau)})]}\\&=\frac{1}{\Psi^{r(\tau)}}\cdot\exp[\beta^{(\tau)}\cdot(WP^{sk/r(\tau)}-\varphi^{r(\tau)})]\end{aligned} \tag{11.52}$$

进一步将消费者剩余对应的公式(6.7)代入(11.52)，经过变换，可以得到：

$$\Psi^{r(\tau)}\cdot Pr^{sk/r(\tau)}=\exp(\beta^{(\tau)}\cdot CS^{rsk(\tau)}) \tag{11.53}$$

即基于居住地 r 的房地产住宅供给 $\Psi^{r(\tau)}$，公式(11.53)体现了开发商视角下居住地 r 被工作在 s 的居民类型 k 竞拍获得的情况。

其次，从居民买房的视角看，通过将公式(6.8)代入公式(6.9)，可以得到：

$$D^{sk(\tau)}\cdot Pr^{rsk(\tau)}=D^{sk(\tau)}\cdot\frac{\exp(\beta^{(\tau)}\cdot CS^{rsk(\tau)})}{\sum_{r'\in R}\exp(\beta^{(\tau)}\cdot CS^{r'sk(\tau)})}=\exp(\beta^{(\tau)}\cdot CS^{rsk(\tau)}) \tag{11.54}$$

公式(11.54)的简化借助了公式 $D^{sk(\tau)}=\sum_{r'\in R}\exp(\beta^{(\tau)}\cdot CS^{r'sk(\tau)})$，也就是所有参与竞价的居民总量等于住宅供给总量。

最后，基于公式(11.53)和(11.54)，可以得出结论，开发商和居民两个视角下的选择过程都产生了相同的居民居住地分布结果，也就是 $\exp(\beta^{(\tau)}\cdot CS^{rsk(\tau)})$。此外，通过将公式(11.53)代入公式(6.8)，可以得到两组概率之间的内在联系，公式定义为：

$$Pr^{rsk(\tau)}=\frac{\Psi^{r(\tau)}\cdot Pr^{sk/r(\tau)}}{\sum_{r'\in R}\Psi^{r'(\tau)}\cdot Pr^{sk/r'(\tau)}} \tag{11.55}$$

参考文献

Alonso W，1964. Location and land use：Toward a general theory of land rent[M]. Cambridge：Harvard University Press.

Anas A，1981. The estimation of multinomial logit models of joint location and travel mode choice from aggregated data[J]. Journal of Regional Science，21(2)：223-242.

Anderstig C，Mattsson L G，1991. An integrated model of residential and employment location in a metropolitan region[J]. Papers in Regional Science，70：167-184.

Anderstig C，Mattsson L G，1998. Modelling land-use and transport interaction：Policy analyses using in the IMREL Model[M]// Lundqvist L，Mattsson L G，Kim T J. Network infrastructure and the urban environment：Advances in spatial science modeling. Berlin Heidelberg：Springer：308-328.

Baillon J B，Cominetti R，2008. Markovian traffic equilibrium [J]. Mathematical Programming，111：33-56.

Bertsekas D P，1995. Dynamic programming and optimal control[M]. Belmont，MA：Athena Scientific.

Bierlaire M，2006. A theoretical analysis of the cross-nested logit model[J]. Annals of Operations Research，144(1)：287-300.

Borgers A，Timmermans H，1993. Transport facilities and residential choice behavior：A model of multi-person choice processes[J]. Papers in Regional Science，72(1)：45-61.

Boyce D，Mattsson L G，1999. Modeling residential location choice in relation to housing location and road tolls on congested urban highway networks[J]. Transportation Research Part B：Methodological，33：581-591.

Börjeson L，Höjer M，Dreborg K，et al.，2005. Towards a user's guide to scenarios：A report on scenario types and scenario techniques[R]. Environmental Strategies Research，Royal Institute of Technology.

Bravo M，Briceño L，Cominetti R，et al.，2010. An integrated behavioral model of the land-use and transport systems with network congestion and location externalities

[J]. Transportation Research Part B: Methodological, 44(4): 584-596.

Briceño L, Cominetti R, Cortés C E, et al., 2008. An integrated behavioral model of land use and transport system: A hyper-network equilibrium approach [J]. Networks and Spatial Economics, 8: 201-224.

Brundtland G H, 1987. Our common future[M]. Oxford: Oxford University Press.

Cantarella G E, Binetti M, 1998. Stochastic equilibrium traffic assignment with value-of-time distributed among users [J]. International Transactions in Operational Research, 5: 541-553.

Centamap, 2010. Centamap online database [DB/OL] [2021-05-16]. http://hk.centamap.com/gc/home.aspx.

Cervero R, Murakami J, 2009. Rail and property development in Hong Kong: Experiences and extensions[J]. Urban Studies, 46(10): 2019-2043.

Chang J S, Mackett R L, 2006. A bi-level model of the relationship between transport and residential location[J]. Transportation Research Part B: Methodological, 40: 123-146.

Cheshire P, Sheppard S, 1995. On the price of land and the value of amenities[J]. Economica, 62: 247-267.

Chichilnisky G, 1996. An axiomatic approach to sustainable development[J]. Social Choice and Welfare, 13(2): 231-257.

Chin K K, 2002. Road pricing: Singapore's experience[C]// The Third Seminar of the IMPRINT-EUROPE Thematic Network: Implementing Reform on Transport Pricing, Constraints and Solutions, Learning From Best Practice. October 23-24, Brussels.

Chow J Y J, Regan A C, 2011a. Real option pricing of network design investments[J]. Transportation Science, 45(1): 50-63.

Chow J Y J, Regan A C, 2011b. Network-based real option models[J]. Transportation Research Part B: Methodological, 45(4): 682-695.

Daganzo C F, 1982. Unconstrained extremal formulation of some transportation equilibrium problems[J]. Transportation Science, 16: 332-360.

Daganzo C F, 1983. Stochastic network equilibrium with multiple vehicle types and asymmetric, indefinite link cost Jacobians[J]. Transportation Science, 17: 282-300.

Davis H L, 1976. Decision making within the household[J]. Journal of Consumer Research: An Interdisciplinary Quarterly, 2(4): 241-260.

DeSarbo W S, Ansari A, Chintagunta P K, et al., 1997. Representing heterogeneity in consumer response models[J]. Marketing Letters, 8(3): 335-348.

Domencich T, McFadden D, 1975. Urban travel demand: A behavioral analysis[R].

Amsterdam: North Holland.

Duranton G, Puga D, 2015. Urban land use [M]// Duranton G, Henderson J V, Strange W C. Handbook of Regional and Urban Economics: Volume 5. Amsterdam: Elsevier: 467-560.

Eliasson J, Mattsson L G, 2001. Transport and location effects of road pricing: A simulation approach[J]. Journal of Transport Economics and Policy, 35: 417-456.

Eliasson J, 2014. The Stockolm congestion charges: An overview [R]. Centre for Transport Studies, Working paper, 2014:7.

Ellickson B, 1981. An alternative test of the hedonic theory of housing markets[J]. Journal of Urban Economics, 9(1): 56-79.

Fischer A, 1992. A special Newton-type optimization method[J]. Optimization, 24: 269-284.

Francisco F, Soares J, 1995. Testing a new class of algorithms for nonlinear complementarity problems [M]// Giannessi F, Maugeri A. Variational inequalities and network equilibrium problems. Boston, MA: Springer.

Heal G M, 1998. Valuing the Future: economic theory and sustainability. [M]. New York: Columbia University Press.

Heiss F, 2002. Specifications of nested logit models[R]. Mannheim Research Institute for the Economics of Aging(MEA) Discussion Paper Series.

HKHAHD, 2010. Publications of Hong Kong Housing Authority and Housing Department[R/OL]. [2021-05-18]. http://www.housingauthority.gov.hk.

HKTD, 2002. Travel characteristics Study 2002 [DB]. Hong Kong Transport Department.

HKTD, 2010. Annual transport digest[R]. Hong Kong Transport Department.

Ho H W, Wong S C, 2007. Housing allocation problem in a continuum transportation system[J]. Transportmetrica, 3(1): 21-39.

Jonsson D, 2003. Sustainable urban development: Forecasting and appraisal. Licentiate Thesis[D]. Stockholm: Royal Institute of Technology.

Jonsson D, 2007. Planning Stockholm's land use and transport system using a new LUTI model: LandScapes [C]. Paper Presented at the NECTAR Conference, Porto, Portugal.

Kahn H, Anthony J W, 1967. The year 2000: A framework for speculation on the next thirty-three years[M]. London: MacMillan.

KMB, 2010. Online database of Kowloon Motor Bus Co. Ltd[DB/OL]. [2021-05-25]. http://www.kmb.hk.

Konishi H, 2004. Uniqueness of user equilibrium in transportation networks with heterogeneous commuters[J]. Transportation Science, 38: 315-330.

Lam W H K, Huang H, 1992. A combined trip distribution and assignment model for multiple user classes[J]. Transportation Research Part B: Methodological: 26, 275-287.

Lautso K, Spiekermann K, Wegener M, et al., 2004. Planning and Research of Policies for Land use and Transport for Increasing Urban Sustainability(PROPOLIS), Final Report[R/OL]. Planning and Research of Policies for Land Use and Transport for Increasing Urban Sustainability. [2021-06-07]. http://www.wspgroup.fi/lt/propolis.

Litman T, 1995. Land use impact costs of transportation[J]. World Transport Policy & Practice, 1(4): 9-16.

Lo H K, Chen A, 2000a. Reformulating the traffic equilibrium problem via a smooth gap function[J]. Mathematical and Computer Modelling, 31: 179-195.

Lo H K, Chen A, 2000b. Traffic equilibrium problem with route-specific costs: Formulation and algorithms[J]. Transportation Research Part B: Methodological, 34: 493-513.

Lo H K, McCord M R, 1998. Adaptive ship routing through stochastic ocean currents: General formulations and empirical results[J]. Transportation Research Part A: Policy and Practice, 32: 547-561.

Lo H K, Szeto W Y, 2004. Planning transport network improvements over time: Essays in honor of David Boyce[M]. Northampton, MA: Edward Elgar Publishers.

Lo H K, Szeto W Y, 2009. Time-dependent transport network design under cost-recovery[J]. Transportation Research Part B: Methodological, 43: 142-158.

Lo H K, Tang S, Wang D Z W, 2008. Managing the accessibility on mass public transit: The case of Hong Kong[J]. Journal of Transport and Land Use, 1(2): 23-49.

Lowry I S, 1964. A model of Metropolis[M]. Santa Monica, CA: Rand Corporation.

Luathep P, Sumalee A, Lam W H K, et al., 2011. Global optimization method for mixed transportation network design problem: A mixed-integer linear programming approach[J]. Transportation Research Part B: Methodological, 45: 808-827.

Ma X S, 2007. Sustainable urban land use and transport system: A review and comparison between Stockholm and Nanjing[D]. Stockholm: Royal Institute of Technology.

Ma X S, 2012. Long-term planning strategies for an integrated land use and transport system[D]. HongKong: The Hong Kong University of Science and Technology.

Ma X S, Lo H K, 2012. Modeling transport management and land use over time[J]. Transportation Research Part B: Methodological, 46: 687-709.

Ma X S, Lo H K, 2013. On joint railway and housing development strategy[J].

Procedia-Social and Behavioral Sciences, 80: 7-24.

Ma X S, Lo H K, 2015. Adaptive transport supply and demand management strategies in an integrated land use and transport model[J]. Transportation Research Record: Journal of the Transportation Research Board, 2494(1): 11-20.

Mackett R L, 1991. A model-based analysis of transport and land-use policies for Tokyo [J]. Transport Reviews, 11: 1-18.

Martínez F J, 1992. The bid-choice land-use model: An integrated economic framework [J]. Environment and Planning A: Economy and Space, 24: 871-885.

Martínez F J, 1995. Access: The transport-land use economic link[J]. Transportation Research Part B: Methodological, 29: 457-470.

Martínez F J, Araya C, 2000. Transport and land-use benefits under location externalities[J]. Environment and Planning A: Economy and Space, 32(9): 1611-1624.

Martínez F J, Henríquez R, 2007. A random bidding and supply land use equilibrium model[J]. Transportation Research Part B: Methodological, 41: 632-651.

Mattsson L G, 1984. Equivalence between welfare and entropy approaches to residential location[J]. Regional Science and Urban Economics, 14: 147-173.

Matthews B, et al., 2002. Cooperation with international, national and vegional projects [R/OL]. Deliverable 2 of ASTRAL. [2020-11-15]. https://trimis.ec.europa.eu/project/achieving-sustainability-transport-and-land-use.

Mattsson L G, 2008. Road pricing: Consequences for traffic, congestion and location [M]// Jensen-Butler C, Sloth B, Larsen M M, et al. Road Pricing, the Economy and the Environment. Berlin Heidelberg: Springer: 29-48.

May A D, Karlstrom A, Marler N, et al., 2003. A decision makers' guidebook [R/OL]. Deliverable 15 of PROSPECTS. [2021-06-18]. https://www.fvv.tuwien.ac.at/forschung/projekte/international-projects/prospects-2000/.

McFadden D, 1977. Modelling the choice of residential location[M]// Karlqvist A, Lundqvist L, Snickers F, et al. Sptatial Interaction Theory and Planning Models. Amsterdam: North-Holland.

McFadden D, 1978. Modelling the choice of residential location[J]. Transportation Research Record, 6723(672): 72-77.

Minken H, Jonsson R D, Shepherd S, et al., 2003. A methodological guidebook[R/OL]. Deliverable 14 of PROSPECTS. https://www.fvv.tuwien.ac.at/forschung/projekte/international-projects/prospects-2000/.

Molin E, Oppewal H, Timmermans H, 1997. Modeling group preferences using a decompositional preference approach[J]. Group Decision and Negotiation, 6(4): 339-350.

MTRC, 2010. Financials and reports[R/OL]. [2021-08-17]. https://www.mtr.com.hk/en/corporate/investor/2010frpt.html.

Muto S, 2006. Estimation of the bid rent function with the usage decision model[J]. Journal of Urban Economics, 60: 33-49.

Munoz-Raskin R, 2007. Walking accessibility to bus rapid transit: Does it affect property values? The case of Bogotá, Colombia [C]. 11th World Conference on Transport Research, Berkeley, California.

Ricardo D, 1817. On the Principles of Political Economy and Taxation [M]. London: John Murray, Albemarle-Street.

Rodríguez D A, Targa F, 2004. The value of accessibility to Bogotá's bus rapid transit system [J]. Transport Reviews, 24 (5): 587-610.

Rosa A, Maher M J, 2002. Stochastic user equilibrium traffic assignment with multiple user classes and elastic demand [C]. The Proceedings of the 13th Mini-Euro Conference and 9th Meeting of the Euro Working Group on Transportation.

Rosen H S, 1974. Hedonic prices and implicit markets: Product differentiation in pure competition[J]. Journal of Political Economy, 82: 34-55.

Sheffi Y, 1985. Urban transportation networks: equilibrium analysis with mathematical programming methods[M]. Englewood Cliffs, N J: Prentice-Hall.

Silberhorn N, Boztuğ Y, Hildebrandt L, 2008. Estimation with the nested logit model: Specifications and software particularities[J]. OR Spectrum, 30: 635-653.

Siu B, Lo H K, 2009. Integrated network improvement and tolling schedule: Mixed strategy versus pure demand management [M]// Wafaa S, Gerd S. Travel Demand Management and Road User Pricing: Success, Failure and Feasibility. Aldershot UK: Ashgate Publishing Ltd: 185-214.

Small K A, Rosen H S, 1981. Applied welfare economics with discrete choice models [J]. Econometrica, 49: 105-130.

SPESP, 1999. Land use Pressure Indicators. Background Report [R/OL]. Study Programme on European Spatial Planning. [2021-08-19]. https://portal.dnb.de/opac.htm? method=simpleSearch&cqlMode=true&query=idn%3D961579595.

Szeto W Y, Lo H K, 2005. Strategies for road network design over time: Robustness under uncertainty[J]. Transportmetrica, 1: 47-63.

Szeto W Y, Lo H K, 2006. Transportation network improvement and tolling strategies: The issue of intergeneration equity[J]. Transportation Research Part A: Policy and Practice, 40: 227-243.

Szeto W Y, Lo H K, 2008. Time-dependent transport network improvement and tolling strategies[J]. Transportation Research Part A: Policy and Practice, 42: 376-391.

Tang B S, Yiu C Y, 2010. Space and scale: A study of development intensity and housing price in Hong Kong[J]. Landscape and Urban Planning, 96: 172-182.

Tang S, Lo H K, 2008. The impact of public transport policy on the viability and sustainability of mass railway transit: The Hong Kong experience [J]. Transportation Research Part A: Policy and Practice, 42(4): 563-576.

Tang S, Lo H K, 2010a. Assessment of Public Private Partnership models for mass rail transit: An influence diagram approach [J]. Public Transport: Planning and Operations, 2: 111-134.

Tang S, Lo H K, 2010b. On the financial viability of mass transit development: The case of Hong Kong[J]. Transportation, 37: 299-316.

Thünen J H von, 1826. Der Isolierte Staat in Beziehung auf Landwirtschaft und Nationalökonomie [M]. Oxford: Pergamon Press, 1966.

Timmermans H J P, Zhang J Y, 2009. Modeling household activity travel behavior: Examples of state of the art modeling approaches and research agenda [J]. Transportation Research Part B: Methodological, 43: 187-190.

Train K J, 2003. Discrete choice methods with simulation[M]. New York: Cambridge University Press.

Ukkusuri S V, Patil G, 2009. Multi-period transportation network design under demand uncertainty[J]. Transportation Research Part B: Methodological, 43: 625-642.

UN, 2010. World urbanization prospects: The 2009 revision[R]. Population devision, Department of economic and social affairs, United Nations. New York, USA.

Waddell P, 1993. Exogenous workplace choice in residential location models: Is the assumption valid? [J] Geographical Analysis, 25: 65-82.

Wang D Z W, Lo H K, 2010. Global optimum of the linearized network design problem with equilibrium flows[J]. Transportation Research Part B: Methodological, 44: 482-492.

Waugh F V, 1928. Quality factors influencing vegetable prices[J]. American Journal of Agricultural Economics, 10: 185-196.

Wegener M, 1986. Transport network equilibrium and regional deconcentration [J]. Environment and Planning A: Economy and Space, 18(4): 437-456.

Wegener M, 1994. Operational urban models state of the art [J]. Journal of the American Planning Association, 60: 17-29.

Wegener M, 1998. Models of urban land use, transport and environment [M]// Lundqvist L, Mattsson L, Kim T J. Network Infrastructure and the Urban Environment, Advances in Spatial Science. Berlin Heidelberg: Springer-Verlag.

Wilson A G, 1967. A statistical theory of spatial distribution models[J]. Transportation Research, 1: 253-269.

Yang H, Huang H J, 2004. The multi-class, multi-criteria traffic network equilibrium and systems optimum problem [J]. Transportation Research Part B: Methodological, 38(1): 1-15.

Yang H, Meng Q, 1998. An integrated network equilibrium model of urban location and travel choices[J]. Journal of Regional Science, 38: 575-598.

Zhang J Y, Kuwano M, Lee B, et al., 2009. Modeling household discrete choice behavior incorporating heterogeneous group decision-making mechanisms [J]. Transportation Research Part B: Methodological, 43(2): 230-250.